自治総研叢書 38

廃棄物行政と自治の領域

鄭　智允　著

敬文堂

〈目　次〉

序　章　自治体の廃棄物行政へのアプローチ

本研究の目的

廃棄物は、人間の営みにおいて必ず発生するもので、それは国家やコミュニティの存在如何によるものではない。しかし現代社会においてこの廃棄物を処理するにあたっては行政とコミュニティの存在は不可欠である。それに伴ってこの廃棄物を、誰が、どのように処理すべきかについては、こうあらねばならないという条件が生じることになる。一方で、コミュニティを介在せず国が主体性をもって全国一律のやり方で処理すれば良い、あるいは科学技術の問題だから、自動的に、無意識のうちに処理されるのが望ましいという意見もよく聞く。だが、これらは自治と廃棄物の関係性への無理解から来る考え方で、これこそ地域社会にこれまで数々の軋轢を生んできた捉え方である。国が一括して廃棄物の分別・収集・処理・処分方法を定めたとしても、廃棄物関連施設の立地過程から地域住民の間に受益と受苦関係をめぐる賛否が表われ、一筋縄ではいかない。つきつめて考えると、廃棄物処理のあり方を考えることは、自区すなわち住民が所属する区域と、そこにおける生活に付随する責任の関係をどう捉えるかという点が重要なのである。

本書は、廃棄物の処理について、誰が、どのように、という課題を考えようとするものである。その際、廃棄物行政において規範として用いられてきた「自区内処理の原則」に立脚して、廃棄物処理と自治のあり方を理解する必要があるという考え方に立つ。いま、「自区内処理の原則」については、ごみの広域移動や一部事務組合による共同・広域処理が広く定着している現状からすれば、既にこの原則が持つ意味が色あせているという意見もある。しかし後述する通り、市町村の現場においては、特にごみ処理のあり方に関する議論を行う際には、いまなお各々の市町村の行政区域を中心とする「自区内処理の原則」が軸となっている実態が看取できるものである。

講学上、地方公共団体は、住民（人的要素）、領域（空間的要素）、支配権（地方統治権またはそれを担う地方政府）の３要素から構成されるとされており、行政学や地方自治論でも、市町村合併をめぐる自治体の規模と自治体の事務配分に関する議論等において「区域」は重要な軸となってきた。自らの「区域」とそこに暮らす人々の生活を守ることは自治体における重要な責務であることは言うまでもない。また、地域の特性に応じて処理されるべき事務は、そこに居住し、生活する住民の意思に基づいて決定されるべきだとの考え方も住民自治の理念を支えている（長谷部2022：464）。

本書は、以上のことを踏まえ領域管理団体としての市町村または都道府県における「区域」、そして廃棄物処理における「区域」と住民との関係に焦点を当て、地方自治の観点からごみ問題を考察しようとするものである。本書の目的を達成するためには、これまでの廃棄物行政の取り組みの現在的な捉え直しからはじめねばならない。ごみと区域は（結局のところ）切り離し得ない。廃棄物行政の本旨は、自治に宿っている。

１．廃棄物処理の枠組み――「区域」と自治

（ｉ）廃棄物と自治の断ちがたい関係：「自区内処理の原則」

日本における近代的な廃棄物行政制度は1900年の「汚物掃除法」制定に発する。廃棄物の処理に関する責務を地方に負わせるシステムは、このときつくられて以来、戦後、市町村が名実共に自治体として成立する際に、清掃事業を市町村の固有の事務として位置付けることで維持されてきた。図表０－１は、従来の地方自治と廃棄物処理との枠組みを表している。一般廃棄物の場合、廃棄物の排出者たる住民が原責任者であり、一般廃棄物業処理許可の権限とその処理責任が市町村にある。住民と市町村の間における信託関係によって、一般廃棄物の処理は行われている。一方で産業廃棄物の場合は、産業廃棄物処理業の許可権限は都道府県知事または政令指定都市の市長にある

図表０－１　地方自治の見取り図と廃棄物処理の枠組み

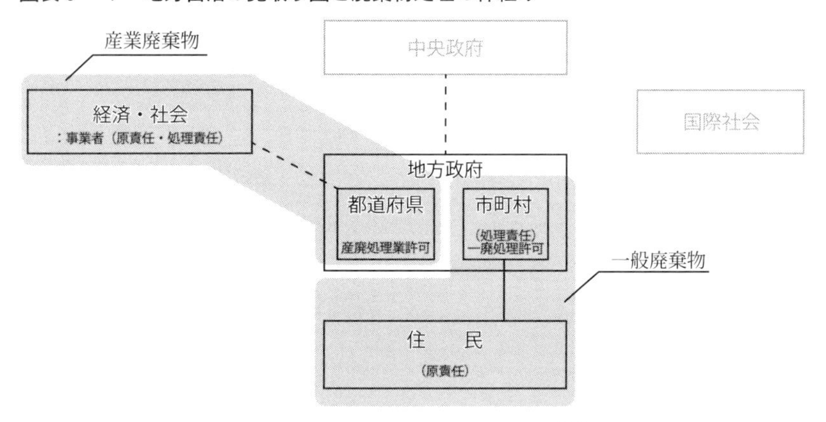

が、排出者たる事業者自らに処理責任を負わせている(1)。

このように廃棄物処理における原責任者と処理主体の対応が明確な関係を築くことができれば、決定と責任のシステムが機能し、廃棄物の処理はスムーズに行える。ただ、廃棄物行政に関してはこの関係が明確でないようなケースがたびたび発生しては、社会問題を引き起こしてきた。本書で取り上げる東京「ごみ戦争」や、小金井市の「ごみ非常事態宣言」と日野市の「ごみ専用路裁判」等はその典型である。前者は、都区制度の特殊性から、処理主体が東京都という広域的な（でありながら、あわせて基礎的自治体としての性質をも持つ）団体であったことが起因して、住民、より身近な単位であった特別区、そして都の三者の間で決定と責任の対応関係にもつれが生じたものである。後者のケースは、責任主体である小金井市が、原責任者たる住民との間での十分な合意形成の過程を経なかったために信頼関係を築けず、多摩地域全体の処理の枠組みに対してモラルハザードを引き起こしたものである。結果として日野市が小金井市・国分寺市・日野市のごみ共同処理のための焼却施設を同市内に設置することになったが、そのプロセスにおいても原

（1）　本書では、廃棄物行政における中央・地方政府と住民の関係性に主として着目するため、住民が直接原責任者・自治の主体として位置づけられている一般廃棄物を主な研究対象とする。

責任者と処理主体の対応について明確な信頼関係を構築することに失敗して裁判にまでもつれ込んでしまった。

これらの事例に共通するのは、原責任者である住民とその市町村が、自らの責任を全うできないことを他者から「住民エゴ」または「NIMBY[(2)]」であると厳しく批判されることになっている点である。廃棄物の処理には受苦が伴う性質があるため、ある一定の単位の原責任者集団（住民）のなかでその苦痛も受け入れるべき道理が必要になる。この責任から決定までを一つの集団（市区町村という領域管理団体）の中で行えるような単位を作り出すために、「自区内処理の原則」が確立され、これは今日までごみ処理をめぐる議論において広く受け入れられている。このように、処理責任と自己決定の仕組みのうち、原責任者を基本的に住民であるとした場合、その処理主体である市町村との間には、住民自治に基づく応答関係が必須になっているのである。

もう一点、廃棄物処理の責任にまつわる事例の特徴に挙げられるのは、廃棄物行政において住民はその原責任から解放されておらず、したがって自治体は住民に対し君臨するものなどではなく、単に住民の信託に基づいて処理責任を負っているに過ぎないというプリミティブな性質を失ってはいないという点である。上述のような、トラブルに至った事例に限らず、廃棄物行政は自治体職員らによる自主的な政策・職場研究である自治研運動から全国に広がったごみの分別活動[(3)]や、いわゆる３Ｒ活動[(4)]による減量化、資源化、集積

（２） NIMBYは、極めて広い概念で明確な定義はないが、当該施設の立地に当たり、理念もしくは公益の観点から必要性は認めるものの、我が家の裏庭にはお断り（Not In My Back-Yard)、といった意味で1970年代から欧州を中心に使われていた。特に、1980年代のアメリカ原子力学会で用いられて以来、世界的に広く滲透している（清水1999、鈴木2011)。

（３） 自治研活動については、寄本（2006)、宮本（2009)、自治研ホームページが詳しい（http://www.jichiro.gr.jp/jichiken/about/seido.html　2019年２月10日閲覧)。

（４） ３Ｒとは、循環型社会形成のための基本的な考え方で、Reduce（発生抑制)、Reuse（再使用)、Recycle（再生利用）の略称である。現在、日本では「循環型社会形成推進基本法」を始め各種のリサイクル法が制定されていて、これに基づいて国と自治体は３Ｒ活動を促進している。

所の地域単位の管理等、様々な場面で住民の活動によって支えられ続けている。法の以前に自治があり、自治の後に国家がつくられたことをよく表す事例なのではないだろうか。廃棄物行政は常に自治の観点から問い直す必要がある。

（ii）廃棄物処理をめぐる国による統治の枠組み

もっとも、本研究が求める「自治」についても、二つの読み方があることはよく知られている。一つは「みずからおさめる」、もう一つは「おのずからおさまる」である。日本の地方自治はこの両者が緯糸と経糸となって編みこまれた歴史であった。前者は、地域社会を、外からの干渉や関与に屈せず、地域住民の自己決定で治めようとする自治体のあり方で、原始的自治の原風景にある。また後者の読み方が示すように、戦後においても国による市町村合併推進の中などでは、自治体に自ずと治まるように仕向けてきた地方自治政策の歴史も存在する。統治の都合のための自治である。地方自治にかかわっている者はすべてこの二つの自治に向き合っている（井出1972、阿部・寄本1988、石田1998）。廃棄物処理も、自治体の事務としての表向きの顔があるが、その裏には国による統治の枠組みが隠然として存在することに、我々は注意深くあらねばならない。

明治期以降の地方・自治体が廃棄物処理主体として設定されていく過程を見ると、基礎的自治体とは何だろうか、という問いに答えるヒントが立ち現れてくる。明治以降の政府は、近現代化の過程で市町村合併を繰り返すことによって、住民の共同体と行政の基本単位を分離させ、現在のような巨大な市町村を築いた。近代化によって原始的コミュニティでは処理しきれない事務が発生する。そのため、中央政府は自己完結しない共同体に対して、その処理しきれない事務の受け皿となる地方政府を構築していくプロセスを踏んできた。廃棄物処理はその代表的な事務であった。

当然この過程は容易なものではなく、行政の基本単位を形成していく過程では、入会権、財産区等の従来の村落の意思・財産を尊重する仕組みを残す一方で、近代化で生じる新たな事務については一部事務組合のような（ときに強制的な）仕組みも生み出していった。現在でも、廃棄物行政は依然として自治体の自治事務であり、廃棄物行政について身近な政府として市町村は住民に寄り添ってきめ細かな行政サービスを行っているものの、政府間関係でみた場合、そこには中央から強制と関与の歴史が根付いている。財政面における市町村の自由度の制限の問題は残されたままである。また市町村も、廃棄物処理施設を一部事務組合に委任することで、直接的な住民コントロールから逃れようとする傾向があって、現状は楽観視できるものではない。

自治体における廃棄物行政の構造を理解するためには、このような「自治」の糸と「統治」の糸の紡がれ方を観察することを必要としている。本書の一部である「ごみ処理をめぐる区域と自治」は、この作業を試みる。

2．「区域」を超えるごみ問題の出現

ところで、一定の区域における市町村と住民との協働で成り立っていた廃棄物行政体制は挑戦を受けている。廃棄物行政を廃棄物自治の体系として捉える視点が、いま再び問われる事態が生じているのである。近年、廃棄物行政には、**図表０－２**のように「自区内処理の原則」に基づく市町村の事務という枠組みを超える課題が発生している。

第一は、市町村や住民だけでなく、都道府県や国あるいは国際社会と共に対策を考える必要がある問題が生じていることである。たとえば、第４章で取り上げている漂着ごみの問題は、住民が排出したものではないため、排出者である住民を原責任者とする通常の廃棄物処理の考え方からすれば、自治体が処理責任を負わないはずのものである。漂着ごみを処理する市町村は、住民との関係の上に存立するものではない。この時市町村は単に領域管理団体として他に清掃する主体がいないので処理を行っている公共的団体にすぎない。これまで長年にわたって、中央政府と都道府県は、市町村からの漂着ごみに関する問題提起を深刻に受け入れず、漂着ごみをめぐる処理システムは構築されずに放置されていたのである。

図表０－２　地方自治の見取り図と廃棄物処理の実態

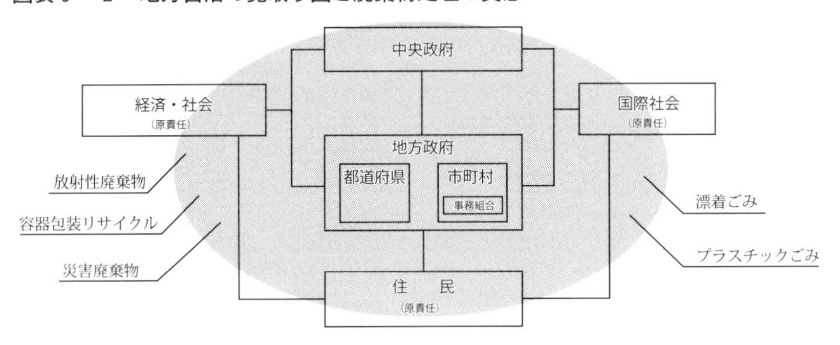

しかし近年のプラスチックごみ問題、なかでもマイクロプラスチックごみ問題の顕在化は、廃棄物問題が地域を超え、国家を超え、国際的な課題になっていることを明確に示している。同時に、一般廃棄物の処理責任は自治体にあるものの、上流にある国家レベルの政策を抜きにして自治体における下流政策だけではこの問題を十分に対応できないことも示している。「容器包装に係る分別収集及び再商品化の促進等に関する法律」（以下、容器包装リサイクル法）の制定や改正をめぐって、市民社会組織と自治体が拡大生産者責任を主張した点も同じ文脈から言われたことだった（容器包装リサイクル法の改正を求める全国ネットワーク2006）。

第二は、毎年のように大規模災害に見舞われる事態において生じる莫大な量の災害廃棄物、あるいは東日本大震災による東京電力福島第一原子力発電所事故（以下、福島第一原発事故）によって生じた放射性物質に汚染された廃棄物のように、これまで住民あるいは自治体が関与しえない領域から生じた廃棄物の発生に、我々はどう対応すべきか回答を迫られていることである。

東日本大震災で広範囲にわたって大量発生した災害廃棄物は、「自区内処理の原則」と市町村の処理責任という既存のルールを超える事態を引き起こした。その結果、国による関与は災害廃棄物の広域処理という方針として現れることとなった。特に、福島第一原発事故による放射性物質に汚染された指定廃棄物の処理をめぐって、国は平時における一般廃棄物処理をめぐる

「自区内処理の原則」を拡大応用して、指定廃棄物が大量に発生している5つの県内で処理を行う「自県内処理の原則」を唱えた。また、国は自ら指定廃棄物の処理の責任を負うと喧伝しているが、それは所詮道理的・財政的責任に限られる。一方、指定廃棄物を保管している市町村や指定廃棄物の最終処分場となる市町村は、実質的な処理責任を負うことになる。しかも自らの生活の場に置かれる指定廃棄物の処理は、市町村にとって一般廃棄物の処理同然、住民への説明責任が伴うものである。

また、福島第一原発事故による放射性物質飛散問題は、陸上や海上、国内や国外の垣根を超えていることも注視せねばならない。この事故をきっかけに、原子力発電所について、廃炉となった後の原子炉そのものをも法的に廃棄物としてとらえ、中間処理から最終処分まで現実的な処理方法を確立させてから運用を開始せねばならない点を人々に強く認識させることになった。近年、原子力発電から出る高レベル放射性廃棄物の最終処分場の選定をめぐる議論が動き出している[(5)]のも、福島第一原発事故の影響によるものといえる。福島第一原発は耐用年数限界に至る前に爆発したため誰の目にも疑う余地のない廃棄物になったが、すべての原発はいずれ廃棄物と化すものである。このようなことを全て踏まえた、今後の廃棄物政策・原子力政策・エネルギー政策の再構築が問われている。

3．本書の構成

以上に見てきたように、廃棄物行政には、自治体、政府間関係、自治事務、住民自治、そして地方自治のあるべき姿が凝縮されている。これを踏まえ、本書は、廃棄物行政の構造分析から、現在直面する課題に向けての検討まで

(5) この問題をめぐっては、数十億円の交付金を前に自治のテリトリーと責任限界の齟齬が顕著に現れている。2006年から2007年にかけての高知県東洋町における高レベル放射性廃棄物処分場立地に係る紛争以来膠着状態であった議論が2020年北海道の寿都町、神恵内村の文献調査の受け入れ表明で再び活性化しており、対馬市や玄海町においても最終処分場の立地に向けた動きがみられるようになってきている。いずれの地域においてもまちの将来像をめぐって地域住民だけでなく近隣自治体まで巻き込んだ対立状況に陥っている。

を対象としながら、自治について考えてみたい。

本書は、二部編成で構成される。第一部では、廃棄物自治の現行体系の成立と基本原則を、歴史的事実を通じて確認する。第二部では、その体系が挑戦を受けるような事象が近年生じている状況について取り扱い、それに対して自治がどのように対応すべきか考察することで、廃棄物自治の新たな地平を見出す。

まず第一部として、第1章は廃棄物自治の中心となる「自区内処理の原則」が成立した経緯と内容、当時の権限関係を確認する。東京「ごみ戦争」をめぐる一連の政府間関係を整理するなかで、廃棄物行政が地方自治体の成立要件の一つであることが分かってくる。本章を通じて、廃棄物と自治の一体性を確認することになる。

第2章は、廃棄物行政の受け皿となる一部事務組合制度の歴史を読みとくことで、自治体と廃棄物行政の関係性が形作られていく過程をトレースする。廃棄物処理の「区域」の形成は、国と地方のいかなる関係で行われたのか。中央政府は、近代化を推し進めると同時に市町村合併を繰り返し、より広域かつ強固で、国家の権威に支えられた主体として地方を形成していった。その過程からこぼれ落ちたもののために、よく知られる財産区制度と共に一部事務組合を作り上げた。本章は、本来自治の産物である廃棄物行政を一部事務組合が請け負うことで発生する問題を明らかにする。

第3章では、第1章で確認された「自区内処理の原則」を中心に、小金井市の「ごみ非常事態宣言」の事例を通して原責任者と処理主体の単位の問題についてアプローチする。原責任者と処理主体の関係は近代化の中で確立されたものの、いまでも時折その運用を誤り大きな問題を引き起こすことがある。ごみ問題とは自治そのものであり、また政府体系をも物語るものでもある。本章は、事例の中から「自区内処理の原則」と広域処理が実際にどのように機能しているのか詳細に見るなかで、廃棄物行政における住民自治、民主主義の不可欠性に焦点をあてて考察する。

以上第一部において廃棄物処理と自治の不可分的関係性について見た上で、

第二部としてはこのような自治体政府と住民の協働の体系が受けている挑戦について考察する。まず第４章は、近代的なシステムでは対応しきれない現代的な課題として、「漂着ごみ」問題を取り上げる。原責任者が不明ななか、処理主体として市町村を当たり前のように想定できるのかを考える。この処理には住民の活動が重要だが、住民が原責任者でない以上、それだけでは解決できない。問題解決には、廃棄物の排出抑制をはじめ、どうしても発生するごみ（ここでは漂着ごみ）の処理のための国際的な枠組みづくりと地域や国家を越えた様々なアクターによる活動が欠かせない。第４章後半では、近年世界的に注目を集めているプラスチックごみ問題についても、政策における原則として上下流一体での取組みが重要であること、さらにそこから一歩進めて「予防の原則」の必要性への展開が求められている点を確認したい。また日本国内においては、市町村、都道府県、そして国との間の事務権限、財政負担、処理責任を明確にする必要があることを指摘する。

第５章と第６章は、東日本大震災による災害廃棄物と福島第一原発事故で発生した放射性物質に汚染された廃棄物の処理問題に取り組む。福島第一原発事故は「想定外」としていた放射性物質に汚染された廃棄物の処理問題も引き起こしてしまった。これから将来にわたって取り組まねばならない課題となっている。

まず第５章は、災害廃棄物の広域処理について扱う。災害廃棄物はこれまでも度々広域処理を行ってきた。それは自治体間連携のいわば美談としてマスコミ等で語られる事象でもあった。だが、放射能に汚染されている恐れが現実的になっていた東日本大地震の災害廃棄物の場合、広域処理という処理方針は美談では済まされ得ない。もちろん、「美談」であろうとも処理費用に税金を使っている以上政府の説明責任が問われるべきだが、東日本大地震ではさらに複雑な要因が絡む。本章では災害廃棄物の広域処理には住民の関与は確保し得るのか、現実にどう関わったのか、を考察する。東日本大震災に伴う大量の災害廃棄物（主に、放射性物質に汚染された廃棄物）が発生した後の状況を観察すると、国が廃棄物処理の原責任・処理主体の関係を無視し広域処理ありきの政策を行ったため、様々な問題を起こしていることが分かる。

また、放射性物質に汚染された廃棄物は、処理の最初期の段階から受ける苦しみがあまりに大きすぎるという特殊性を持つ。第6章では、これまで論じてきた廃棄物自治の体制を、放射性廃棄物がどう侵食をしているのか、国策による自治の領域侵犯の事例としてとらえる。処理することで地域を失うようなことは一般的な廃棄物の処理システムでは担えるものではない。この問題は、東京電力、被災地、放射性物質に汚染された廃棄物を保管している市町村とで、責任の主体が複雑ななかで、地域の自己決定はどうあるべきなのかを問いかけている。動脈産業という上流域における政策転換や、市町村の自己決定はどうあるべきか、廃棄物問題から考察することにする。

このように、21世紀のいまあらためて廃棄物自治の重要性に気づかされる事例や、あからさまな挑戦を受ける場面が再び生じるようになっている。先駆者の研究業績の上に立ち、あらためてこの体系について捉え直し、再評価せねばならない。

終章においては、第一部・第二部の考察を経て、縮減する現在の社会での暮らしの持続可能性をどのように確保するのかについて、ごみ問題のあり方から提案する。人口減少と循環型社会の構築によって、今後日本における一般廃棄物の排出量の減少が予想される。焼却処理を軸としてきた廃棄物行政、そして大規模清掃工場に依存したごみ処理は変化が求められている。

個別行政分野の一つである廃棄物行政から見える地方自治における普遍性はどこにあるだろうか。本書全体を通して、「自治体である以上やらねばならないこととは何なのか」、また「自治体であればこそできることとは何なのか」、そして「自治体とは何なのか」、そういった根源的な問いに迫る。廃棄物行政の本質は、自治のプロセスそのものと言える。

なお、各章の初出は以下の通りである。発表時点から時間が経過したものについてはなるべく現在の状況に合うよう必要な修正を施し補論等を追加したほか見出しの統一等、必要な再構成を行っている。いずれの章の文章も元論文からの変更は大幅なものとなっている。

序　章

書き下ろし

第1章、第3章と補論

「『自区内処理の原則』と広域処理（上）（中）（下）：小金井市のごみ処理施設立地問題の現況から」『自治総研』第427号29-46頁、第428号45-65頁、第429号35-53頁

補論部分は書下ろし

第2章

「廃棄物行政のあり方に関する考察―廃棄物関連一部事務組合を中心に―」『自治総研』第415号82-112頁

第4章

「『漂着ごみ』に見る古くて新しい公共の問題」寄本勝美・小原隆治編著『新しい公共と自治の現場』コモンズ所収、201-216頁

第5章

「ごみ処理と住民自治―福島第一原発事故による放射性物質に汚染された廃棄物の処理をめぐって―」（日本地方自治学会報告2014年11月）

第6章

「指定廃棄物処理における自治のテリトリー」『自治総研』第489号45-82頁

終　章

書き下ろし

第一部　ごみ処理をめぐる区域と自治

第1章　「自区内処理の原則」の歩み

はじめに

日本における清掃事業は、1900年に「汚物掃除法」が制定されたことによって地方の事務となった[(6)]。戦後になり、市町村の自治権が拡大して名実ともに自治体として成立すると、清掃事業もまた市町村の固有の事務として位置づけられてきた。

清掃事業を市町村の事務として定めたことについては、住民にとってもっとも身近な政府が行うことにより、住民のニーズにきめ細かく応えることができる、自治の強さのバロメーターになっているという評価がある（寄本1974：19-42)。一方で、「汚物掃除法」制定当時は近代的国家としての体制づくりこそが国家目標とされていたことから、明治政府は動脈分野の整備にだけ関心を集中させる必要があり、静脈分野にあたるごみ問題については地方の事務としたにすぎない、だから地方の事務としたことは中央政府が清掃事業を軽視してきたことを表す証拠として見ることができるという指摘もある（荒木1982：52-53、柴田1978：138-139)。

時代や観点によって市町村の事務としての清掃事業の位置づけに関する評価は異なるが、清掃事業は市町村の事務として定着しており、このことに異論の余地はない。それは、中央政府の意図はどうであれ、近代国家成立以前

（6）　汚物処理が市の義務となったとはいえ、清掃事業に関するノウハウがないため汚物の直接処理が行われたわけではない。実際の清掃の仕事は従来通り民間業者に委託され、市は監督するだけにとどまり、業者による既得権維持と利権拡大の動きは政治家を巻き込む清掃汚職という名で当時のマスコミをにぎわすこともあった。このような不祥事がごみ処理の市直営化を促す要因になったとされる（大住1972、寄本1990、溝入2007、東京都2000)。

から実態として日ごろの住民と市町村の協働によって清掃事業が営まれていて、清掃事業が地方自治を培養してきたと歴史的に見ても評価されている。

本書を通じて廃棄物処理における自治のあり方について論じるにあたって、まず第一部では廃棄物自治の現行体系の成立と基本原則について確認していくことにしたい。

日本の清掃事業体制は、ごみの処理はごみを出す住民自身が排出者として責任を負うべきという基本的な考えから成り立っている。「汚物掃除法」により清掃事業が行政の責務となった後も、住民はごみ処理過程をめぐる参加・協力・交流を重ね、現代に至るまで清掃事業を身近な行政活動の一つとして感じている[(7)]。清掃事業は、住民が主体として民主主義の原体験を重ねることができる数少ない住民自治の実践の場、自治の現場になっているのである（荒木1982、寄本1989）。だからこそ、複雑化する社会経済システムの中で住民個々人が直接処理を行うのは不可能となっていってもなお、清掃事務は住民の自治の実践としての側面から完全に切り離されることはなかった。そのことが、本章で取り上げる「自区内処理の原則」が生まれることになった東京「ごみ戦争」の背景となったのである。

それ故に、自治体を運営する者にとって、ごみ問題は決して侮ることのできない課題となっている。廃棄物処理関連施設を建設・維持管理し、日々発生するごみを収集・運搬し、焼却等の中間処理を行い、最終処分場へと運ばねばならない。その全てについて市町村は責務を負っているが、清掃事務が自治の現場と位置づけられる以上、どの過程をとっても、住民の意思をないがしろにはできない。市町村という住民に身近な政府が担うということは、当該事務について住民によるコントロールを直接的に受けながら処理するこ

（7）　日本の市町村のように細かく分別を行っているのは世界的にも稀である。また、都市と農山漁村も生活スタイルにおける違いは少なくなってきているが、市町村によってごみとして分別する種類、収集日やその回数が異なっていることは地域としての特徴であると言えよう。住民たちは市町村のごみ処理関連のルールを定めることに参加し、そのルールに従うことで、排出者としての責任、自治の主体としての責任を果たし、いまも清掃事業を支えているのである。

とになるので、市町村はこの民主主義のコストをかけながら廃棄物自治に向き合っていかねばならない。これに対し、住民もまた、ごみを出す時は市町村のルールに従って細心に分別を行い、減量に努め、集積場の管理を行うことはもちろん、住民自らに処理の原責任があることを認めるからこそ、場合によっては住居の近隣にごみ処理施設が建設されることも受け入れてきたのである。

問題の所在とアプローチ

本章では、ごみ処理における広域行政が全国的に多くの市町村で導入されている[(8)]にも関わらず、清掃事業を市町村の事務として支えてきたテーゼとして「自区内処理の原則」が存在していることに注目する。ここでいう「自区内処理の原則」とは、各々の市町村における住民により発生したごみの処理は当該市町村の行政区域中で処理する、という原則であり、東京「ごみ戦争」[(9)]以来唱えられてきたものである。

結論を先取りして述べれば、「自区内処理の原則」は、清掃事業について、廃棄物排出者であり原責任者である住民と、処理主体である市町村とを結びつけるための道具である。この結びつきの持つ意義は時代を経ようとも変わることのない普遍的なものである。一方で、その道具である「自区内処理の原則」については、起源が東京都特別区という日本の中で特殊な地域でありながら全国で受容されてきたために、時代や場所により内容も用いられ方も変化を遂げてきたものである。

「自区内処理の原則」の受容構造は複雑である。「自区内処理の原則」が主張されるようになった1970年代の東京都を見ると、特別区の清掃事務は東京

(８) 総務省が行っている「地方公共団体間の事務の共同処理の状況調」（令和５年７月１日現在）によると、共同処理の総件数は9,466件で、処理方法では事務の委託（6,815件、72.0％）、一部事務組合（1,392件、14.7％）、連携協約（476件、4.9％）の順となっている。なかでも、一部事務組合ではごみ処理に関する事務が387件（27.8％）で最も多く、ごみ処理の広域化が進んでいることが分かる。
(９) 東京「ごみ戦争」の経緯・背景については、東京都（2000）、大住（1972）、寄本（1974）、柴田（2001）拙稿（2016）が詳しい。

都の権限として行われていた一方で、多摩地域にはごみの中間処理や最終処分を目的とする清掃事業関連の一部事務組合が多く存在するなど、すでにごみの広域処理が定着していた時期でもあった。しかし、一見すると矛盾するような「広域処理」の一般化と「自区内処理の原則」が当時共存していたことや、現在でも共存していると言えるのかに関する分析はこれまで十分だったとは言えない。

ごみ処理は、収集・運搬、中間処理、そして最終処分の大きく３つのプロセスを経るが、「自区内処理の原則」が何を基準にどの過程までを射程にしているのか明確になっているとは言えない。例えば、「自区内処理の原則」が意味する内容について、「処理」とは収集・運搬から最終処分のどこからどこまでを含むのか、「自区」とはどの範囲なのか、その貫徹にはどのような担保がとられているのか等、確定的なものではなく、これが用いられる文脈によってその範囲と使い方は多様である。しかも法的には「自区内処理の原則」に関して、「廃棄物の処理及び清掃に関する法律」（以下、廃棄物処理法）は市町村の責務について、「その区域内における一般廃棄物の減量に関し住民の自主的な活動の促進を図り、及び一般廃棄物の適正な処理に必要な措置を講ずるよう努めるとともに、一般廃棄物の処理に関する事業の実施に当たつては、職員の資質の向上、施設の整備及び作業方法の改善を図る等その能率的な運営に努めなければならない」（第４条第１項）とその区域内における一般廃棄物の処理について適正な処理などの総括的な責任があることを規定しているものの、明確な根拠規定はない。にもかかわらずなぜこのテーゼが清掃事業に使われるようになったのか、どのように住民と行政、そして清掃事業を縛ってきたのか、その意味を考えるのが本章の目的である。

また、複数の市区町村が廃棄物処理を共同で行う一部事務組合を設置する場合でも「自区内処理の原則」に基づく広域処理を行っているという見解が示されている（全国市長会1998）。このような現代的な意味での「自区内処理の原則」の理解がいかなるロジックで成り立ち得るのかも読み解く必要がある。市町村の自治事務としてのごみ処理、そして廃棄物の広域処理の受け皿となっている一部事務組合の実態、各々において問題点も多くあるが、この問題については第２章と第３章で述べることにする[10]。

実は「自区内処理の原則」を生んだ東京都区で、この原則を軸に廃棄物行政の管轄をめぐる交渉が展開した結果、「半人前」の扱いだった特別区は「基礎的地方公共団体」に格上げされる足がかりを得ることになるのである。以下で事の経緯を追うなかで自治体とはどのようなものと考えるべきなのかのヒントを得られるだろう。

このような課題に対して、まず、東京「ごみ戦争」における「自区内処理の原則」誕生の経緯を辿り、その特徴を見出すことから始める。「自区内処理の原則」は東京という特殊な環境において育まれてきた。その生誕の地である東京の廃棄物行政において、この原則がどのように受容され、また変容してきたのかについて確認するのが最初の作業になる。

１.「自区内処理の原則」の歩み

東京「ごみ戦争」以来、「自区内処理の原則」はごみ処理の現場において重要な秩序として機能し、これを支えてもいる。しかし、「自区内処理の原則」がどういう経緯で生まれたのかということを見ると、東京における独自の事情を反映したところが大きい。にもかかわらず、この原則は全国に広がり、いまや複数の市町村によってごみを共同処理している清掃関連の一部事務組合なども「自区内処理の原則に則っている」という見解を示すようになっている[11]。

「自区内処理の原則」が誕生した当時の東京は、戦後の都市化・過密化によって清掃工場の建設が難しくなっていたが、これに対し、東京都はこうい

---

(10) 清掃事業に関して一部事務組合という広域処理の方法が多く使われているにも関わらず、批判されていることについて、方式そのものに致命的な欠陥があるというのではなく、従来のその利用のしかたによるものが多いという指摘もある（寄本1974：67-68)。

(11) 印西地区環境整備事業組合（http://www.inkan-jk.or.jp/last/1-gaiyou.html)、穂高広域施設組合地域「循環型社会形成推進地域計画」など

った都市化・過密化を反映した新たな計画を策定する代わりに、杉並区の清掃工場の例から見るように一方的に施設の整備を進めることで住民の反対の声を押し切ろうとしていた。また、都と区の間には、一般に基礎的自治体の事務である清掃事業について、区ではなく都の事務として処理されていたという都区制度の特殊性を反映したのが元々の「自区内処理の原則」であった。

一方で、その受容過程は、こうした東京の特殊性を捨象した上で、住民の自己決定・自己責任という部分のみに純化・歪曲されて根付いていったものと言え、原義において問われた行政の役割・責務をどう見るべきかという議論が不十分のままであった。以下に、日本における廃棄物関連法、そして清掃事業の特別区移管をめぐる経緯から、考察することにする。

（1）廃棄物関連法から見えてくる「自区内処理の原則」の萌芽

先述通り日本における最初の廃棄物関連法である「汚物掃除法」は、従前民間業者によって行われていた汚物（ごみ・し尿）の処理を市（及び一部の町村）の事務としたことで、市直営の原則と焼却処理の原則の二大原則による行政サービスとしての清掃行政の土台をつくりあげた[(12)]。特に、市に対しては、「市ハ本法其ノ他ノ法令ニ依リ別段ノ義務者アル場合ヲ除クノ区域内ノ

（12）「汚物掃除法」は、制定過程から利害関係者の利害調整が課題であった。当時の衛生関連の法律は、通常最初に法律案が中央衛生会に諮問され、中央衛生会では専門家等が案文を審議し、内務大臣に具申する。内務大臣はそれを受けて議会に提出する法案を作成し、内閣が帝国議会に提案、貴族院、衆議院での審議を経て成立・公布される。明治29年の衛生関連法令の中央衛生会への諮問は伝染病予防法、下水道法、汚物清掃法についてである。伝染病予防法が諮問から公布まで113日がかかった一方、汚物清掃法は1,168日もかかり、伝染病予防法より3年遅れて公布されている。

当初の法案では衛生原則の貫徹による予防行政の完成＝ごみ・し尿の市の責任による処理を中心とするシステムを作るべきという意見もあったが、当時ごみは有価物として民間同士で取引していて、その従来の市場経済における利害関係の維持を要求する声が高く、実際の清掃作業を民間業者に担当されることまでを禁じていたわけではなかった。そのため、同法と時を同じく東京市が規定した「東京市汚物掃除規制」においても掃除監視吏員については詳細に定めているが、事業を市営にするという規定はなく、請負に関する規定が多く占めていて、市直営化が直ちに実現されたわけではないことが読み取れる（寄本1990：19-20、東京都2000：42-47、小島ほか2003：4、溝入2007：6-26）。

汚物ヲ掃除シ清掃ヲ保持スルノ義務ヲ負フ」（第２条、傍点、引用者）「市ハ義務者ニ於テ蒐集シタル汚物ヲ処分スルノ義務ヲ負フ但シ命令ヲ以テ別段ノ規程ヲ設クルコトヲ得」（第３条）とし、自らの区域を清掃サービスの提供範囲とする責任と義務を負わせた。このことが、後の市町村の行政区域を基準とする「自区内処理の原則」の種子となったと言える。一方、1943年に東京府・東京市が廃止され、東京都制が施行されたが、当時の東京35区は東京都の内部的下級組織となり、清掃事業については区ではなく都が処理責任を負う例外的扱いになった。(13)

1947年に日本国憲法、地方自治法が施行され、それまでの東京都における区は、特別区として原則的に市と同一の権能が認められるようになった。しかし、このときも都は清掃事業を区に移管することなく、従来通り都が行うこととした。1954年には「汚物掃除法」に代わって「清掃法」が制定された。「汚物掃除法」が清掃事務をもっぱら市の事務としたのに対し、「清掃法」は事務責任の主体を市町村へ拡大し、都道府県・国についても各々の責務や役割分担を規定している（第２条）。同法では清掃事業は市町村の処理責任としていたが、ここでも東京においては特別区ではなく都が責任を負うことになっていた（第６条）。

東京において、清掃事業の区への移管について最初の動きがあったのは1964年の地方自治法改正であった。このとき、原案では、汚物の収集・運搬に関する事務は特別区の行う事務とした（第281条第２項第15号）。しかし、東京都の抵抗により、特別区において「別に法律で定める日までの間」は都の事務とするという附則がつくこととなった（附則第24条）。この附則によって法第281条第２項第15号は死文化されたのである。

1970年のいわゆる公害国会では、「清掃法」に代わって廃棄物処理法が制定された。当時高度経済成長によって大都市圏を中心に産業界の廃棄物が大量発生していたにもかかわらず、清掃法では廃棄物の処理責任が曖昧であっ

(13)　一時的ではあるが、1945年７月３日に、都は都内各区の家屋の残存状況を考慮して清掃事業を区に委任することを定めていた（東京都令第23号、東京都（2000））。

たため、不法投棄が多発し環境汚染を起こしていた。廃棄物処理法は、この問題に対処するために産業廃棄物に対する事業者の処理責任を明確にした。これによって市町村は一般廃棄物の処理をめぐる事務に専念できるようになったのである。一方、東京都においては、清掃事業の特別区移管（2000年）があるまで、特別区域内の清掃事業は都の事務のままであった。

以上のように、廃棄物関連法制度は、清掃事業を行政サービスとし、政府システムの中でも最も身近な市町村がこれを行うこととしたために、1970年代には一般の市町村においては当該廃棄物の排出者である住民と処理主体である市町村とが対応関係に置かれる一方、特別区のみはこの対応関係が希薄なままとなっていた。このことは、後の東京「ごみ戦争」と「自区内処理の原則」の誕生の素地となった。

（2）「自区内処理の原則」の誕生

廃棄物関連法制において、清掃事務を市町村の事務としたことで、市町村という事務の主体と範囲（区域）が設定され、そこに「自区内処理の原則」という社会的規範が生まれる素地が十分あったことは上述の通りである。しかし、はっきりとした「自区内処理の原則」の起源は、1971年に起こった東京「ごみ戦争」を待たねばならない。

きっかけは、東京特別区のごみの最終処分場として長年にわたって悪臭、交通渋滞、事故、大気汚染等で苦しんできた江東区の怒りの爆発であった。経済発展が最重要政策で、ごみ問題はごく一部の地域の問題でしかない、という東京都の姿勢に真っ向から異議を突き付けたのが、江東区が1971年に他の22区及び東京都に出した公開質問状、そして江東区が行った1971年と1973年の２度にわたる杉並区からのごみ搬入実力阻止であった。杉並区からのごみ搬入実力阻止は、杉並区内に建設予定の清掃工場が近隣住民による反対[14]で

（14）　杉並区での反対運動は住民への説明責任も果たさず告げられた東京都の一方的な廃棄物処理施設建設計画に対する抗議に起因するものであった。杉並区における一連の動きについては、大住（1972：218-244）が詳しい。

遅れたことに起因していた。

杉並区の住民運動は裁判に発展し、また江東区によるごみ搬入阻止の様子は当時メディアにも大きく取り上げられ、「戦争」と呼ばれるまでに紛糾したが、問題解決のために正面から取り組んだのは、当時の美濃部亮吉都知事だった。美濃部知事は、江東区長が提唱した「自区内処理の原則」の要求に応えることを約束し、都民集会を開催することで都民との合意形成のための対話を開始した。

この動きにおいて用いられた「自区内処理の原則」とは当初どういった内容だったのか。江東区が他の22区に提出した「ごみ投棄反対に関する公開質問」の趣旨について、当時の江東区議会議長であった米沢正和は次のように述べている（東京都2000：237）。

「自区内処理の原則は、迷惑の公平な負担の原則であり、23区のごみの終末処理を江東区のみに押し付けている不合理を解消する必要から求めてきたもので、地方自治の考え方からすれば当然な帰結でした」（傍点、引用者）

「自区内処理の原則」という造語の当事者とも言える米沢氏の発言からして、このとき用いられた「自区内処理の原則」はごみの収集・運搬、中間処理、最終処分という一連の処理過程の全てを各々の市区町村内で行うという意味のものではなかった。公開質問の趣旨は、各区に清掃工場を建設し、23区のごみの終末処理を江東区に押し付けている不合理を解消する必要があることを強く求めていて、この時期における「自区内処理の原則」はあくまでも「迷惑の公平な負担＝負担の公正化」のための原則であった。江東区が焼却施設（清掃工場）の建設が進まない杉並区のごみ搬入に実力阻止をしたのも、各々の区における焼却施設の整備を促しているだけで、「最終処分場」まで各区が行うべきであるという主張はしていなかったのである。

３年間のごみ戦争を経てようやく成立した東京地裁での杉並工場建設に関

する和解については、美濃部都知事が「自区内処理の原則」を受け入れごみ処理のあるべき姿を認識し、住民と行政との対話を通じての清掃事業への住民参加を促進したという点などおおむね好意的に評価されている。しかし、ごみ処理の問題が23の特別区同士、住民同士で解決すべき問題とされた点については課題も残った。それは、当時廃棄物の処理主体は特別区ではなく、東京都であったにもかかわらず、清掃事業をめぐる都と区との責任の所在が曖昧にされたからにほかない。

2．東京における「自区内処理の原則」の受容

（1）都区関係における「自区内処理の原則」

ところで、清掃事業は都区関係において、区の自治権拡充を求め、基礎的地方公共団体としての位置づけを得ようとする特別区側の運動における悲願達成に向けての象徴でもあった。

特別区にとっては、先述の地方自治法1964年改正以来、清掃事務の都から区への移管は「お預け」状態であった。1974年の地方自治法改正は、区長の公選制復活や事務配分原則の転換[(15)]（保健所設置市の事務）などの大幅な事務の移譲を行う等、区の自治権を拡大することとなる[(16)]。一方で、大都市における行政の一体性及び統一性の確保を目的とする都区制度の趣旨に従い都と特別区及び特別区相互間の連携を密にするため都区協議会が法定された。その後、地方分権の要求の高まり、特別区の要請を受け、東京都は「都制度調査会」(1981年)、「都区制度検討委員会」（都区共同設置、1984年）を設置し、都区のあり方について議論を重ねることになった。

とりわけ都区協議会で決定された「都区制度改革の基本的方向」(1986年2月）では、一般廃棄物の収集・運搬を都から特別区への移譲を検討する事

---

(15)　1974年の地方自治法改正で、都の特例規定がない限り、一般市の規定を23特別区に適用することとなる。

(16)　第15次地方制度調査会答申に基づく地方自治法改正の国会審議（1974年５月16日）で、政府委員は特別区の自治権強化について「一つの試み」であると一貫して答弁している。すなわち、特別区の法的な性格は従前通りであった。

務の一つとして取り上げる等、合意を積み重ね移管へ向けて前進させてきた。このような都区協議会の改革の要請を受け、国の第22次地方制度調査会は、特別区を基礎的自治体に位置づけ、その自主性、自律性を強化すること、事務事業の移譲等を一括実施することを答申している。

第22次地方制度調査会の答申を受けて設置された都区制度改革推進協議会は、「都区制度改革に関する中間のまとめ」（1992年）の中で、清掃事業の全て（一般廃棄物の収集・運搬、中間処理、最終処分）を特別区の事務とすべきと答申した。また、1994年９月に都区間で合意した「都区制度改革に関するまとめ」（以下、協議案）では、特別区が「清掃事業のすべての責任をもつことを基本」とし、「自区内処理の実現に向け、都の現行清掃工場建設計画を継承しつつ、その発展、展開を図る」、「特別区が収集・運搬・中間処理・最終処分場に関する事務の全てに責任を負い、自己完結的な事業を行う」と、特別区の処理責任を明記した清掃事業の方針が出された。

これらの協議案に示された方針は、東京「ごみ戦争」時に江東区側が主張した迷惑の公平な分担という理念を超え、ごみの収集から最終処分に至るまで廃棄物処理に関しては「自己完結的」な事業主体として特別区を位置づけようとするものであった。だが、既に特別区における過密化からして、最終処分場までを含む厳密な意味としての「自区内処理の原則」の実現を可能とするような方策があったとは思えない。従来から目指してきた特別区の自主性・自律性を強化するための手段の一つとして清掃事業を用い、さらに「自己完結的な事業」という清掃事業の究極の「あるべき理念」を唱えることで、特別区の意義を示す旗印にしようという狙いがあったものと見られる。

（２）政治の場における「自区内処理の原則」の受容

東京23区のような狭小な土地面積に多くの人口が密集して暮らす都市部において、すべての利害関係者の合意を得て「自区内処理の原則」に基づいて清掃事業を行うことの難しさは誰の目にも明らかである。にもかかわらず、東京都、特別区、そして東京都職員労働組合清掃支部（以下、清掃労組）という主要アクターはなぜ清掃事業の区移管をめぐって「自区内処理の原則」という枠を取り入れることにしたのか。先述の都区制度改革をめぐる動きを概観しながらこの点について考察してみよう。

東京の都区制度改革は、住民に最も身近な自治体としての特別区の事務・権能を拡充しようとする動きと、大都市としての都の一体性・総合性を重視する動きが常に対抗する特別区と東京都との戦いの歴史そのものである(17)。

東京23区の自治権拡充のための運動の発端とも言えるものは、1947年5月16日、区長協議会が都知事に出した「自治権拡充に関する具申書」である。これは主に、人事、財政権の確立と住民日常生活に直結する事務の移譲または委任を求める内容であった。清掃事業に関しては、①清掃事業は都民の関心の的である、②事業に対して要望や非難が区におこなわれている、③清掃事業は区内処理が理想であり都は施設を完備すべき、④収集運搬を区で終末処理は都で担うこと、計画と連絡が良ければ、二元的処理は可能である、⑤行政機構上も現行制度で可能である、と事業の移譲を都側に要求している。

これに対して東京都側は、①事業の一貫性により部分的移譲はできない、②事業全部を移すことは、経費の著しい増嵩をもたらす、と反対の意見を述べている。また、1951年当時結成3年目を迎えた清掃労組は、岡安副知事に対し「清掃事業の一部区移管は反対である」と主張している。その理由として、清掃職員の職の安定を阻害するということに加え、清掃事業そのものの特殊性について、「一貫作業を継続することによって、その成果があげられることになるのであって、事業を分断することは、その作業を殊更に複雑たらしめ、到底その作業の成果は期し難い」ことを挙げている（東京清掃労働組合1999：19)。かくして、清掃事業の区移管をめぐるアクターは、東京都、特別区、そして清掃労組という三者の対立構造になっていた。

図表1－1は清掃事業の23区への移管までの主な経緯を表している。この

(17)　本節の以下における各団体の動きについては、東京清掃労働組合（1999)、東京都（2000：371-383)、特別区協議会調査研究部（2003)、特別区職員研修所（2011）を参照した。

図表１－１ 清掃事業の23区への移管までの主な経緯とその主な内容

1964年	地方自治法改正	特別区の事務権能の拡充（福祉事務所等列挙事務が10から21項目に拡充） ごみの収集・運搬事務を特別区の事務に規定（別に法律で定める日までは引き続き都が処理）
1974年	地方自治法改正	地方自治法施行令により、別に法律で定める日までの間は、特別区の事務は公衆便所、公衆用ごみ容器の設置・維持管理の事務のみと規定
1986年	都区協議会「都区制度改革の基本的方向」	特別区の内部団体的性格を改め、大都市区域における基礎的自治体として、普通地方公共団体に位置づける。一般廃棄物の収集・運搬に関する事務は、特別区に移管する
1990年	第22次地方制度調査会答申「都区制度改革に関する答申」	都区協議会の「都区制度改革の基本的方向」に掲げられている事項（一般廃棄物の収集・運搬に関する事務）については、概ねその方向で区に移譲すべきとする
1992年	都区制度改革推進協議会「中間まとめ」	第22次地方制度調査会答申を踏まえ、検討経過を都区で発表。廃棄物処理法に規定する「一般廃棄物の収集運搬に関する事務」を移管する
1994年	都区間「都区制度改革に関するまとめ（協議案）」合意	事務移管の範囲を廃棄物処理法で市町村（長）が行うこととされている事務の全て（収集・運搬・最終処分の全て）とし、移管の時期を2000年４月とする
1998年	地方自治法改正	特別区は「基礎的な地方公共団体」として位置づけられ、大都市地域の行政の一体性・統一性に配慮した特別区の自主性・自律性の強化、特別区への事務移譲、を柱とする都区制度改革が実施される

出典 東京清掃労働組合（1999年）、特別区職員研修所（2011年）を基に作成

経緯の中での三者の動きは概略、次の通りである。東京23区は、1998年の地方自治法改正に至るまで、一貫して清掃事業の移管を主張している。東京都は先述した通り反対の立場であったが、事態が大きく変わるのは、1962年２月、清掃等の事業の切り捨てにより都は身軽になるという声明が出されてからで、これ以降区移管へと舵を切り始める[(18)]。

そんな中、移管直前の1999年時点で8,000人以上の職員数と3,000台の車両船舶、120の清掃関連施設を擁した清掃労組の意向は清掃事業の移管におけ

(18) その後、都政調査会は「ごみ収集運搬作業の特別区移管」の中間答申を出し、第８次地方制度調査会も「首都制度当面の改革に関する答申」を出した。二つの答申の共通点は、都政を企画、調整、管理等の権力行政に純化するということと、清掃事業に関しては（し尿の終末処理を除く）環境衛生を区に移管することを提起している。

る重要な鍵であった（藤井2006：127)。清掃労組は、先述の通り廃棄物の収集・運搬の事務だけを特別区に移管することについて、一貫して反対の立場であった。清掃労組は、都区制度改革そのものに反対したわけではないが、収集・運搬だけの移管が組織の分断・弱体化につながることを恐れたためである。

都側は、清掃労組の理解を得るため都と都職労による清掃事業移管問題に関する小委員会を設置した。議論を重ねた結果、1994年3月に移管問題をめぐる合意（全ての清掃事業の区への移管）に達している[(19)]。その際、清掃労組側は、条件として、東京「ごみ戦争」後清掃事業の規範となっていた「自区内処理の原則」の貫徹という難題を特別区側に突き付けた。各々の特別区で事情は異なっていたが、清掃工場さえも持たない区も存在する中、最終処分まで責任を背負うことは大きなハードルであった。しかも、特別区が「自区内処理の原則」を貫くことは清掃関連施設の用地の確保のほか組織・財政問題など、廃棄物行政の全てにおいて現実的には厳しい状況であった。

しかし、特別区側は清掃労組が提示した「自区内処理の原則」の貫徹という条件を受け入れた。特別区側は、名実ともに基礎的自治体になるためには、基礎的自治体が実施している住民に最も身近な行政サービスの一つである清掃事業を行う必要があると考え、清掃労組の要求を受け入れざるを得ないと判断したのであろう。また、清掃労組も、「自区内処理の原則」を条件としたことで、清掃事業の一貫性は認められた。ただ三者の合意内容とは別に清掃事業の組織としては、2000年には収集・運搬部門だけが区に移管され、清掃工場（焼却部門）は一部事務組合に残る等、ちぐはぐな形となっている。

以上のプロセスを各アクターの立場から概括すると、まず都側としては、

---

(19)　東京都は職員団体との話し合いの末まとめられた「清掃事業のあり方について」（1994年3月）で、特別区は収集・運搬から処分まで一貫して責任を負うこと、資源循環型の清掃事業に転換することを、労使で共通認識したと述べている。また、同年9月の都区合意においても、一般廃棄物の収集・運搬から処分までの事務を特別区の事務とすること、「自分の区域からだされたごみを自らの責任で処理することを目指した“自区内処理の原則”の実現を図る」という基本的合意が行われた（長嶋2000)。

収集・運搬を区に移管することとなったが、都区財政調整で特別区の清掃事業や一部事務組合への関与も可能であり、最終処分場に関する直接管理という部分を都に残すことによって、全体清掃事業そのものに関する関与の余地を残せた。次に、清掃労組は、「自区内処理の原則」の貫徹という無理難題を都と特別区にも求め、組織の解体に歯止めをかけた。さらに、特別区としては、いままで清掃事業に関する住民からの苦情の窓口に過ぎなかった立場から、清掃事業の主体と位置づけられることで自主性・自律性を高めた基礎的自治体という名を得た。

すなわち、「自区内処理の原則」は、清掃事業をめぐる代表的な集団である、特別区、東京都、清掃労組、三者の痛み分けという形で合意に至ったのである。こうして「自区内処理の原則」は三者の対立構造を構成する政治的な鍵として用いられ、一部事務組合という処理主体を梃子に新たな三者協調路線を築くことに成功したのである。

３．「自区内処理の原則」の棚上げ

（１）ダイオキシン問題とごみ処理広域化計画

しかし、バブル崩壊後の東京都が廃棄物の減量傾向[20]にある中で、1997年６月、「豊能郡美化センター」（大阪府豊能町と能勢町とが共同設置した廃棄物焼却施設）内におけるダイオキシン汚染問題が発生し、稼働停止後廃炉に至った。この出来事は、二つの点において廃棄物行政における転換点であったと指摘できる。

一つは、ダイオキシン問題は焼却施設によるものであったので、それをきっかけにごみの焼却処理における依存度を低下させる、または他の処理方法に転換させるチャンスでもあった。しかし、廃棄物政策には焼却主義を軸とする政官業のトライアングルが出来上がっていて、政策転換の扉は閉じられ

(20) 東京「ごみ戦争」後、廃棄物対策の重要性を認識した東京都は「TOKYO SLIM」というスローガンを掲げてごみ減量対策を取り組んでいて、また住民の環境意識も高まったことから、特別区の廃棄物は減量傾向であった。

たままになっている。もう一つは、特別区における「自区内処理の原則」の用いられ方にも変化が現れたことである。特に、「自区内処理の原則」からの転換のきっかけとなるのが、厚生省から出された「ごみ処理に係るダイオキシン類発生防止等ガイドライン」(1997年1月）であった。

このガイドラインに基づき、厚生省は通達「ごみ処理の広域化について」(衛環173、1997年5月、以下、ごみ処理広域化計画)[(21)]を出し、都道府県に対してダイオキシン類の排出削減のためごみ処理広域化計画の作成とともに市町村の指導を促すこととなった。[(22)]その後、ダイオキシン対策として大気汚染防止法と廃棄物処理法の施行令の改正で焼却炉の基準が強化される。その結果、小型焼却炉で自区内処理を実現していた、または自区内処理を実現しようとした市町村のごみ処理をめぐる状況も厳しくなっていた。

東京「ごみ戦争」後、東京都では、23の特別区各々の地域に自前の清掃工場を建設して中間処理をめぐる「自区内処理の原則」を成し遂げるという廃棄物行政の目標を掲げていた。自前の清掃工場を立地していなかった3区(新宿区、中野区、荒川区）は各々清掃工場の建設を検討していて、地下式の清掃工場の案を提出するなど、「自区内処理の原則」に従う意向を示していた。しかし、先述の通りごみの総量が減少し、清掃工場の過剰が問題視されはじめたところ、[(23)]そこにダイオキシン問題まで重なり、1998年に開かれた特別区長会は、「2005年まで」としていた共同処理の方針[(24)]についてこれを変

(21)　ダイオキシン問題とごみ処理広域化計画をめぐる動向や議論については、山本(2001)、高橋（2001)、中西（2004）が詳しい。

(22)　厚生省の通達には、広域化計画の策定で注意すべき事項として、①ダイオキシン削減対策、②焼却残渣の高度処理対策、③マテリアルリサイクルの推進、④サーマルリサイクルの推進、⑤最終処分場の確保対策、⑥公共事業のコスト削減、を挙げている。特に、サーマルリサイクル推進の観点から、ごみ焼却施設は、全連続焼却炉（24時間運転を行い、摂氏800度以上での廃棄物焼却）を進めている。実際、2002年12月1日から、廃棄物を焼却する炉の構造基準が強化されている（廃棄物の処理及び清掃に関する法律施行令第3条第2号、同法施行規則第1条の7)。

(23)　朝日新聞（2000年6月7日付）

(24)　東京二十三区清掃一部事務組合規約の附則（2000年4月施行）では、「平成17年度末日を目途に関係特別区が協議し、関係特別区による当該事務の安定的処理体制の確立をもって、共同処理を廃止するものとする」としていた。

更し、今後も共同処理を続けると決めた。

そして、2003年７月16日に開かれた特別区長会総会は、新規工場建設不要の決断を下すに至り、実質的に1994年に合意された「自区内処理の原則」の看板は下ろされることとなった。それでも、現在に至るまで、特別区も東京二十三区清掃一部事務組合も「自区内処理の原則」を諦め、広域処理を目指す、などという清掃事業の方針転換を明記したことはない。転換し得ない背景には、ごみ問題をめぐり幾度となく繰り返された住民の反対運動を経て、「自区内処理の原則」が清掃事務の責任を負っている市町村や住民にとっての社会的・実体的規範として定着していることが大きいだろう。

（２）東京都のごみ処理広域化計画と自区内処理

上記の厚生省の通達を受けて、東京都でもごみ処理広域化計画を策定しているが、焦点としていたのは特別区部ではなく、多摩地域であった[25]。特別区部における焼却施設は、国の目指すダイオキシン類削減対策に対応していて、焼却施設規模も100ｔ／日以上を確保しているため、新しい対策を組む必要はなかった。他方、多摩地域には国のダイオキシン類削減対策に適合しない焼却施設があり、焼却炉の高性能化のための計画を立てる必要があった。東京都が策定した「東京都ごみ処理広域化計画」（1999年）によると、第２ブロックの国立市と第３ブロックの奥多摩町が厚生省の基準に適合していなかった（**図表１－２**参照）。

まず、国立市の焼却施設は1974年に設置された全連続式であったが、20年以上経過していて処理能力90ｔ／日しかない施設であった。国立市が、老朽化している焼却施設をめぐって、廃棄物を独自に処理していくか、それとも広域処理を行うかを議論している最中にダイオキシン問題が発生したのである。国の補助金の対象になる焼却施設は全連続焼却炉で100ｔ／日以上の処理機

(25)　その他、東京都の島しょ地域の場合、地理的条件により島ごとの処理を行っていて、一般廃棄物の発生量も少なく、100ｔ／日以上の全連続式焼却施設の設置も必要性に欠けていた。

図表１－２　多摩地域のごみ焼却施設の現状（1999年現在）

ブロック	市町村名	規模（t／日）		種類	稼働年月	排ガス冷　却	集じん器	備　考
第　1 ブロック	八王子市 （戸吹）	300（100×３）		全連	1998. 4	ボイラ	ろ過式集じん器	
	八王子市 （館）	300（150×２）		全連	1981. 4	水噴射	電気集じん器	
	八王子市 （北野）	100（100×１）		全連	1994. 10	水噴射	ろ過式集じん器	
	立 川 市	280	（90×２）	全連	1979. 10	水噴射	電気集じん器	
			（100×１）	全連	1997. 4	水噴射	ろ過式集じん器	
	昭 島 市	190（95×２）		全連	1995. 10	水噴射	ろ過式集じん器	
	町 田 市	626	（150×３）	全連	1982. 5	ボイラ	電気集じん器	
			（176×１）	全連	1994. 8	ボイラ	ろ過式集じん器	
	日 野 市	220（110×２）		全連	1987. 5	ボイラ	電気集じん器	
	小 村 大 衛生組合	360	（150×１）	全連	1990. 11	水噴射	電気集じん器	
			（105×２）	全連	1986. 4	水噴射	電気集じん器	
	多摩ニュ ータウン 環境組合	400（200×２）		全連	1998. 4	ボイラ	ろ過式集じん器	
	９施設	2,776（22炉）						
第　2 ブロック	東村山市	150（75×２）		全連	1981. 10	水噴射	電気集じん器	
	国分寺市	140（70×２）		全連	1985. 11	併　用	電気集じん器	
	国 立 市	**90（90×１）**		**全連**	**1974. 7**	**水噴射**	**電気集じん器**	
	武 三 保 衛生組合 （第１）	195（65×３）		全連	1984. 12	ボイラ	電気集じん器	
	武 三 保 衛生組合 （第２）	195（65×３）		全連	1984. 10	ボイラ	電気集じん器	
	二 枚 橋 衛生組合	510	（135×３）	全連	1972. 4	水噴射	ろ過式集じん器	
			（105×１）	全連	1967. 5	水噴射	電気集じん器	
	柳 泉 園 組　　合	390	（150×１）	全連	1983. 4	水噴射	電気集じん器	新施設の建設後に廃止
			（120×２）	全連	1986. 4	ボイラ	電気集じん器	
		建設中 315（105×３）		全連		ボイラ	ろ過式集じん器	
	多 摩 川 衛生組合	450（150×３）		全連	1998. 4	ボイラ	ろ過式集じん器	
	８施設	2,120（21炉）						
第　3 ブロック	**奥多摩町**	**13（13×１）**		**准連**	**1989. 3**	**水噴射**	**電気集じん器**	
	西多摩 衛生組合	480（160×３）		全連	1998. 4	ボイラ	ろ過式集じん器	
	西秋川 衛生組合	150（75×２）		全連	1978. 5	水噴射	電気集じん器	
	３施設	643（６炉）						
20施設		5,539（49炉）						

出典　東京都「東京都ごみ処理広域化計画」（1999年）（太字、引用者）

能を持つものに限られていたが、当時の国立市のごみ発生量は70ｔ／日程度で、市単独で補助金の対象になる焼却施設を建てるのは難しかった。国立市は、ダイオキシン類削減対策や更新及びコスト等について東京都との協議を重ねた末、東京都の提案に従って多摩川衛生組合への加入を決めるに至った。[(26)]

次に、第3ブロックの奥多摩町の施設は准連続式（処理能力13ｔ／日）であり、国のダイオキシン類減少関連基準（全連続式の100ｔ／日以上）に適していなかった。しかし、奥多摩町の焼却施設は1989年に設置されたもので比較的新しく、1996年に排ガス集じん設備を改修しているため、無理に急いで広域化に組み込めば、財源の無駄遣いと批判されかねない。そこで東京都はこのときの広域化計画では奥多摩町を例外としているが、次のごみ焼却施設の更新時には施設の集約化を図る必要があり、第3ブロック内で行うことが望ましいと述べている。

厚生省の広域化計画は100ｔ／日・全連を基準としているが、厚生省の広域化計画通達に別添された資料からすると、「将来的には処理能力300ｔ／日のごみ焼却施設による広域化を推進することを検討しているので、これを踏まえたうえで計画を策定すること」を各都道府県の一般廃棄物担当部長に促している。これは、自治体の自己責任に基づく「自区内処理の原則」とはかけ離れたさらなる広域化が国レベルですでに計画されていたことを示すものである。事実上、厚生省の広域化計画は市町村の廃棄物行政に対する上からの強い関与であり、従来の自治体の自己決定による共同処理とは異なる。同じ共同処理・広域処理といっても、国による広域化計画は自治体の自己決定が持つ意味を大きく後退させる働きをしている。

地方自治法と廃棄物処理法は一般廃棄物の処理責任は市区町村にあると定めている一方で、広域化計画は都道府県に一般廃棄物関連施設に関する許認可権限と市区町村を指導する責務を負わせている。一般廃棄物の処理責務を定めた法制度と国の計画の間にはねじれが生じていて、その結果、自治体の

(26) 国立市ごみ減量課課長のヒアリング（2012年1月25日）による。

自由は著しく妨げられていると言ってよい。

4．この章のまとめ――東京「自区内処理の原則」からの教訓

「自区内処理の原則」が特別区及び東京都にもたらした影響は今日に至るまで続いてきた。東京「ごみ戦争」前後における「自区内処理の原則」は、特異な都区制度により当時基礎的地方公共団体として廃棄物の処理責任を負うべき都が、事態の収束に向けてあくまで広域自治体として振る舞ったために行政としての責任をめぐる議論を曖昧にさせた。

その結果、一面において、東京「ごみ戦争」が当時法律上の基礎的地方公共団体ではなかった特別区に「基礎的地方公共団体」としての自我の目覚めを促すこととなり、「自区内処理の原則」を受け入れるきっかけになったと言うこともできるかもしれない。そのことは同時に、「基礎的地方公共団体」になることを夢見た特別区に、区域における自治団体として住民との関係を結ぶ責任の重みをも自覚させることになったに違いない。「自区内処理の原則」生誕の地である特別区では、都区間協議の紆余曲折の中で清掃事業が象徴的に用いられ、「自区内処理の原則」は特別区各々が自区内に廃棄物関連施設を持つべきという目標にされた。だが、それはダイオキシン問題の発生で棚上げにされ、その後の厚生省の通達によって東京においてもごみ処理広域化を推進することになっていった。自治体とは何かを問いかけた東京「ごみ戦争」の教訓は、住民不在の、より大きな政治構造の一部となっていってしまったのである。

清掃事業をめぐる原責任（＝住民）と処理主体（＝都）との関係のねじれ状況がもたらした東京都区の関係にすぎなかった「自区内処理の原則」は、その後、住民の合意による公平かつ公正な負担の払い方を自ら決めるための要として全国に広がった。第３章では、小金井市の「ごみ非常事態宣言」発令の際にあらわれた「自区内処理の原則」から、この概念の都区外への広がりを確認したい。

第２章　廃棄物関連一部事務組合と自治

はじめに

第１章では、市町村における廃棄物処理をめぐる「自区内処理の原則」の歩みをたどってきた。これを踏まえ、本章では、廃棄物処理体制の一翼を担っている一部事務組合について考察する。

地方自治法では、地方公共団体を普通地方公共団体と特別地方公共団体の二つに分けている。一部事務組合は特別地方公共団体で、特別な目的のために設置される。その組織体制は、普通地方公共団体の議会と首長という二元的システムを準用し、一部事務組合の議会と管理者をおく統治システムになっている。普通地方公共団体においては、議会と首長という二元代表制を取ることでけん制とバランスによる民主的統治を図ろうとしている。しかし、特別な目的のために設置された機能的団体である一部事務組合に、普通地方公共団体の統治システムをそのまま準用することで、住民による監視、そして議会と首長のけん制とバランスによる民主的統治は機能するだろうか、そこに問題はないだろうか。

特別地方公共団体の一つである一部事務組合は通常「自治体」とは呼ばれないものである。それは一部事務組合が民主制を備えない事務処理主体に過ぎないものだからであろう。しかし、本書で強調しているように廃棄物処理には民主性・自治を通じた住民とのつながりが不可欠である。廃棄物処理のような事務を一部事務組合に委ねることは適切なのか。また委ねるのであれば、どのような民主的統制を担保するべきなのか、慎重に検討しなければならない。

本章ではこのような問題意識から、市区町村に代わって廃棄物処理を行っている一部事務組合に焦点をあて、一部事務組合制度を用いた場合の「自区内処理の原則」との適合性、特に同原則の中の民主的コントロールの要請について考えたい。具体的には、①一部事務組合の設置をめぐる歴史とその事務内容の変遷、②2012年地方自治法改正における一部事務組合に関する改正内容、③一部事務組合のガバナンスのあり方、の3点を論じ、一部事務組合に自治が働かない理由について一部事務組合を束縛する「関与」の事由から考察する。

1．一部事務組合の歴史

（1）強制設立の歴史

一部事務組合は町村、市、郡、府県、都で順次設立規定が設けられた。「地方公共団体の組合」の設置に関する法律上の規定は、1888（明治21）年4月25日に公布された市制町村制（法律第1号）にまでさかのぼる[(27)]。現行法の「地方公共団体の組合」の設置は明治期に行われた町村合併と深い関係にある。市制町村制施行から始まる明治の大合併では、自治体の規模を大きくすることで新たな行政需要にこたえようとした。当時の明治政府には内政を直接執行する行政組織が整備されておらず、教育、土木、戸籍等の多くの事務を市町村の事務として位置付け、その責任を負わせた。町村にとってこれらの事務の実施は荷が重く、明治の大合併につながる結果となった。

また明治期の町村合併は中央集権化の確立のために町村の規模を拡大し、明治近代国家における行政村を建設するものであった。しかし、この動きに抵抗する町村も相当程度あり、事務を担うために十分な規模まで合併しなかった地域もあった[(28)]。そうした事態に対応すべく、明治政府は事務組合制度の

(27)　組合は、①人が他人と共同で事業運営を行う「組合」、②地方公共団体の共同の事務処理組織としての「組合」、の二つの方式がある。後者の性格を持つ組合は、郡区町村編制法（明治11年）のもとで制定された区町村会法（明治13年）において、「数区町村連絡会」（第三条）、「水利土功ノ……集会」（第八条）の初出を見出すことができる（山中1991：20、村上2000：852-853）。

(28)　明治政府は、市制及び町村制の施行とともに、内務大臣訓令で町村合併を推進した。その結果、町村の数は、71,314（1887年）あったものが15,820（1888年）へとわ

導入を検討した。そして、明治政府が期待する役割を市町村に担わせるために、小規模町村にあっても事務処理ができるような仕組みとして作られたのが、町村制における「第六章　町村組合」である。

町村組合の強制設立に関する当時の解説書によれば、「法律上ノ義務ヲ負担スルニ堪可キ資力ヲ有セサル町村」とは、「法律上の義務を負担するに堪えさるか如き貧弱町村の他の町村と合併する協議をする　又は大事情があり合併を不便とする場合に於いては強制組合をなさしむるなり　其権あるものはけだし郡参事会の議決あるのみ」（傍点、引用者）とされ（別所1888：114-115）、町村組合は監督官庁である郡参事会の議決を得て強制設立できるものであった[(29)]。これこそが、一部事務組合の起源である。そもそも町村組合は、生まれながら自治という側面と強制（関与）という側面の二つの相容れない両軸によって誕生したものである。

組合の強制設立に関する規定（1888年から1947年まで）を中心に比較表にまとめたのが**図表2－1**である。1888年の町村組合の導入から、郡組合（1899年）、市町村組合（1911年）、府県組合（1914年）、都市町村組合（1943年）、地方公共団体の組合（1947年）、と次々に各地方公共団体レベルでの組合が誕生してきた。また、町村組合誕生時の強制の側面は、町村組合の改正、市町村組合・郡組合・府県組合の制定・改正過程においても廃止されることなく続いてきた。戦後に制定された地方自治法においても、「公益上必要がある場合においては、都道府県知事は、政令の定めるところにより、第一項の規定による市町村及び特別区の組合を設けることができる」（第284条第4項）とされ、戦前における上位（監督）機関による組合の強制設置の要件が

ずか1年で約5分の1に減少している。しかし、この大規模合併は町村が簡単に明治政府の命令に従ったことを示しているのではない。この時期の町村をめぐる地方制度の動向については、東京市政調査会（1940）が詳しい。

(29)　町村制では、「町村ノ行政ハ第一次ニ於テ郡長之ヲ監督シ第二次ニ於テ府県知事之ヲ監督シ第三次ニ於テ内務大臣之ヲ監督ス　但法律ニ指定シタル場合ニ於テ郡参事会及府県参事会ノ参与スルハ別段ナリトス」（第七章　町村行政ノ監督　第百十九条）と定めている。すなわち、当時の町村制においては、町村組合だけではなく、町村行政そのものも監督を受ける対象として規定されている。

図表２－１　強制設立規定の沿革

	町村組合		市町村組合	郡組合	府県組合	都道府県組合（都市町村組合）	地方公共団体の組合（市町村・特別区の組合）
法律名	町村制		市　制	郡　制	府県制	都　制	地方自治法
規定時期	1888 明治21年	1911 明治44年	1911 明治44年	1899 明治32年	1914 大正3年	1943 昭和18年	1947 昭和22年
設立主体	監督官庁（※）	府県知事	府県知事	府県知事	内務大臣	内務大臣	都道府県知事
意見聴取	—	町村会	市町村会	郡参事会	府県会	都議会、府県会（市町村会）	市町村会・特別区議会（20以上のときは都道府県議会）
議　決	郡参事会	府県参事会	府県参事会	府県参事会	—	—	—
許　可	—	内務大臣	内務大臣	内務大臣	—	—	—
設立できる場合	①　法律上の義務を負担するに堪ふ可き資力を有せざるとき ②　他の町村と合併の協議が整わないとき又は事情により合併を不便とするとき	公益上必要がある場合	公益上必要がある場合	共同処理させる必要がある場合	公益上必要がある場合	公益上必要がある場合	公益上必要がある場合

※　監督官庁（町村制第119条）→①郡長②府県知事③内務大臣
出典　特別区協議会、第二次特別区調査会「第９回特別区制度調査会」（資料３－１）（2006年11月６日）

そのまま受け継がれている。

（ｉ）地方自治法の一部改正（平成６年法律第48号）――強制設立から勧告へ

一部事務組合の強制設立に関する規定（第284条第４項及び第５項）が廃止されたのは、1994年の地方自治法改正である。この改正では、新たな広域行政機構として広域連合が導入され、法令上に新しい見出し「組合の種類及び設置」が設けられた（村上2000：930）。そして、一部事務組合の強制設立に関する規定に代わり、以下のように一部事務組合と広域連合の設置の勧告規定が新設された。

第285条の２　公益上必要がある場合においては、都道府県知事は、関係

> の市町村及び特別区に対し、一部事務組合又は広域連合を設けるべきことを勧告することができる

この改正をめぐる当時の国会における答弁内容を見ると、一部事務組合の強制設立規定の廃止理由に関する質問に対し、政府委員は、「従前恩給組合の設置等について強制設置が行われたが、昭和44年の埼玉県交通災害共済以後活用の例がなく、今後の活用も予想されない。また、強制設置の手続きは市町村の自治を尊重する点からも再考すべきで、さらに都道府県と市町村の関係においても都道府県が市町村の一部事務組合を強制設置することは要請も実益もない」（傍点、引用者）ため、廃止を判断したと答えている[30]。

ところで、一部事務組合の「強制設立」規定がなくなったことで、国の「関与」が全くなくなったわけではない。上記の「勧告」規定が新たに設けられており、事実上の国の「関与」はいまなお生き残っている。また、法律に規定されなくても、通知・通達[31]という形で自治体の事務に関与することは可能であった。例えば、第１章で先述したように、1997年５月28日の厚生省生活衛生局水道環境部環境整備課長から各都道府県一般廃棄物担当部（局長）あての通知「ごみ処理の広域化について」（衛環173号）は、ダイオキシン類の排出削減を図るため、各都道府県に市町村のごみ処理施設を大型の全連続炉に統合させるための役割を負わせる内容であった。

この通知は廃棄物処理問題をめぐる国の主務官庁から都道府県への単なる通知にすぎなかったものの、国によるダイオキシン類の排出削減基準の強化と廃棄物焼却施設をめぐる補助金を併せて用いることにより、市町村の小型

(30)　参議院第129回国会地方行政委員会第７号（1994年６月20日）

(31)　通達については、第145回国会参議院行財政改革・税制等に関する特別委員会での地方分権推進一括法案に対する附帯決議において「既に発出している通達は、今回の改正の趣旨に則り適切に整理することとし、いわゆる通達行政が継続されることのないようにすること」（1999年７月８日）とされ、通達という名称は削除されることとなった。これに伴って2000年４月より施行された地方分権一括法では、法定受託事務に係る処理基準（地方自治法245条の９）を明示すること、従来の技術的助言又は勧告は通知等に名称が改められた。

焼却施設の延命措置・再建築を諦めさせることとなった。このように、厚生省の通知に従って、多くの市町村は都道府県が作成した広域化計画におけるブロックごとの一部事務組合に参加する道を選んだ市町村もいた。清掃事業の一部事務組合への移管が進んだことを見ても、国による関与が「通知」という形で市町村における清掃事業の方向を大きく左右したことは明らかである。国の基準や補助金が計画や通知と合わせて用いられることで、市町村側には事実上の選択肢はなくなり、国・都道府県の指導（関与）によって新たに巨費を投じた巨大かつ高性能の焼却施設の建設を強いられたのである。

また、一部事務組合の設立を勧告できる要件として「公益上必要がある場合」が挙げられているが、この場合「公益」とは何かについての説明が曖昧で、上位機関の判断が後の一部事務組合の関係市町村の公益を決められることもあった。(32) 市町村の廃棄物処理体制の現状は、「公益」という名の下で上からの関与（国・都道府県知事の勧告）と補助金に左右され、市町村自らの意思を貫くことは至難の業である。住民・議会等を含む様々な利害関係者による公共課題の解決――いわゆるガバナンス――にも程遠くなっている。

さらに、一部事務組合の欠点を補完するため新たな広域行政機構として導入された広域連合においても実は事実上の「強制設置」の法的措置がある。例えば、後期高齢者医療の運営主体をめぐる議論の末、「高齢者の医療の確

(32)　一部事務組合の設立の理由として、「公益上必要がある場合」という規定は今も残っているが、次に見るように明確な定義は示されてない。
① 「『公益上必要アル場合』トハ如何ナル場合ナルカ是一ニ府県知事ノ認定ニ待タサルヘカラス」（五十嵐1930）
② 「「公益」とは、関係市町村の公益の意義である。換言すれば市町村の事務にして市町村組合又は町村組合に依り処理するに非ざれば、其の事務の完全なる遂行を期し難く又は関係市町村の住民の福利を増進し若は不利を防止することを得ずと認めらるるが如き場合を意味するのである。」（入江・古井1937）
「それは、組合を組織して処理しなければ完全を期し難く、また、住民の福祉を増進し若しくはその不利益を予防することができない場合、或いはそれ程でなくとも、行政事務処理能力からみて組合の組織による方が結局関係市町村及び特別区の利益になる場合であると、一般にいわれている。」（長野1993）
特別区協議会、第二次特別区調査会「第９回特別区制度調査会」（資料３－１）参照。

保に関する法律」において、「（広域連合の設立）第四十八条　市町村は、後期高齢者医療の事務を処理するため、都道府県の区域ごとに当該区域内のすべての市町村が加入する広域連合を設けるものとする」と規定している。ここでは、各々の自治体の自己決定による加入ではなく、最初から都道府県区域ごとに当該区域内のすべての市町村が広域連合に加入することを前提に後期高齢者医療制度が設計されている。その理由については、後期高齢者医療制度の財政運営の広域化及び安定化をあげている。

要するに、各々の市町村の自己決定による広域連携というタテマエとは裏腹に、一部事務組合・広域連合等の広域連携制度には国または広域自治体の強制または関与のシステムが存在し続けてきた点に留意すべきである。以下では、一部事務組合をめぐる関与の実態を見るため、東京都内における一部事務組合の事例を紹介する。

（ii）東京都内における一部事務組合

1947年に地方自治法が施行され、また戦前35区あった特別区は現行の23区に再編された。特別区は、市町村同様に基礎的地方公共団体に位置付けられ、原則として市と同様の権能が認められたが、事務・人事・財政における移管は不十分なままであった。さらに、1952年の地方自治法改正では、大都市行政の統一性の確保という観点から、特別区の自治権は大幅に制限され、東京都の内部的団体と位置付けられることとなった。その後、都が広域的地方公共団体であると同時に基礎的な地方公共団体の性格を併せ持つことから、都と特別区との間における役割が曖昧であるという指摘が続くなど、都区制度の改革が議論されてきた[(33)]。

2000年地方分権改革で、特別区は「基礎的な地方公共団体」と規定[(34)]され、

(33)　例えば、1986年2月に都区で取りまとめられた「都区制度改革の基本的方向」、そして1990年9月に第22次地方制度調査会の答申では、住民に身近な事務事業をできるだけ特別区に移管すべきであると提言している。

(34)　特別区は、地方自治法第281条の2第2項と第283条で、基本的には基礎的自治体である「市町村」に準ずるものとされ、市の所掌する行政事務に準じた行政権限が付

東京都からある程度の独立性を得ることとなった。しかし、ここでも特別区は「法律または政令により都が処理することとされている事務」「市町村が処理するものとされている事務のうち、人口が高度に集中する大都市地域における行政の一体性及び統一性の確保の観点から当該区域を通じて都が一体的に処理することが必要であると認められる事務」は処理することができないとされている[(35)]。このため、特別区の消防・上下水道関連事務等、本来基礎自治体ならば当然担うべき事務を引き続き東京都が行っている。

現在東京23区に設置されている一部事務組合には、「特別区人事・厚生事務組合」と「東京二十三区清掃一部事務組合」の２つがある。まず、特別区人事・厚生事務組合は、1950年に公布された地方公務員法の規定により、1951年８月から特別区の固有職員のために人事委員会を設置することが義務付けられたことからこれを共同処理するため1951年に設置された。しかし、特別区は既述の通り東京都の内部団体として改められるなど、その権能は脆弱であった。そのため身分切り替えに伴う給与等の諸基準が区によって異なることを恐れる職員の意思を反映し、すべての特別区の職員が同じ処遇であることを保障するため23区共通採用を実現すべく、一部事務組合を新たに設立する政治的妥協を行った。その結果、東京23区は、内部団体時代から一貫して、基礎的自治体として規定された2000年以降においてさえも引き続き採用等の人事について一部事務組合が担う形となっている。

次に、東京23区によって構成される「東京二十三区清掃一部事務組合」について見てみよう。第１章でも既に見たように特別区の自治権拡大に関する改正地方自治法が施行される（2000年３月31日）まで、本来なら市町村によって行われるべき一般廃棄物の処理に関する清掃事業が都の事務とされていた[(36)]。実際、第22次地方制度調査会の答申を踏まえ、1994年12月15日、東京都

与された。

(35)　地方自治法第281条第２項・第281条の２第１項

(36)　1974年の地方自治法改正では、都が23区全体を通じて一体的に処理する必要がある事務を除き、おおむね一般の市に属する事務と保健所設置市に属する事務を特別区が処理することとされ、清掃事業に関しては一般廃棄物の収集・運搬に関する事務は

と清掃労組は、清掃事業の特別区移管について「清掃事業の特別区への移管に関する覚書」を締結している。その際、清掃労組は特別区ごとに収集・運搬・処理・処分までを一貫して行うことを主張したが、それを即座に実施するのは難しいということで６年間の準備期間をおいて、「自区内処理の原則」を達成するという目標を立てていた。[(37)]

しかし、その後次々と巨大な清掃工場が建てられ、住民の資源分別などによるごみ減量の影響もあり、焼却容量と比べてごみ量が不足する事態が発生した。[(38)] そのため、数百億円もの建設費が必要となる清掃工場を各々の区が建設する必要性も薄れ、現在も特別区ごとに完結した廃棄物行政は行われておらず、もはや当初清掃労組が主張していた「自区内処理の原則」の遵守は極めて困難な状況となっている。2000年に都から特別区へ清掃事業が移管された後も、各々の特別区が収集・運搬から最終処分までのすべてのプロセスを担う態勢にはなっていない。そして収集・運搬は各特別区が、中間処理は東京二十三区清掃一部事務組合が、最終処分に関しては今なお東京都が行っている。

特別区は、地方自治法上は現在もなお「特別地方公共団体」とされており、本来市町村の権限である事務の一部が東京都に留保され、また都区財政調整制度[(39)]が導入されていることもあって、他の市町村には存在しない制約を多く課せられている。基礎的地方公共団体とは異なる部分が多々あるのである。この法的性格が、特別区はもちろん特別区で構成される一部事務組合における自治さえも弱め、都の関与が強く働く主な原因になっているとも言えよう。

特別区の事務（廃棄物処理法第23条の２）とされた。しかし、地方自治法の一部を改正する法律の附則第24条の規定により、「別の法律で定める日までの間」は都が処理することとされ、清掃事業が特別区の事務となるのは、1998年５月に地方自治法等の一部を改正する法律が制定されてからである（2000年４月１日施行）。

(37)　清掃事業の特別区移管の経緯については、東京都（2000：371-381）が詳しい。

(38)　朝日新聞、前掲注（23）

(39)　都区財政調整制度については、井上（2006）、佐藤（2011）、菅原（2012）が詳しい。

（2）事務内容から見る一部事務組合の変遷――迷惑施設の受け皿化

ここで、一部事務組合が実際にどのような事務を担当してきたのか、その事務内容の推移を確認してみよう。自治体にとっては、一部事務組合の設置が、国が推進する市町村合併から逃れ、事務負担を市町村同士で分け合うための道具として使われたという側面が浮かび上がる。現在ではいわゆる迷惑施設について住民と正面から向きあうことを避ける便利な隠れ蓑になっていることが確認できるだろう。

（i）近代国家形成と組合の誕生

郡制施行当時（1890年）の調べによると、町村組合は計268あり、内訳は土木24、衛生９、勧業25、財産17、教育25、其の他168となっている（山中1996：814-815)。この調べでは「其の他」に分類されているものが多いが、これは土木、衛生、教育だけを扱う一部事務組合の他に、土木教育、勧業衛生、衛生財産、土木財政教育衛生勧業等の複数の事務を担当している一部事務組合を其の他として分類しているためである[(40)]。例えば、衛生事務を担当する一部事務組合は９になっているが、教育勧業衛生、衛生勧業財産の事業を行っている一部事務組合も多いことから、衛生に関連する事務を行っていた組合の数は設立当時から多く存在していたと推測される。

次に、**図表２－２**は1907（明治40）年と1920（大正９）年の組合の状況を表している。全体数からすると、1907年の組合数が6,087であったのに比べ、1920年の組合数は4,925と減っている。前述したように、明治政府により教育をはじめとする内政関連の多くの事務が町村の事務となり、それらを賄う財政的能力がない町村は合併に追い込まれた。そして合併を拒む町村の選択肢として町村組合が大いに推奨されたのである。しかし、教育関連組合も明治の合併が一段落すると、その数は1907年当時1,141もあったものが1920年には284に大幅に減少した。また、この明治期の合併の一段落は、全部事務

(40)　この事務内容からすると、郡制施行当時、すでに複数の事務を行う組合が存在していることが分かる。

図表2－2　町村組合及水利組合数調

種　　別	大正9年1月15日調	明治40年郡制廃止法律案提出当時の組合数
普通水利組合	2,317	2,137
水害予防組合	726	891
全部事務	58	227
役場事務	94	—
水利・土木	655	1,074
勧業	80	42
衛生	252	187
共有財産	281	365
教育	284	1,141
山林	28	—
其の他	150	23
合　計	4,925	6,087

出典　村上（2000：938）

組合にも影響している。1907年調査で227あった全部事務組合が1920年の調査で58に減少しているが、これは合併が進むにつれ、組合の解散が行われたことが考えられる。

一方、勧業・衛生・其の他の事務を行う組合が大幅に増加している。特に、衛生に関連する一部事務組合の増加は、公害や伝染病が蔓延したことでごみの衛生的な処理（焼却）と伝染病の拡散防止のための広域的な取り組みが求められたことが原因として働いたと思われる[(41)]。

続いて**図表2－3**は、1948年当時の一部事務組合の数とその種類を表している。事務の種類からすると、教育関係（639）がもっとも多く、1920年のそれ（284）より倍以上に増えている。6・3制の教育行政の整備[(42)]とともに、

(41)　例えば、明治期にはたびたびコレラが蔓延し、1879年と1886年には10万人を超える死者を出している。その後も1890年に約3万5千人、1895年にも約4万人という死者が発生している。明治政府は状況を打開するため、1897年に「伝染病予防法」を制定するが、1902年にもコレラによる死者が約8千人以上発生している。死者数については、総務省統計庁「伝染病及び食中毒の患者数と死亡者数」（http://www.stat.go.jp/data/chouki/zuhyou/24-10.xls）を参照。

(42)　1947年に制定された学校教育法で、義務教育は6年制の小学校課程と3年制の新

戦争中の自治体の財政逼迫という理由もあって同じ境遇に置かれている市町村同士による教育関連の一部事務組合の設置が増えたものと推定される（久世1971：39)。その次は衛生関係（伝染病院、隔離病院、一般病院、診療所等）が続いている。病院の増加には、伝染病の流行に加え、戦争に伴う衛生環境の悪化も影響したのであろう。また、戦時中に設置されたものと思われる火薬所のための一部事務組合が残されているなど、時代性を垣間見ることができる。

図表２－３　市町村の一部事務組合

（1948年４月１日現在総理庁官房自治課調査）

種類／数	学校	自治警察	伝染病院	隔離病舎	一般病院	診療所	火薬所	道路	水治用	上水道	財産	山林	土木	開墾	造林	恩給	その他
1,640	639	12	164	137	49	20	64	147	175	2	23	54	29	16	23	39	47

役場事務組合24、全部事務組合15
出典　金丸（1949：372）

このように、地方公共団体の組合は、町村、市、郡、府県といった地方制度に徐々にその設置が認められ、その事務対象は時代とともに推移してきた。また、市町村合併との関係においては、大規模な市町村合併が行われた後には組合の数が減少している。したがって、当時の地方公共団体の組合は、個々の事務をすべて実施するのが財政的に難しい市町村が合併という選択をせず、市町村としての要求を満たして生き残るための道具として使われたという共通点があるとも言えよう。

（ⅱ）一部事務組合の現況――迷惑施設の受け皿化

では、現在の一部事務組合はどのような事務を行っているのであろうか。その事務内容を表しているのが**図表２－４**である。2023年７月１日現在の一部事務組合の運営状況を見ると、設置件数が1,392件であり、前回2021年

制中学校課程とされた。小学校及び中学校の設置義務は、市町村に課され（第38条、第49条)、多額の財政負担が生じた。

7月調査の1,409に比べ、17減少している。平成合併の影響で、一部事務組合の解散や統合が行われたのが原因であるとされる[(43)]。事務別に見ると、ごみ処理387件、し尿処理304件、消防267件、救急267件、火葬場219件の順である。ごみ処理・し尿処理・火葬場が一部事務組合の6割以上を占めていて、事実上一部事務組合がいわゆる「迷惑施設[(44)]」の受け皿化していることがうかがえる。

この事務内容からすると、一部事務組合は財政的に脆弱な市町村の事務を

図表2－4　一部事務組合の事務

※（　）は2021年7月1日調査時点

事務の種類	計	事務の種類	計
広域行政計画等	52　(57)	火葬場	219　(218)
農業用水	24　(29)	小学校	8　(8)
林道・林野	90　(91)	中学校	23　(23)
病院・診療所	115　(113)	社会教育	45　(48)
児童福祉	25　(27)	消防	267　(267)
介護保険	192　(196)	救急	267　(267)
老人福祉	73　(77)	職員研修	50　(50)
障害者福祉	113　(110)	退職手当	48　(48)
上水道	96　(94)	公務災害	43　(42)
下水道	32　(32)	公平委員会	12　(11)
ごみ処理	387　(389)	競輪・競馬・競艇	26　(26)
し尿処理	304　(312)	会館・共有財産等の維持管理	65　(66)
救急・土日医療	61　(62)	住民票の写し等の交付	0　(1)
情報基盤整備	17　(18)	消費生活相談	5　(5)
監査委員事務局	4　(3)	行政不服審査法上の附属機関	5　(6)

出典　総務省資料「地方公共団体間の事務の共同処理の状況調（令和5年7月1日現在）」により引用者作成

(43)　総務省ホームページ「地方公共団体間の事務の共同処理の状況調（令和5年7月1日現在）」(https://www.soumu.go.jp/menu_news/s-news/01gyosei03_02000086.html、2024年2月1日閲覧）

(44)　迷惑施設と言っても、米軍基地や原子力関連施設のような施設と、生活の営みのため発生する事務を行うための施設は分けて議論する必要がある。その点から、この用語をごみ・し尿・火葬場などの事務を行う施設に使うことは必ずしも適切とは言えない。

補完するというタテマエから始まったが、行政の合理化・効率化（経費の節約）という目標を反映する形で、実際は行政側にとって住民の合意形成が難しい面倒な事務の受け皿となっていると言える。一部事務組合が処理している事務の大半は、事務を処理するための施設の建設には莫大な費用を必要とし、さらに立地選定には住民による反対運動が常に待ち構えているものである[(45)]。

特に、清掃事業は、焼却施設・資源化施設を含む多くの廃棄物関連施設の建設はもちろん、ごみの集団収集のためのごみステーション設置等にも住民反対運動が激しく、行政側としてはできれば穏便にすませたいものである。近年清掃事業の一部事務組合化、民間業者への委託が進んでいる背景には、財政の削減・行政の効率化というタテマエ論だけなく、そういう行政の思惑も働いたのであろう。

一方、市町村の立場から考えると、一部事務組合と委託業者・許可業者への清掃事務の委託によって市町村の職員の削減という行政改革にもつなげることができる。ごみの収集については、全体発生量の19.4%（2021年現在）だけを市町村や組合が収集し、残りの８割以上は委託業者や許可業者によって収集されているとされるが（**図表２－５**）、直営のうち組合を除く市町村直営のみについてはさらにその割合は薄くなる。1989年の直営によるごみの収集の割合が50.3%[(46)]であったことに比べると、直営が大幅に減少したことが分かる。また、ごみ収集関連の運搬機材も直営より委託業者や許可業者の所有分が多い（**図表２－６**）。これらを踏まえると、現在の自治体の廃棄物行政は人的な部分はもちろん、技術的な部分まで広範囲にわたって外部化が進んでいるのが分かる。しかし、このような清掃行政の外部化には、災害時の

（45）　廃棄物処理業者は住民反対運動を恐れ、産業廃棄物処理施設が中山間地域に建てられる傾向がある。施設周辺に住民が居住しないため、住民の監視の目が届かず、不法投棄等による環境汚染につながる可能性が高い。自治体は許認可基準を定める際、簡易な住民説明会による住民の了解を得ることを探るだけではなく、地域環境保全という目標のもとで、汚染の未然防止という観点から環境行政を行う必要がある。

（46）　環境省大臣官房廃棄物・リサイクル対策部廃棄物対策課「日本の廃棄物処理（平成10年度版）」（2001年10月、20頁）

対策における脆弱化をもたらす可能性が潜んでいる。[(47)]

このように、一部事務組合は、市町村合併の代用物としての広域行政の受け皿づくりという中央政府の狙い（国策）と共に、市町村側の政治的な狙い（住民の理解を得ることが難しい施設の分け合い、行政の効率化という建前論を用いて行政側に向けられる反対の声を減らす）からも便利なツールとし

図表２－５　形態別ごみ収集量の推移

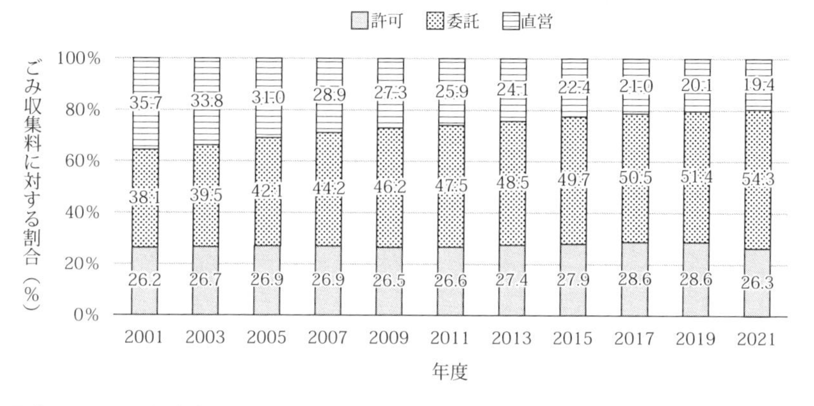

図表２－６　ごみ収集運搬機材（2021年度実績）

種　類	収　集　車		運　搬　車（収集運搬部門）		運　搬　車（中間処理部門）		車　両　計		運搬船等の船舶	
	台数	積載量（t）	台数	積載量（t）	台数	積載量（t）	台数	積載量（t）	台数	積載量（t）
直　営	10,186（10,330）	20,729（20,846）	1,584（1,537）	3,925（4,198）	825（832）	3,016（2,994）	12,595（12,699）	27,670（28,038）	20（20）	45（45）
委託業者	43,233（42,882）	110,150（110,304）	3,330（3,169）	15,790（13,775）	3,586（3,703）	29,611（31,337）	50,149（49,754）	155,550（155,416）	55（56）	15,777（15,757）
許可業者	159,729（157,177）	509,519（520,107）	17,135（16,780）	65,615（65,298）	1,005（993）	7,829（7,297）	177,869（174,950）	582,963（592,702）	36（30）	5,002（(341））
合　計	213,148（210,389）	640,397（651,257）	22,049（21,486）	85,330（83,271）	5,416（5,528）	40,456（41,628）	240,613（237,403）	766,183（776,156）	111（106）	20,824（16,143）

注）・「収集車」：処理施設までごみを運搬するための車両を言う。
・「運搬車」：ごみを積み替えて処理施設まで運搬するための車両や残渣等を運搬するための車両を言う。
・（　）内は前年度の値

出典　図表２－５、２－６ともに、環境省「日本の廃棄物処理（各年度版）」をもとに作成

(47)　東日本大震災の災害廃棄物の処理が遅れた原因には、清掃事務そのものの委託が進んだため自治体における清掃事務全般に関するノウハウを持つ職員がいなくなったことが挙げられていた（第５章参照）。

て機能していることを指摘できる。結果的に、行政側は、これら面倒な事務を一部事務組合という責任の所在が不明確な主体に負わせ、事務関連の説明責任まで曖昧にさせている。一部事務組合が問題点を指摘されながらも存続できたのは、国はもちろん市区町村にもメリットがあったことにも一因があると見るべきであろう。

2．2012年地方自治法改正における一部事務組合

一部事務組合をめぐる近時の主要な改正としては、2012年の第180回国会（通常国会）において成立した「地方自治法の一部を改正する法律」（平成24年9月5日法律第72号）がある。法改正の主な内容は、①自治体議会の会期、②議会と長との関係、③直接請求制度、④国等による違法確認訴訟制度の創設、⑤一部事務組合・広域連合等、に関することである。本章で取り上げている一部事務組合に関連してみると、一部事務組合からの脱退手続きの簡素化と一部事務組合の議会を構成団体の議会をもって構成できる、という2点は検討が必要な部分である。以下、2012年地方自治法改正に焦点をあて、従来の一部事務組合の問題点の解決につながるかについて考察する。

（1）一部事務組合をめぐる2012年地方自治法改正の内容

「地方自治法の一部を改正する法律案要綱」では、「第五　一部事務組合及び広域連合等の制度の見直しに関する事項」で一部事務組合に関する改正内容を明らかにしている。この改正内容を要約すると、①安易な脱退による一部事務組合等の運営への支障をもたらしているという全国知事会や地方制度調査会からの問題の指摘に対し、2年以上の予告期間を置くことで対処すること、②一部事務組合の議会の必置規制を緩和すること、の2点である。特に、総務省は一部事務組合からの脱退手続き期間に関して「予告期間を2年以上の期間としていて、脱退しようとする地方自治体と他の地方自治体の双方に必要かつ十分な準備期間が与えられ、その間に、関係地方公共団体が協議することで、安定的な事務執行にも配慮されている」と述べている（新田

2012：85)。

しかし、2012年の自治法改正の議論は平成合併以降の広域連携推進策の一環であり、気軽に広域化を行えるようにするためとして出口に関する改正を行ったものだが、ごみ処理では組合設置の際即ち入口論に関する議論をあいまいにすることは禍根を残す。一部事務組合が処理している事務内容が何かによって、特に施設を伴う場合は入口論はより慎重でなければならない。以下では、廃棄物焼却施設を運営している一部事務組合の設立に関する葉山町のごみ処理広域化計画離脱の事例から考えてみたい。

（2）脱退手続きの簡素化について――葉山町ごみ処理広域化計画離脱等からの考察

一部事務組合等からの脱退で問題になった事例として、「神奈川県葉山町ごみ処理広域化計画離脱訴訟」があげられる。まず、その経緯を簡略に紹介する。

葉山町のごみ処理問題は、第1章でも触れた1997年5月に厚生省の通知「ごみ処理の広域化について」がその発端である。この通知のもと、神奈川県は県内を9つのブロックに分け、県内市町村に対してごみ広域処理への協議を促した。この計画により、葉山町は、1998年、三浦市、横須賀市、逗子市、鎌倉市とともに、4市1町でごみ広域処理に関する話し合いを進めることとなった。

しかし、2005年、ごみ資源化の方針の違いを理由に、鎌倉市・逗子市と横須賀市・三浦市・葉山町の2つに分かれて協議することとなった。ごみ処理広域化を推進するため、4市1町の間では広域連合設立の覚書が2000年に締結されていたが、2つのグループに分かれることをきっかけに、この覚書は破棄された。その後、横須賀市・三浦市・葉山町は2006年2月に2市1町ごみ処理広域化協議会を設立し、さらに2007年3月に広域処理に向け一部事務組合の設立に関する覚書を締結した。この覚書の締結について、2007年7月にはパブリック・コメントにかけられ、2008年1月15日には神奈川県に地域計画案を送付していた。

ところが、2008年１月の葉山町選挙で当選した森英二町長は葉山町議会全員協議会で自区内処理を原則に「脱焼却・脱埋立を目指す」として、一部事務組合の設立に関する覚書を破棄すると宣言した[(48)]。そして、４月17日の議会においては「自区内処理によりごみ減量化を図る」方針を述べた。森町長は５月16日に横須賀市・三浦市の副市長を各々訪問し、一部事務組合からの脱退を説明、５月31日に２市１町ごみ処理広域化協議会が解散するに至った。

一方、横須賀・三浦両市は葉山町に対して、損害賠償についての書簡を送り、2009年１月29日は横浜地裁へ葉山町を提訴した。その内容は、横須賀市と三浦市とで2006〜2007年度に２市１町協議会に対し負担した経費と、この業務に従事した職員の給与費の損害賠償を求めるものである。両市が葉山町に求めた損害賠償請求額は約１億4,700万円（横須賀市：約１億600万円、三浦市：約4,100万円）である。

横浜地裁は、2011年12月８日、葉山町に対し横須賀市・三浦市への計395万円（横須賀市へ330万円、三浦市へ65万円）の損害賠償の支払いを命じた。判決では、賠償金額については両市の請求額を認めなかったが、ごみ処理広域化協議離脱について葉山町の「信義則違反」を認めていた。

（３）脱退は出口に過ぎず——入口に関する議論の重要性

以上のような葉山町の一部事務組合構想からの脱退の事例から、一部事務組合からの脱退とは何を意味するのかについて考えてみよう。もし自治体が安易に一部事務組合に加入し、勝手に脱退を言い出すのであれば、その行為は自治体同士における信義則違反として軽率で無責任であるという批判もあり得よう。しかし、葉山町の事例からすると、一部事務組合の設立のための協議への参加そのものが国・県による勧告で強く進められていて自由意思による決定であったとは言い難い部分がある。当初の４市１町のごみ処理広域

(48)　２市１町協議会は、2008年１月29日で行われた協議会で広域処理計画のための交付金申請を行う予定であったが、葉山町側の欠席で申請できなくなった。

化は、厚生省の通知とそれに基づいて神奈川県が作成した広域化計画がきっかけとなっていたためである。

国の方針により、廃棄物焼却施設は大規模かつ高性能焼却炉を持つことが求められているため、その建設には巨額を要するものである。一般的には小規模の自治体には、巨額を要する焼却施設を自力だけで建てる財政的余裕はない。そのため、小規模の自治体は一部事務組合に加入するという選択を強いられているのである。大規模で高度な廃棄物焼却施設の建設においては、国からの補助金によって賄える部分が多い。しかし、これらの施設は初期の建設工事費だけでなく、多額の維持管理費もかかる。また、平均寿命20～25年と言われているため、施設の再整備のための費用（積立金）も必要となる。そして、第3章の小金井市・調布市・府中市をめぐる二枚橋衛生組合の事例からも分かるように、閉鎖後の跡地の利用をめぐる問題も考えなければならない。この問題については、自治体の慎重な選択が求められる。

もちろん、一部事務組合の中には、大規模な施設を必要としない事務だけを行っているものがあり、この場合2年という予告期間は十分な期間であるかも知れない。しかし、廃棄物焼却施設のような高価な施設を建設しなければいけない場合は、予告すれば構成自治体議会の議決を経ずとも自動的に脱退できる仕組みが適合的であると言い切ることは難しい。大規模施設の建設を伴う一部事務組合に関しては、脱退という出口を考慮しただけでは、廃棄物処理を行っている一部事務組合の課題を解決できると到底思えない。出口はもちろん入口についても考慮すべきことがあり、2012年地方自治法改正における一部事務組合の議論はこの点からすると課題を残したままであると言える。

ごみ処理の広域化という国策に追随することなく、各々の自治体における住民・議会・職員等による議論を出発点に、廃棄物処理の広域化が効率的な行政運営に資するかについて、大きなハコモノを共同所有することになる構成自治体同士で十分な議論を行い、そこで至った合意によって一部事務組合が設置されるような時間と過程が必要である。

3．一部事務組合の課題とガバナンス

廃棄物問題を含む公共課題を解決するためには、従来の「政府単独」では限界があるため、多様なアクターが政策形成過程に参画することが求められている。市場と政府の失敗を乗り越え、新たな課題に対応するために、政府・行政による権力的な支配から協働による統治へと視点を転換するよう求められているのである。そこで重要なのが「ガバナンス」という概念である。

ガバナンスという概念は、政治学、行政学、国際関係学、経営学など様々な分野で使われているが、その定義が必ずしも明確ではない[(49)]。ただ、いずれの場合にも、「課題をめぐって多様な利害関係者が力を合わせてその解決に向けて取り組む」という点では共通している。廃棄物処理をめぐる一部事務組合のあり方について、多様な利害関係者によるガバナンス（協治[(50)]）を中心に提言したい。

（1）一部事務組合における様々なアクター

廃棄物処理をめぐる一部事務組合のガバナンスでは、住民、構成自治体の首長（一部事務組合の管理者・副管理者）、構成自治体の議会（一部事務組合の議会）、組合の職員の四者が中心的な役割を果たしている。

---

(49)　企業の組織運営や社会的責任めぐる「コーポレート・ガバナンス」、自治体レベルに焦点をおく「ローカル・ガバナンス」、コミュニティに焦点を合わせる「コミュニティ・ガバナンス」、福祉国家のあり方を論じる「ソーシャル・ガバナンス」、そして国際社会にまで視野を広げる「グローバル・ガバナンス」等々、現在日本には多くのガバナンス論が導入され各分野で議論されている。このように多様な分野で使われているが、ガバナンスの定義の不明確さ・整合性の欠陥を指摘されている。にもかかわらず、現実の課題における問題点をとらえるため必要かつ重要な概念であるため、一回性で終わるのではなく、現在も議論され、さらにガバナンスの事例は次々紹介されているのである。本章でも「ガバナンス」を一部事務組合の問題をとらえるための重要な概念、課題解決の手法として用いている。

(50)　Governanceの訳語としてはこの他に「統治」、「共治」等が用いられることがある。「協治」の語は、例えば21世紀日本の構想「日本のフロンティアは日本の中にある――自立と協治で築く新世紀――」（2000年１月）が用いている。この中で言われるような、単なる政府による統治でなく、市民社会や企業等様々な主体の相互作用を指す意味を含むことを強調する観点からここでは「協治」の語句を用いることにする。

第一に、住民[51]に関連するものについて考えてみよう。従来から一部事務組合は住民とは遠い存在であるという指摘を受け続けてきた。確かに地方自治法上、一部事務組合の直接請求に関する規定は定められていない。情報に関しては、情報公開条例を定めている一部事務組合も増えているが、色々な理由で情報の公開を拒否されることがある。また、議会の傍聴についても、傍聴席は全くないか、または座席はあるもののその数が少ない、傍聴する手続きが煩雑で、議会の開会時間等々の問題で住民からさらに遠い存在になっている。構成自治体の一部の事務だけを扱うため、その事務に相当な関心を持たない限り、住民の一部事務組合に対する参加意欲も失せる可能性が高い。情報へのアプローチは政府活動の統治における欠かせない要件であるにもかかわらず、一部事務組合に関する情報の共有ができていないことが住民によるガバナンスを妨げているのである。

第二に、首長の責任である。一部事務組合が設立されると、一部事務組合が担当する事務は市区町村の事務から切り離されることになる。首長は管理者または副管理者として一部事務組合の運営に係わる。しかし、事務は首長の任務の延長であるにもかかわらず、問題が発生した場合、責任の所在が曖昧になる。特に、管理者であるか副管理者であるかによらず、一部事務組合の施設が立地する自治体の首長の地位が相対的に他の構成団体の首長より上位となる。そのため、一部事務組合の運営も立地自治体の首長中心に行われがちとなり、関連自治体の首長は意見を言えなくなることもあるとされる。廃棄物関連施設の場合は特にその傾向が高いと言われる[52]。一部事務組合の設立のための規約を定める時、この傾向を乗り越えるための議論を重ねることが重要である。

---

(51)　ここでいう住民とは、一部事務組合の構成自治体の住民のことを指す。

(52)　不祥事が発生した多摩川衛生組合の構成自治体の職員とのインタビュー（2012年1月25日）による。他の廃棄物関連の一部事務組合とのインタビューからも同様の指摘があった。ごみ関連施設が立地する地域の自治体が相対的に優位であり、他の自治体は処理をお願いしている立場であるため、是正したい部分があるとしても意見を言えない状況に置かれる傾向がある。

第三に、議会との関係である。一般的に、一部事務組合の議会は構成自治体の議会から選出された議員によって構成される。しかし、この議会は、議論の時間が短く、招集回数は年２回～３回開催が７割を占め、議会の開催日数も１～５日が９割以上を占めている[(53)]。先述の住民への公開（傍聴）が進んでいないなどのほか、もともと当該市区町村の事務であるはずの事業について議論するのに、さらに報酬を出すのはおかしいという批判がある。事務の効率化という一部事務組合の設立趣旨に即して、議員報酬支給の是非や支給額の妥当性を議論するなど報酬の見直しに関する検討が必要である。そのためにも住民への情報公開が優先的に行われるべきである。この点を改善するため、一部事務組合の議員を直接公選にすべきであるという意見もある[(54)]が、総務省資料によると一部事務組合の構成団体の住民による直接選挙が行われた事例はない[(55)]。地方選挙そのものへの関心が低く投票率も低下している中、たとえ一部事務組合の直接選挙を行うとしてもどのように問題解決の糸口を探せるのかは疑問である。ガバナンスの観点からは、議会を中心とした住民との関係を再構築する方策が求められるところだが、後述するように一部事務組合は議会の廃止すら認める方向で改正されており、状況はむしろ民主的統制とは逆に推移している。

第四に、一部事務組合で働いている者について考えてみよう。ガバナンスが機能するためには監査委員の役割は重要である。組織の運営がどのように行われているのかを検討する役割を負っているためである。この監査委員は議会選出と外部の経験者によって構成される。現在、一部事務組合で働いている者としては、監査委員以外にも、構成自治体から送られた職員、一部事務組合が採用した職員、委託先（下請け）の職員など、多様である。この多様な関係者が組織の運営にどのように関わっているのか、という問題は重要

---

(53)　総務省（2023）、前掲資料
(54)　広域連合とは違い、一部事務組合は法で直接公選について明示されているわけではないが、規約に定めることで可能とされている（松本2017：1655-1656）。もっとも、直接公選が可能と法に明記されている広域連合においても直接公選の実績はない。
(55)　総務省（2023）、前掲資料

である。しかし、不祥事・事故や内部告発などの事例[56]が度々起きている現状から見るように、一部事務組合の組織内部における民主的な統制は多くの課題を抱えた状況にある。この部分は外から見えないところが多く、一部事務組合のガバナンスをめぐる深刻な課題であるともいえる。

（2）一部事務組合の議会、そして一部事務組合のガバナンスをめぐる考察

（i）2012年地方自治改正法における一部事務組合の議会の必置規制緩和の意味

ところで、いつから一部事務組合には議会があったのであろうか。

その起源は、1888年の市制・町村制「第六章　町村組合」における議会の設置規程にある。第117条において、「町村組合ヲ設クルノ協議ヲ為ストキハ（第百十六条第一項）組合会議ノ組織、事務ノ管理方法並其費用ノ支弁方法ヲ併セテ規定ス可シ」とされた（傍点、引用者）。この場合、「組合議会ノ組織、事務管理ノ方法、費用支弁ノ方法殊ニ分担ノ割合ハ本制ニ於テ予メ之ヲ規定セス実際ノ場合ニ於テ便宜其方法ヲ制ス可シ」として、関係町村の運用に委ねられるべきことを明らかにしていた。

したがって、組合議会の組織について、特別の議会を設けるか、各市町村会を合して会議をするか、互選の委員をもって議会を組織するか、各町村会別個に会議を行い、各議会の一致をもって全組合の議決となすかは「各其宜キニ従フ可シ」とされた（田中1890：380-381、村上2000：937）。要するに、一部事務組合の組織運営について、ある特定の議会形式を指定するのではなく、町村から代表を送り、利害調整や合意形成を行うこととされていた。そ

(56)　稲城市、狛江市、府中市、国立市の4市のごみ焼却処理を行う一部事務組合である多摩川衛生組合は、2010年塩酸漏えい事故で焼却炉が停止、有害ごみ——蛍光管や乾電池など——の焼却処理で住民の安全な生活を脅かす事故・不祥事を起こした。また、一部事務組合の組織運営の問題を指摘する内部告発について、告発を妨げた疑いがあり、市民団体から批判を集めた。東京たま広域資源循環組合（2010）「多摩川衛生組合における有害ごみ（廃乾電池・廃蛍光管）焼却試験に関する報告書」（https://www.tama-junkankumiai.com/sites/default/files/2019-03/report_h221102.pdf、2024年2月14日閲覧）

の選択については町村に任せている。町村組合の誕生後、事務組合が制度化された郡制・市制・府県制においても、組合の組織運営システムにおける大きな変化はなく、町村組合のそれが準用されてきた。

一部事務組合議会の性質は戦後も引きつかれているものと考えられ、組合の議員は多くの場合構成団体の自治体議会の議員の互選で選ばれている[(57)]。また一部事務組合の議会は、住民の代表という側面より、依然として地方公共団体の代表という側面が強い。議員数の割り当てについて主として用いられている方法としては、①構成団体ごとに同数の人数を割り振る均等割、②構成団体の人口に比例して人数を割り振る人口割、の二つの方法があるが、実態としては前者の方が多いとされる[(58)]。例えば、東京都内の９つの廃棄物関連一部事務組合の規約を見ると、西秋川衛生組合を除く８つの組合は構成団体ごとに同数の人数を割り振っている[(59)]。

（ⅱ）議会のアカウンタビリティ

2012年地方自治法改正では、一部事務組合の場合、既存の一部事務組合の議会を廃止して、構成団体の議会がその役割を担うことを可能とする特例一部事務組合を制度化した。既存の制度は、当該組合の議会の議員は構成団体の議員から選出される場合が多く、議会の開催回数も限られていて、活動が低調で住民の目が届きにくいという指摘がされていたことが背景になったとされる（小松2012：11)。一部事務組合の議会の廃止が2012年地方自治法改

---

(57)　総務省（2023)、前掲資料

(58)　総務省調べ。第30次地方制度調査会第31回専門小委員会における原市町村課長（総務省）の発言による。

(59)　東京都内の廃棄物関連一部事務組合には、東京二十三区清掃一部事務組合（東京23区)、ふじみ衛生組合（三鷹市・調布市)、柳泉園組合（清瀬市・東久留米市・西東京市)、西多摩衛生組合（青海市・福生市・羽村市・瑞穂町)、多摩川衛生組合（狛江市・稲城市・府中市・国立市)、小平・村山・大和衛生組合（小平市・東村山市・東大和市)、西秋川衛生組合（あきる野市・日の出町・檜原村・奥多摩町)、多摩ニュータウン環境組合（多摩市・八王子市・町田市)、東京たま広域資源循環組合（多摩地域のあきる野市・日の出町・檜原村・奥多摩町を除く25市１町）の９つの一部事務組合がある。その中で、西秋川衛生組合の議会だけが、あきる野市５人、日の出町３人、檜原村２人、奥多摩町３人、と構成団体ごとに選出される議員の数が異なっている。

正で論じられたのは、その運営に原因がある。

前述した通り、特別地方公共団体である一部事務組合の議会については様々な問題点が指摘されているが、議論の形骸化と形式的な運営による住民との距離が遠いという指摘もその一つである。普通地方公共団体の議会の場合、（人的・財源的に不十分とは言え）議会事務局をおいて個々の議員・議会をサポートしているが、一部事務組合のような特別地方公共団体の議会はそのような議会事務局も持っていない。一部事務組合の議会に対するサポート体制の充実により改善を図ることが求められる。

特別地方公共団体の組織運営体制を普通地方公共団体から準用するのであれば、議会事務局を置かないのはなぜだろうか。一部事務組合の議会の問題のなかでも、議論できるような土台すら作られていないことが形骸化の一因になっている。

（iii）民主的統制の確保

仮に2012年地方自治法改正にしたがって一部事務組合の議会を廃止した場合、一部事務組合の組織運営管理における住民による民主的統制をどのように担保するべきだろうか。

住民の選挙によって選ばれた代表によって運営される総合的な行政主体である普通地方公共団体については民主的でしかも能率的行政の推進を求めることについて異論はない。しかし、普通地方公共団体と異なり一部の事務だけを処理する一部事務組合にも同じく民主的・能率的行政を求められるのであろうか。財政状況を考え、効率性を追求するための広域行政であれば、そこに民主的コストを求めることはそう簡単なことではあるまい。

中央政府はごみ処理については、法人格をもった団体の導入を自治体に推奨してきた（市町村自治研究会1977：15）。また、廃棄物関連一部事務組合の場合、構成団体の廃棄物関連事務をそのまま権限として受け継ぐものであり、その事務について公権力を持つ法人として構成団体の合意による安定的な組織運営をすることが求められるはずである。廃棄物行政の事務の性質を鑑みれば一部事務組合であろうとも組織運営における民主的な統制は欠かせなく、その機能が一部事務組合の議会に期待されている。

(iv) 特別地方公共団体に二元主義は必要か

普通地方公共団体の統治システムを真似た特別地方公共団体の管理者・議会という統治システムは機能しているのであろうか。実態から見ると、管理者は廃棄物関連施設が所在する地域の自治体の首長が長年務めることが多く、構成団体の首長が順番に担当している場合でも、廃棄物関連施設所在地の首長の発言力は他の関係自治体の首長より強い傾向がある。一方で、自治体の議会は住民の代表機関として自治体の民主性を担保するというのがタテマエ論であるが、一部事務組合の議会の議員は、住民によって選ばれた代表がその代表同士で選んだ代表であるため、そのような複選制の仕組みからしても住民の意思を十分に反映しているとは必ずしも言えない。

また、自治体議会の議員は地域の代表であって、ある固有の事務の専門性を中心に選ばれているわけでもないため、高度の専門性を要求される廃棄物関連施設をチェックする能力を一部事務組合の議員に期待するのは難しい[(60)]。これらの理由で、住民の代表による民主政治の実現という普通地方公共団体における議会の理想像と特別地方公共団体における議会の理想像はかけ離れていることが明らかである。

住民自治に基づく普通地方公共団体と、共同の事務処理のために設置された機能的団体である特別地方公共団体とはその組織機構が異なっていても不自然なことではない。にもかかわらず、国も自治体もこの問題をこれまであまり議論してこなかった。

---

(60)　廃棄物の収集・運搬という事業は比較的に従来と変わらない部分が多いが、自治体ごとに分別方式が異なるため、その情報を十分共有する必要がある。また、焼却施設関連の事業については、ダイオキシン問題のゆえに、施設の巨大化に伴い高度の技術を必要とする業務になっている。さらに、埋め立て施設についてもその管理はもちろん施設周辺の住民との関係を念頭に入れた事業運営が必要とされている。すなわち、一部事務組合の事業は、一般的な公務を行うノウハウと同時に専門的なスキルを要する事業になりつつある。

(v) 責任放棄の帰結

一部事務組合をめぐる事故・不祥事は、時折マスコミに取り上げられるが、管見の限り、その多くは一部事務組合の閉鎖的な組織運営によってもたらされたことでもある。本来市区町村の「自治事務」であった廃棄物行政を一部事務組合が行うことで、その責任関係までも曖昧にされたのである。その上、清掃関連の一部事務組合の事務は、各自治体から送られた職員によって行われることが少なくなり、経費削減の目的で事務そのものも下請け業者に委託されることが増え、清掃事務全般に関するノウハウを持っている自治体の職員も減少している。また、下請け業者は組織運営に問題を感じても契約の打ち切りを恐れ、改善策を提案できない悪循環に陥っている。

このように、一部事務組合は、組織内部における民主的な統制のみならず、構成団体と組合との間における責任関係の明確化、そして住民に対する説明責任・情報公開[(61)]等、様々な問題をいまも抱えている。これらの問題を解決するには、2012年地方自治法の改正は不十分であると言わざるを得ない。

(vi) 利害関係者の運営協議会による運営の提案

一方で現状として、専門性の確保、自分の自治体外のエリアに関する当事者意識の薄さ、あるいは票につながらない等のうまみの少なさから生じる議員の無関心、無責任、議論の低調さが一部事務組合のシステムを機能不全にしている側面は否定し難い。この問題に焦点を当てたという意味において

(61)　例えば、東京都の廃棄物関連一部事務組合における情報公開条例の制定状況を見ると、1973年の西秋川衛生組合を皮切りに、2000年から2007年の間に一挙に条例化が進められている。しかし、東京たま広域資源循環組合はいまだに情報公開条例を制定していない。多摩地域で発生している一般廃棄物の最終的な処分場とも言える東京たま広域資源循環組合の情報公開条例の未整備は、この地域全体の情報を把握できなくするものである。また、多摩川衛生組合では情報公開条例が制定されているにもかかわらず、一連の不祥事問題等については、情報を要求する住民と「係争中である」という理由で情報の提供を渋る一部事務組合側との対立から、制度が整備されていても本当の意味における説明責任の移行はいまだに課題になっていることが分かる。「たまあじさいの会」(https://tamaajisai.net/archives/350、2015年2月20日閲覧)

2012年の自治法改正は重要な一歩を踏み出したと評価できる。だが、その手段として、組合議会の廃止と構成団体議会による代替を打ち出したことをどう評価すべきだろう。

期待される機能を発揮し得ない組合議会に代え、構成団体の議会であれば、十分にその統制が行えるだろうか。確かに民主制としてはこれ以上ない仕組みにも思える。だが、自治体議員は当該自治体に対してのみ責任を負うものという意識は簡単には拭えないだろう。組合は複数自治体にまたがる広域的団体であるが、自分の自治体以外のことと自分の自治体内のことを調整するメカニズムはこの特例一部事務組合には用意されていない。そのため合意形成には時間がかかるだけでなく、利害の相違が顕在化しやすく対立が懸念される。そのような政治的コストは廃棄物行政にとって好ましいものではなく、これによってもう一方の重要な目的である行政監視についても十分なリソースを回せなくなるおそれもある。さらに付け加えれば、議員だけが集まっても専門性が確保されるとは限らない。そのため、作業中に起こりうる事故に対する迅速な対応や日頃の高度な専門性・技術性を伴う組織運営における一部事務組合の議員の力量を期待することは難しいのは事実である。

そこで、特例一部事務組合の議会を廃止した場合の組織運営を、管理者・議会の統治システムの間に、合議的運営を基本とする運営協議会を設置することを提案したい。複数の利害関係者によるガバナンスへと再構築するのである。現行の地方自治法においても既に複合的一部事務組合の規定には理事会の設置を認めている。この理事会は、管理者に代えて理事をもって組織するものであるが、この場合の理事とは構成団体の職員のうちからその議会の同意を得て構成団体の首長の指名を受けたものに限られている（地方自治法第287条の３）。だが、ここでは従来のような限られた行政側のアクターによる理事会ではなく、多様な主体の参加を前提とする合議型運営体制を構築することを目指したい。

廃棄物関連施設の運営は専門性を要求するものも多く、環境や廃棄物問題に関心を持っている専門家の参加が不可欠である。さらに、運営協議会の委員の枠に、公募による各構成団体住民の参加枠を設け、一部事務組合を一定程度住民の統制範囲に置くことが考えられる。住民は受苦と受益を分かち合う不可欠の主体である。とは言え、自治事務という清掃事務の特徴から考えると住民への説明責任や事務そのものへの総括的な責任を負うべきものは各々の市町村であることにかわりはない。管理者や議会からの代表を運営協議会に含めながらも、その定員等については一部事務組合の規約に委ねるべきであろう。

また、現場に関する責任を負う構成団体の清掃関連公務員の運営協議会への参加も欠かせない。そして、清掃事業の委託が進んでいる中、下請け業者の運営協議会への参加方法も考えるべきであろう。組織の運営をより多様で専門的な視点から議論することで一部事務組合のガバナンスの向上につなげる努力が必要である。ここに構成団体議会に出される前の議案についてあらかじめ議論をし論点を整理するなどの意見を付けさせる仕組みで民主的統制の支えとするのである。地域代表である議員だけの統治よりも多元的な専門性が担保できる運営協議会という組織形態は今の一部事務組合の問題の解決につながるはずである。

2012年の地方自治法改正は一部事務組合の議会を構成団体の議会に置き換えることを提案している。この提案で、組織絡みの大きな不祥事の防止や情報の共有ということにはつながるかも知れない。しかし、既述通り自治体議会の議員は地域の代表であり、専門性に基づいた代表ではない。廃棄物処理の枠組みを広域化せざるを得ない中でより民主的・自治的・効率的なあり方を考えるならば、一部事務組合の組織形態を管理者・議会という全国一律の形式的な既存の組織管理システムに拘らず、多様な利害関係者の参加による自治の質を固めることを目指した運営協議会の導入などの柔軟な取り組みや工夫によって地方自治の実験場として使いシステムをより良いものにしていく必要があろう。

4．この章のまとめ――ごみの共同処理とガバナンス

廃棄物処理主体としてよく用いられる一部事務組合について、その課題の所在を考えるため、本章では一部事務組合の歴史・沿革を整理してきた。そこでは、一部事務組合は国策としての市町村合併を推し進めるためのツールとして用意され、使われてきたことが本章の考察で確認できた。そういった実態を踏まえると、一部事務組合を自治の観点だけで議論するのは限界があるように思われる。一部事務組合の問題点を改善するために行われる議論の前提には、一部事務組合は自治体の相互の協議による設置である、という自治の観点が中心であった。しかし、一部事務組合はその誕生とともに強制（関与）による設立を認められていて、その歴史は長年続いた。強制が緩和されその言葉はなくなったとは言え、国・都道府県の関与はいまも続いているのである。実際、ごみ処理の広域計画による一部事務組合の設置は、表面的には関連市町村の協議によるものであるが、多くの場面で実質的には国策（計画と補助金）による自治の放棄（今まで行ってきた自治体の独自の政策の放棄）の産物という面も否定できない。

一部事務組合制度は自治体の間で定着している一方で、その組織や運営に関する批判の声も絶えない。一部事務組合の問題点として指摘されるのは、①構成団体による事務・事業の「持ち寄り的」な仕組みのため各地域の利害が表面化しやすい、②構成団体の事務に対する責任が曖昧である、③広域にわたる共通の政策を樹立し、その実効性を確保するという機能が弱い、④所掌事務の決定について自らのイニシアティブを発揮しにくい、⑤市町村の一部事務組合の場合は、国または都道府県から直接に権限の移譲を受けることができない、⑥組織及び運営の面で画一的で選択の幅が少ない、⑦自主的な財政基盤の確立が難しい、⑧地域住民から遠い存在となりやすい、といったものである。[(62)] これらの指摘の多くは、普通地方公共団体の組織・運営・権能

（62）　一部事務組合の弱点を補うために設けられたのが広域連合であるとされる。総務省ホームページを参照されたい（https://www.soumu.go.jp/kouiki/kouiki1.html、

のあり方に基づく自治・自主性を尊重する立場からのものである。

しかし、一部事務組合を含む広域連携制度については、「対象となる行政課題に対する広域連携の手法等を選択することは、住民自治・団体自治という法理論から、各自治体が自ら決定すべきという準則が導入される」一方で、同時に「国が（合憲的）法律で自治体に割り当てている権限・任務からは、そのような自主的決定に対し、権限・任務の実効的実施のために、国の側から、連携について働きかけること（関与）が、一定の限度で可能である」という性質を併せ持つとされる（斉藤2009：10）。

広域連携の代表的手法である一部事務組合もまた、「自治」と「関与」という、相反する二つの使い分けによって成り立っていると認識する必要がある。にもかかわらず、一部事務組合は関与の側の問題点についてはあまり意識されず（もしくは隠され）、自治という観点だけで議論され、その改善点が提案されてきた傾向がある。

実態として、現在の一部事務組合の事務内容を見ると、いわゆる迷惑施設に関するものが半分以上を占めていることも明らかである。もちろん、ごみ関連施設、火葬場、し尿処理や下水道施設をすべての市町村が持つことは、行政の合理化・効率化・経費の削減等から考えると、縮減社会においてより厳しくなることは言うまでもない。国は市町村のあり方について「フルセット型」から「連携・協力」への舵を切ろうとしており、受け皿である一部事務組合の改善は欠かせない。また、大都市の場合、人口が密集していて廃棄物処理施設を建てる土地はなく、個々の自治体が「自区内処理の原則」を貫くことは難しい。この現実を打開する選択肢として一部事務組合を選ぶ際には、すべての関係自治体が広域行政の必要性を理解し、関係自治体における「自区内処理の原則」を議論し、合意のもとで一部事務組合の運営に協力・協調することが前提でなければならない。

一方で、これまで地方分権をめぐる事務配分の議論では、都道府県から市

2024年３月１日閲覧）。また一部事務組合と広域連合の地域における実態については、小原（2007）が詳しい。

区町村への事務・財源移譲が中心になっていたが、市区町村から都道府県への事務移譲はあまり議論されてこなかった[63]。かつてから環境問題（とりわけ、廃棄物問題）においては、市区町村から都道府県への事務移譲を含む広域行政に関する議論が必要であるという指摘もある（辻山1994：230-231）。特に、大きな災害が発生して個々の自治体だけでは数年または十数年かけても処理できない災害廃棄物が発生した場合、市区町村を超える「広域的」事務を処理する都道府県の力が試される。この課題に関する議論はいまだ十分とは言えない。

人口減少社会において中山間地域の自治体の場合、広域行政へ転換しようとしても、地域から出る廃棄物の量は少なく近隣自治体と離れていて、運送費などの広域処理のコストが高くつくこともあり得る。このような場合には全国一律的な市町村合併や広域行政を自治体に強いるのではなく、個々の地域に見合う改善策を探して実施できるよう、国・都道府県が自治の取り組みを支援するシステムを構築することが求められるのである。

従来の広域行政の受け皿となっている一部事務組合は、上述の通り、構成団体と一部事務組合との責任関係を明らかにせず、不祥事・事故が発生しても説明責任を果たすことなく、曖昧な状況を（国・地方両方の暗黙の同意下で）維持してきた。2012年地方自治法改正において、一部事務組合の脱退の簡素化だけではなく、一部事務組合の処理する事務全般に関する説明責任を果たす主体を明確にすること、そして組織内部における民主的な統制システムを構築するために何が必要であるか、ということに焦点を当てる必要があった。本書全体を貫くテーマに即して言うならば、廃棄物行政の観点からは原責任者である住民と処理主体との間に対応関係と住民からの統制が不可欠

(63)　市町村から都道府県への事務委託としては、過疎地域自立促進特別措置法における都道府県代行制度、公平委員会に関する事務や公務災害に関する事務、下水道に関する事務の市町村から都道府県への事務委託が見られる（第30次地方制度調査会第30回専門小委員会、資料「広域連携等について」参照）。これに加え、市町村の事務のうち、市町村が今後実施可能なものと実施不可能なもの、または都道府県への移譲が望ましいもの等々、様々な観点から事務配分のあり方を見直す必要があろう。

となる。それを欠いた状態では「自区内処理の原則」が成立する要件が満たされないからである。現在すでに多くの一部事務組合で廃棄物処理が行われているが、この問題を放置したままでは様々な事故・不祥事及び対立を乗り越えることはできないのではないか。廃棄物処理主体としての一部事務組合には民主的統制の拡充が求められる。

そして、一部事務組合に関連する組織運営事項の多くは関係構成団体が決める条例に委ね、地域の事情を踏まえた責任ある選択のため一部事務組合の構成団体間における議論による合意形成と自治が優先されるべきである。自治体もまた国の関与を無批判に受け入れるのではなく、いままでの地方分権改革の動きが何のためのものだったのかを自ら考えるべきである。現況を検証することから始め、地域の実情に合う長期間にわたる維持管理面も念頭に入れて廃棄物処理システムのあり方を探らねばならない。その選択こそが自治による一部事務組合の設置の第一歩になるのであろう。

第３章　「自治」の地層としての廃棄物行政

はじめに

第１章で述べた通り、清掃事業は市町村とその構成者である住民の協働作業として、市町村の事務であり続けてきた。それ故に、その清掃事業の行程を誤れば全国的な注目を浴びることにもなる。

本章で取り上げる東京都小金井市は、調布市・府中市と共にごみ処理を担ってきた二枚橋衛生組合が2010年に解散してから、長年にわたって他の清掃関連一部事務組合へ加入することも市内に廃棄物処理施設を建設することもできず、ごみの処理をめぐって多摩地域を巻き込む騒ぎを起こした。「自区内処理の原則」が全国的に浸透していることを論ずるにあたって、小金井市における2006年の「ごみ非常事態宣言」以後の動きを素材に、ここでの「自区内処理の原則」のあらわれ方を考察する。

小金井市はかつての東京「ごみ戦争」の直接の現場となった特別区ではないものの、隣接する東京多摩地域の一般市である。この「ごみ戦争」の現場と全国の市町村との境界線に位置する多摩地域における事例での「自区内処理の原則」の特徴を抽出することによって、「自区内処理の原則」がいまどのような形で市町村または一部事務組合の廃棄物行政にまで適用されようとしているのかを考えるためのヒントを得ることができるはずである。

小金井市は、2004年の二枚橋衛生組合の解散決定後、「自区内処理の原則」に従って市内における新たな焼却施設を建設して、国分寺市との共同処理することを試みたが、これらの試みは両方とも失敗に終わった。近隣自治体も焼却施設の老朽化、住民との合意形成困難な立地の選定、広域処理の枠組み再編、ごみの量の増減等様々なごみ問題に直面していて、小金井市と置かれている状況には大差はない。そうしたなかでの廃棄物行政の不始末のしわ寄せは多摩地域全体に広がり、同市のごみが多摩地域の多くの自治体によって緊急的・人道的に処理される事態に及んだ。これは、ごみ問題について、住民、行政、議会のそれぞれが負うべき責務とその範囲の広さ、そして合意形成の難しさを表す典型例である。

小金井市のごみ問題の迷走は行政主導による部分が大きく、行政と議会や住民との間でどのような議論が行われたのか、行われるべきであったのかを検証することは、現代社会における清掃事業の本質を考える上で有益なことである。清掃事業という住民自治の現場が揺らいでいるのであれば、それは小金井市における地方自治そのもののあり方にも当然影響してくるものであり、他の行政活動においても波及し綻びが生じることもある[(64)]。再び自己決定という自治の原点から、ごみ問題をときほぐさなければならない。

具体的には、小金井市のごみ問題をめぐって、行政・議会・住民という三つの主体がどのような合意形成過程を経ていたのか、その事実関係を過程追跡し、小金井市住民のごみ減量のための努力と多摩地域における広域連携の存在を確認することで、多摩地域における清掃事業はどう変化しているのか、小金井市の清掃事業を多摩地域の広域連携が「自区内処理の原則」に基づいてどのように支えてきたのか、そしてどのような課題があるのかを考えたい。

このような考察を経ることで、本章では、ごみ処理の本質は原責任者である住民、住民の代理人である議会、そして処理主体である行政との対話にあり、「自区内処理の原則」がこれを担保するための一つの要として位置づけられるものであるという結論を得ることになる。

---

(64)　他の行政活動への影響としては、ここでは取り上げられないが、小金井市における市立保育園の廃止をめぐる裁判の動きからも考えさせられることが多い。(https://www.city.koganei.lg.jp/shisei/gikaijimukyoku/teireirinji/reiwa6_gikai/reiwa6_gian/R6dai1kai.files/20240304_tsuikateisyutsugian.pdf、2024年3月5日閲覧)

1．彷徨う小金井市と行き場を見失ったごみ

廃棄物処理は個々の市町村の責任となっているが、ごみ非常事態に陥った小金井市のごみ問題を支えていたのは、「多摩地域ごみ処理広域支援体制実施協定書」（以下、広域支援協定）の存在である。本章の問題関心に引きつけるならば、多摩における「自区内処理の原則」とこの広域支援協定の関係について、相反する概念が共存する現状がどのように多摩地域で解釈され、体制づくりが行われているのかについて考察する必要がある。

そして、この問題の中でもう一つ追究すべきは、近隣地域同士が支え合う中で、廃棄物処理をめぐる自治体の自治と「自区内処理の原則」がどのように守られていただろうか、という点である。小金井市の「ごみ非常事態宣言」をめぐる行政の対応、議会や住民活動の対応を確認しながら考えることで、この問題に関して廃棄物処理という自治の原責任と、処理主体としての小金井市の役割が破綻していたことを探っていきたい。

（1）多摩における「自区内処理の原則」の現況

前章までに述べた通り、区域内で発生する一般廃棄物の処理は市町村の責任である。市町村は、自らの区域で処理施設を建設して処理を行う（単独処理）か、または近隣自治体と共同で一部事務組合を設立してごみの共同処理を行う（広域処理）か、それも難しい場合は一定の要件を満たした業者にごみ処理を委託することでその責任を果たしている。

図表3－1は2013年現在の多摩地域におけるごみ処理の状況を表している。それによると、多摩地域において、19市3町1村が一部事務組合（7つ）を設置していて、3分の2以上の自治体が広域化による焼却処理を行っていることが分かる。単独処理は、8市にすぎない。また単独処理を行っている自治体の中でも、八王子市と町田市のように広域処理も行っている場合もある。[(65)]

---

(65) 本章では、主に廃棄物焼却施設を中心に見ているが、廃棄物最終処分場をめぐっては広域化がさらに進んでいる。多摩地域の場合も、多摩地域の25市1町から発生す

図表３－１　多摩地域におけるごみ処理の状況
（多摩地域30市町村、2013年現在）

広域処理	19市３町１村
多摩川衛生組合	稲城市（※）、府中市、国立市、狛江市
ふじみ衛生組合	調布市（※）、三鷹市
多摩ニュータウン環境組合	多摩市（※）、八王子市、町田市
西多摩衛生組合	羽村市（※）、青梅市、福生市、瑞穂町
小平・村山・大和衛生組合	小平市（※）、武蔵村山市、東大和市
柳泉園組合	東久留米市（※）、清瀬市、西東京市
西秋川衛生組合（新施設建設中）	あきる野市（※）、日の出町、檜原村、奥多摩町
単独処理	８市
八王子市、武蔵野市、立川市、町田市、昭島市、東村山市、国分寺市、日野市	

（※）は当該一部事務組合のごみ処理施設が立地している自治体を表している。

次に、多摩地域における廃棄物関連施設の配置図から「自区内処理の原則」の現況を見てみよう。**図表３－２**は多摩地域における廃棄物焼却施設の位置を示している。まず、ごみの共同処理を行っている一部事務組合の立地状況を確認してみると、多摩ニュータウン環境組合の多摩清掃工場は町田市、多摩市、八王子市の市境付近の多摩市内にある。ふじみ衛生組合の場合、調布市内に所在するが、調布市と三鷹市の市境で三鷹市役所にも隣接している。柳泉園組合は東久留米市と東村山市の市境にある。多摩川衛生組合も多摩市、稲城市、府中市の市境の稲城市内に立地して多摩川河川敷にも面している。小平・村山・大和衛生組合は小平市、東大和市、立川市の市境の小平市内にある。そして、西多摩衛生組合は羽村市と瑞穂町の境界であり、西秋川衛生組合はあきる野市と八王子市の市境にある。このように、多摩地域の一部事務組合の清掃工場が市境に立地していることは一目瞭然である。

一方、市が単独で清掃工場を運営している自治体でも多くの関連施設が市境に立地していることが分かる。例えば、武蔵野市の場合、清掃工場は市役所に隣接しているが練馬区との境界線にも近い。立川市の場合、小平市との

るごみの最終処分は日の出町における二ツ塚最終処分場で処理を行っている。

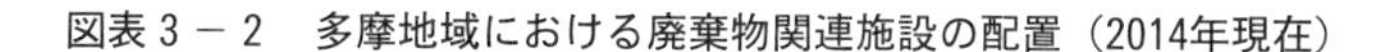

図表３－２　多摩地域における廃棄物関連施設の配置（2014年現在）

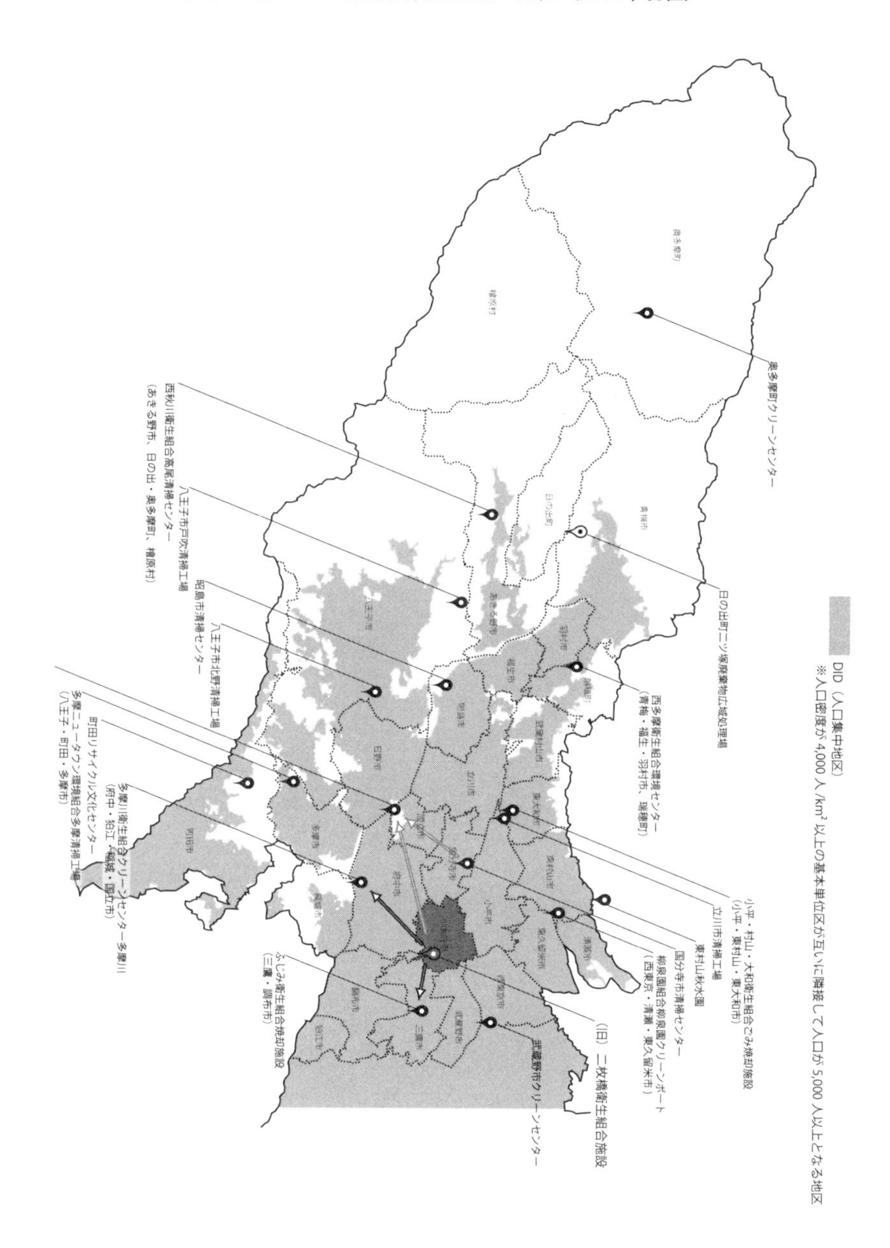

市境付近に清掃工場が立地している。昭島市の清掃工場は八王子市との市境付近にある。日野市の施設は、多摩川河川敷に面した立地であるが、多摩川の向こうは府中市である。八王子市には、二つの清掃工場があるが、一つはあきる野市に近く、もう一つは日野市との市境に近い。国分寺市の清掃工場だけは隣接する市町村がない。

以上のように、ごみの共同処理を行っている一部事務組合はもちろん自治体単独処理の場合も、清掃工場の立地からみると、それらの大半が市境に立地していることが確認できる。この立地状況は、清掃関連施設の用地選定の難しさとともに、各々の自治体が辛うじて「自区内処理の原則」を実現しようとした努力を表しているとも言える。単独処理または広域処理を問わず、清掃工場が市境に多い理由としては、用途地域上、清掃工場を建てられる準工業地域、工業専用地域が市境に位置するという都市構造上の事情もあるだろう。また、“下流施設[(66)]の現況”としてこの配置図を見ることもできるかもしれない。

要するに、多摩地域は、処理体制全般をみると一部事務組合によるごみの広域処理はすでに一般的である一方、共同処理でありながらも施設の立地は一部事務組合の構成自治体の区域にまたがっていて、施設による受苦を踏まえた費用負担を分任している点で、第１章で述べた迷惑の公平な負担＝「自区内処理の原則」に準拠してきたのである。しかし、そこまでの道のりは簡単なものではなかった。また、現行の枠組みが維持できなくなった場合には、立地上の「自区内処理の原則」維持が困難となる。さらに、新たな施設を建設するにあたっては、住民と処理主体たる自治体との間で、真摯な議論が行われ、迷惑の公平かつ公正な負担についての合意が形成されるためには民主主義のコストと政治的リスクが伴うものである。

---

(66)　既述通り、廃棄物施設・し尿処理施設・下水処理施設・火葬場などの施設は「迷惑施設」と呼ばれることが多い。しかし、これらの施設は地域住民の生活の営みにおけて欠かせない。この関係を川に例え、生産・製造関連の施設を上流施設と考える場合、これらの施設は下流施設に値するものである。これらの施設は相互に影響しあうのである。本章では「下流施設」という用語を使うことにしている。

また、ここで満たされた「自区内処理の原則」はあくまで焼却処理までの自区内処理にとどまっていることに注意を要する。最終処分場については、現在に至るまで日の出町で処理している。そこには東京都の手厚い補助の裏付けがある。東京都は廃棄物処理施設の整備事業に対して補助金を拠出しているが、その対象は埋立処分場、エコセメント化施設、リサイクルセンター等、“下流”の最終処分に関するものが多い。この補助金によって多摩地域の最終処分場である東京たま広域資源循環組合の最終処分場が建設されたため、構成市町村の負担は相当程度軽減された[(67)]。また、施設周辺に建設する還元施設については、都が直接補助を行うことはないが、市町村総合交付金[(68)]のうち、まちづくり振興割は、その対象を経常経費まで拡充しており、市町村が公共施設整備を図っていく上で、大きな役割を果たしている。

以下では、二枚橋衛生施設組合の解散以降の小金井市「ごみ非常事態宣言」発令にまつわる混乱から、「自区内処理の原則」の持つ政治的リスクと合意形成のプロセスを見てみよう。

（２）小金井市の「ごみ非常事態宣言」をめぐる市当局側の動き

小金井市におけるごみ共同処理は、調布市・府中市とともに、1957年に三つの地域にまたがる二枚橋衛生組合を結成したことまでさかのぼる。二枚橋衛生組合は、1967年と1972年に焼却炉を次々増設し、増加傾向にあった３市の可燃ごみを処理してきた[(69)]。以下では、まず問題の所在を把握するために、

---

(67)　例えば、エコセメント化施設や最終処分場については補助率が２分の１（「廃棄物処理施設整備費都補助金交付要綱」参照）で、さらに起債の発行について都の基金を利用することができる（「東京都区市町村振興基金条例」参照）。

(68)　東京都は区市町村に対する、一般財源の一部を補完するため市町村総合交付金を設けている。
東京都、補助金一覧（http://www.zaimu.metro.tokyo.jp/syukei1/zaisei/2508hojokin.pdf、2019年６月１日閲覧）

(69)　1972年に完成した二枚橋衛生組合の焼却炉には、総事業費が９億円かかったが、その内１億7,500万円は東京都補助金によるものであった。東京都における廃棄物関連の補助金制度は1966年度から始まった。補助の原則は、都内の市町村または一部事務組合における廃棄物処理施設整備事業費（ただし、用地費、賠償費、事務費を除く）の４分の１、電気集塵器設置事業費の２分の１、粗大ごみ処理施設の４分の１で

図表３－３　二枚橋衛生組合の所在地

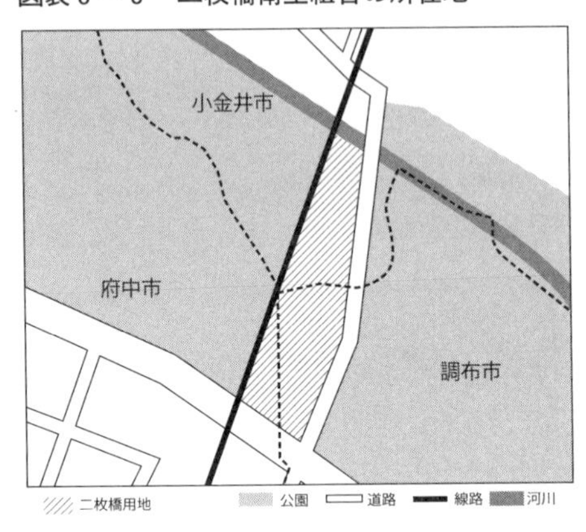

2006年に「ごみ非常事態宣言」を発令するまで深刻化していった廃棄物処理施設立地問題をめぐる動きを、小金井市当局の動きを中心に概括してみよう。

（ｉ）二枚橋衛生組合の設立と閉鎖

廃棄物焼却炉の平均寿命が約20～25年と言われる中、二枚橋衛生組合は、1984年に二枚橋焼却場の建て替え計画を検討したが、近隣住民による建て替え案反対運動に直面した。二枚橋衛生組合の焼却施設は、北側が14ｍから20ｍほどの段丘に立地していることから、気象状況によっては近隣より悪臭の苦情が出されることがあり、昭和50年代より悪臭問題で近隣住民との間でトラブルを起こしていた。このことから、組合側は、二枚橋焼却場の建て替え計画をめぐって住民説得のため100ｍ以上の煙突が必要であると考えていた。[(70)]

しかし、100ｍの煙突では近隣にある調布飛行場の航路にかかるという問題が生じたため、前述の計画に基づく二枚橋用地での建て替えには東京都か

ある。東京都は、1970年から都内の市町村がごみ及びし尿の取扱い手数料を免除した場合、一定の補助金を交付していた（寄本1974：108）。このように、東京都は焼却炉建設の規制官庁であると同時に、補助金によって焼却炉建設を支えてもいる。

(70)　二枚橋衛生組合側が策定した「施設近代化基本計画」によると、施設規模550ｔ／日～600ｔ／日、煙突地上高100ｍ、工事費12億円、計画年次を昭和59年～昭和66年まで、としている。

らの反対にあうことになってしまった。そこで、組合管理者は、東京都側に代替案を示してほしいと求めたところ、1989年に東京都から二枚橋焼却場の等積交換による都立野川公園移転案が出された[71]。だが、東京都の代替案は、野川公園と近接している三鷹市の近隣住民、国際基督教大学、そして国立天文台の激しい反発で頓挫した。

このように、各案がそれぞれに利害関係者の反対にあう中で、小金井市議会は1985年に、ごみの増大分について、二枚橋焼却場とは別の場所に「第二工場」を建設してごみ処理を行うという決議を全会一致で可決した。小金井市議会の決議は突然のもので、二枚橋衛生組合をともに構成する調布市・府中市の反発を買うこととなり、3市の二枚橋焼却場を拠点とする「自区内処理の原則」体制に亀裂が生じるきっかけとなった。しかし、その後も小金井市における「第二工場」のための建設予定地が決まらない状況が続き、二枚橋衛生組合は1992年から4年間をかけて施設延命のための工事を行い、ごみ処理を行っていた。だが、老朽化に伴う事故が起きるなど施設に関する根本的対処が求められ、結局2004年11月に、3市は当組合を解散して各々二枚橋焼却場以外でごみ処理を行うことを決定した。その後、2007年3月末に焼却炉を停止し、建物の解体を行った後、2010年3月に組合も解散した。

(ⅱ)小金井市、国分寺市を巻き込む

ところで、小金井市当局はごみ問題を解決するためどのように動いたのであろうか。主な動きの一つとして、稲葉市長は、2004年5月に東京都の仲介によって国分寺市に次のような内容でごみの共同処理を申し入れている(小金井市環境ごみ対策課2007:5)。

(ア) 二枚橋衛生組合を解散した場合、小金井市が単独で焼却場を建設することは、

---

(71) 清掃工場の建て替え、二枚橋焼却場の代替地として都立野川公園内案(東京都提案)へ至った経緯については、小金井市「ごみ処理施設建設等調査特別委員会」(2007年8月6日)における市当局の説明を参照した。

国の広域化計画に適合しないうえ、経済性、効率性からみても困難である。

（イ）　そこで、国分寺市と可燃ごみの共同処理をお願いしたい。具体的には次の通りである。

①　二枚橋焼却場で処理を中止した後は、小金井市の可燃ごみを国分寺市の焼却場の稼働期限とされる平成28年ごろまで、国分寺市の焼却場で共同処理をお願いしたい。

②　おおむね平成26年度から28年度までの間に新焼却場を建設し、共同処理をしたい。

③　新焼却場の建設場所については、二枚橋焼却場の跡地を含め小金井市が責任をもって確保する。なお、二枚橋焼却場の跡地問題については、今後二枚橋衛生組合構成３市で協議する。

（ウ）　新焼却場は20年以上は使用できると思われる。その後は、その時点のごみ処理の実態等を考えて、両市が協議のうえ、最善の方法をとればよいと思う。

（エ）　国分寺市の焼却場で共同処理をすることについては、小金井市は、①小金井市がごみを搬入することにより新たに必要となる施設改善費、②管理運営費、③共同処理期間中に必要となった炉等の修繕、改修費、④焼却炉の解体費用について、応分の負担をする用意がある。

（オ）　小金井市と国分寺市が可燃ごみの共同処理をするため、一部事務組合を設立したい。

（カ）　小金井市と国分寺市が可燃ごみを共同処理することについては、東京都と協議し、理解が得られている。

小金井市長の国分寺市への共同処理の申し入れには、「単独で焼却場を建設することは、国の広域化計画に適合しないうえ、経済性、効率性からみても困難である」と述べられていて、小金井市行政当局は最初からごみ処理の方法の中から市単独のごみ処理という選択を外していたことが明らかである。[(72)] 小金井市は、市単独処理の代わりに、東京都から共同処理の相手として国分寺市を紹介してもらい、小金井市内に新焼却施設の用地を確保することを前提に、新焼却施設建設までの間、国分寺市の焼却場で小金井市のごみの処理

（72）　環境省が毎年発表している「一般廃棄物処理実態調査結果」（施設整備状況統計一覧表、平成16年度）からすると、当時、焼却施設は1,374であり、一部事務組合が512、広域連合が38、残りの824施設は市町村の単独処理によるものであった。市町村の単独処理が半数以上を示している中、国の方針であったとはいえ、最初から選択肢から外したことに小金井市の廃棄物行政の問題点がよく表れているのかもしれない。

を行う（そのための応分の費用を小金井市が負担する）というシナリオで共同処理を申し入れていた[73]。

共同処理の申し入れ後、小金井市と国分寺市は可燃ごみの広域支援等について、2006年8月（覚書その1）、2007年1月（覚書その2）、2008年8月（覚書その3）、と3度にわたって覚書を締結している。特に、覚書（その3）では広域支援の継続の条件として、「平成21年2月までに、市民及び関係自治体の理解を得て新焼却施設の建設を決定するとともに、当該決定を国分寺市に提示し協議する」ことを挙げている。これで、小金井市は2009年2月までに建設候補地を決めなければならなくなった。

ところで、「多摩地域ごみ実態調査」（平成16年度統計）によると、小金井市の可燃ごみ処理量（年間）が20,358ｔ、国分寺市のものは23,856ｔで、合計44,214ｔが発生している。一方、国分寺市清掃センターの処理能力を見ると、可燃ごみの場合、1日で140ｔを燃やせる能力（70ｔ、2基）を持っているが、2004年の処理量は24,709ｔとなっている[74]。普段通り稼働すれば、国分寺市清掃センターは、小金井市のごみの3分の1または4分の1しか受け入れられなかったのである。さらに国分寺市清掃センターは稼働から25年以上経過していて、フル稼働が現実的に難しい状況であった。仮に、国分寺市清掃センターを280日（法規制による年間実働稼働日数）フル稼働したとしても、年間処理可能量は39,200ｔで、国分寺市には両市の可燃ごみを全量処理する能力はなかった。両市におけるごみ共同処理に関する初期段階の協議では、国分寺市清掃センターの容量実態に関する説明はもちろん容量オーバー分に関する議論を行った形跡は見当たらない[75]。このことが議会の追及によ

---

(73) ただし、小金井市当局が、上記のような内容の国分寺市への共同処理の申し入れの経緯等を公にしたのは申し入れから1年後である2005年2月の市議会における説明であった。小金井市議会「平成18年度建設環境委員会」（2月17日）

(74) 環境省ホームページ「一般廃棄物処理実態調査結果」（平成16年度）（http://www.env.go.jp/recycle/waste_tech/ippan/stats.html、2019年4月1日閲覧）

(75) 小金井市の可燃ごみを国分寺市の施設で全量処理することが不可能であるという事実が認識されたのは両市が覚書（その1）を締結した後である。その事実が発覚して、小金井市は「ごみ非常事態宣言」を行ったのである。

り発覚したことで、稲葉市長はついに「ごみ非常事態宣言」を発令するに至った。

(iii)　二枚橋衛生組合の解散をめぐる構成団体の動向――調布市、府中市の場合

一方、二枚橋衛生組合の解散のきっかけを作った小金井市が、かつての同組合の構成団体であった調布市・府中市から跡地利用をめぐる合意を得ることが難題であることは誰が見ても明らかであった。それは、二枚橋衛生組合の解体をめぐって両市が廃棄物政策をどのように進めていったのかを見ると理解できる。

まず、調布市は、1985年の小金井市の決議以降、二枚橋における施設の増強は困難であると判断し、二枚橋以外での処理を模索しはじめ、1999年８月に三鷹市と共同で「新ごみ処理施設整備に関する覚書」を締結した。その後、調布市は三鷹市との話し合いを重ね、2002年に両市は共同処理に基本合意するに至る。また、基本合意と同時に、調布市は市民アンケートも実施している。

調布市では建設候補地については住民反対にあって選定に苦慮したが、最初の計画を白紙化して６ヶ所の候補地から再び検討作業をやり直した結果、当初の場所に選定し直している。2007年の二枚橋衛生組合の焼却炉停止後は、多摩地域における広域支援協定によって、2007年４月から2012年11月まで三鷹市環境センターと多摩ニュータウン環境組合でごみ処理を行っていた。その後、調布市は三鷹市とふじみ衛生組合を設立して、2012年12月から調布市内の新焼却施設で廃棄物を共同処理している。

次に、府中市は、二枚橋衛生組合の行方が混迷する中、人口増加に伴ってごみ量も増加の一方であり、増加分の受入先を探す必要に迫られていた。そこで府中市は1992年から市の１日廃棄物排出量の約半分に当たる100ｔの処理を多摩川衛生組合で行い、1993年に同組合へ正式加入した[(76)]。府中市の場合、後発加入であることと、稲城市内に処理施設が所在していることなどの事情

から、加入にあたって36億円という組合加入金を払ったとされる[(77)]。多摩川衛生組合は1997年からクリーンセンター多摩川を稼働させた。

こうして府中市は、甲州街道以北は二枚橋衛生組合、以南はクリーンセンター多摩川で、ごみを分散して処理することとした。その結果、従来二枚橋衛生組合に搬入される可燃ごみ全体の40%以上を占めていた府中市のごみは、徐々にその量を減らしていき、同組合の閉鎖間際である2006年には全体搬入量の27%まで減少していた。現在、府中市は、稲城市・狛江市・国立市とともに多摩川衛生組合で可燃ごみを焼却している。

以上のことから、二枚橋衛生組合の解体につながる小金井市議会の決議によって、同組合構成団体であった調布市と府中市は、合意形成のための政治的リスクと財政的な負担という「自区内処理の原則」に基づく公正かつ公平な負担を背負いながら新たなごみ処理の枠組みにたどり着いたことが確認できる。両市では、小金井市に応分の負担なく跡地を利用させることは現に受苦を経験した住民に説明がつかない状況である。

（3）小金井市のごみ処理施設建設問題をめぐる住民、そして議会の動き

二枚橋衛生組合の構成団体であった調布市・府中市が次々と新たに共同処理先を見つける一方で、小金井市行政当局は国分寺市との共同処理の申し入れまで漕ぎつけた。ところが、小金井市は、国分寺市との共同処理の申し入れまでの過程における住民参加という命題を軽視していた。このことが小金井市の「ごみ非常事態」を長びかせる主因となっている。

候補地が決まらない中、住民参加や議会の役割に関する疑問の声が高まり、批判の声は行政をはじめ議会への陳情へとつながっていた。小金井市当局は行政の閉鎖性による機能マヒという窮地に追い込まれ、ついに住民の要望に応える形で審議会を設置するに至った[(78)]。一方で、審議会や懇談会に対しては、

（76） 1993年の多摩ニュータウン環境組合結成に伴い、多摩市が脱退したのと入れかわる形で府中市が多摩川衛生組合に加入した。
（77） 東京新聞（2011年12月16日付）

住民参加の受け皿になることでは執行機関の優位性をさらに補強し、結果として立法機関の地位低下をもたらすなどの本質的な批判もあり得る。この点を解決するために、審議会のような住民参加方式がどのような役割を果たしたのかを見ていくことにしよう。

また、行政のチェック機関としての議会はどのような役割を果たしたのかを探ることも、今後の廃棄物政策過程はもちろん地方自治の現況を明らかにするために必要な作業である。実際、小金井市のごみ問題は、1985年の議会による「第二工場」の建設という決議をしたまま、その責任を総括してこなかったことにも大きな原因がある。自市の住民や多摩地域の他の自治体の住民らからの陳情は、小金井市議会における特別委員会の設立を促し、議会にもごみ問題への責任を負わせることになったのである。

以下に審議会に関する賛否両論を念頭に置きながら、住民参加による「小金井市新焼却施設建設場所選定等市民検討委員会[(79)]」（以下、市民検討委員会）、そして小金井市議会における特別委員会の動きを見ることで、一連の小金井市のごみ問題をめぐって住民と議会の役割がどのように果たされていたのかを確認し、その課題について考察することにしよう。

(ⅰ)「小金井市新焼却施設建設場所選定等市民検討委員会」の動き

小金井市は、2006年11月に庁内に「小金井市焼却施設問題等検討委員会」

---

(78)　東京「ごみ戦争」をはじめとする様々な住民運動の教訓として、廃棄物関連政策を形成していく過程で住民参加は欠かせないものとして認識され、アンケート調査、公聴会、説明会、審議会や懇談会、ワークショップ、パブリック・コメントなど、幅広く住民の意思を反映するための多様な住民参加手法が用いられるようになっている。中でも多くの自治体が廃棄物政策形成過程で審議会や委員会を設置している。2008年２月に実施した「廃棄物をめぐる自治体と地域住民団体・市民団体との関係に関するアンケート調査」（調査対象：全国の市及び特別区の806自治体）によると、62%の自治体が審議会や懇談会を設置していて、住民がメンバーになっていると答えている自治体は94%に至る。特に、審議会や懇談会の設置は、特別区92%、50万人以上の市76%、30～50万人の市81%、と人口規模が大きい自治体で比較的よく見られている。一方で、人口規模が小さい自治体の審議会・委員会の設置率は、５～30万人の市63%、５万人以下の市50%であった（拙稿2008：40-52）。

(79)　新焼却施設建設場所選定等市民検討委員会の議論内容については、小金井市のホームページに載せられている議事録・報告書を参照した。

(以下、庁内検討委員会)を設置し、2007年1月に議論をまとめ、ジャノメミシン工場跡地と二枚橋焼却場跡地の2ヶ所を新焼却施設の建設候補地とし、国分寺市に提示している。新たに建設候補地として挙げられたジャノメミシンの工場跡地は、小金井市が1992年に市役所用地として購入し、10年かけて新庁舎を建設する計画で、借入金の返済や周辺道路の整備を行ってきた用地であった。

しかし、市当局は市の財政難を理由に、2000年には庁舎建設の方針を変えジャノメミシンの工場跡地を売却して、他の場所に新しい庁舎を建設することに計画を変更していた。ジャノメミシン工場跡地の用途変更に関する住民説明は行われておらず、焼却場建設予定地としてジャノメミシンの工場跡地が挙げられたことに近隣住民は戸惑いを隠せなかった。さらにジャノメミシン工場跡地は駅周辺で住宅や商業施設も密接している市街地であるため、焼却施設の建設が容易でない用地であった。

行政による独断や住民参加不在に関する批判の声が増す中、小金井市当局は2007年6月に市長の諮問機関として市民検討委員会を設置するに至る。諮問内容は、新焼却施設の建設候補地(ジャノメミシン工場跡地及び二枚橋焼却場跡地)の内から建設場所を選定する、またそのほかに適している建設候補地があれば併せて検討する、という2点であった。この諮問内容は庁内検討委員会の結論、すなわちジャノメミシン工場跡地または二枚橋焼却場跡地のどちらかを最終的な建設候補地として選び、さらに市民参加による結論であるというお墨付きがほしい行政側の狙いが透けて見えるものであった。

市当局の諮問事項に対し、市民検討委員会は諮問内容が不明確な点を指摘し、焼却以外の処理方法を前提に場所の選定を行った場合や、市から提示された2ヶ所の場所以外を選定した場合でも答申が尊重されることを要求した。これについては市側も市民検討委員会の要請を受け入れている(80)。委員の数は総勢27名(学識経験者4名、団体推薦9名、一般公募で選ばれた人が14名)

(80) 実際、庁内検討委員会における議論は、その期間が3ヵ月にも満たず、検証の不十分さが目立っていた。市民検討委員会(第3回資料、2007年6月30日)

で、2007年6月から2008年8月まで36回の委員会を開いていた。市長もほぼ毎回参加したこの市民検討委員会は原則公開され、傍聴者はのべ973人で、1回当たり平均27人が傍聴していることから住民の関心の高さがうかがえる。(81)

①ごみ処理量

市民検討委員会の議論は、①ごみ処理量、②施設規模、必要面積の検討、③（条件を満たす）市内の公有地・民有地のリストアップ、④候補地の絞り込み、⑤アンケートの実施、⑥アンケート結果に基づく最終的な選定作業、という順に行われた。ここでは一連のプロセスのうち、ごみ処理量、処理施設の規模、そして候補地の選定過程の3つに分けて検討する。

まず、ごみ処理量を算定する作業は焼却施設の規模の設定にもつながるため特に重要である。**図表3－4**は、庁内検討委員会と市民検討委員会の各々の算定基準を表しているが、両者の間では大きな開きがある。庁内検討委員会は、小金井市と国分寺市の可燃ごみ想定量を40,781～44,581ｔ／年（小金井市18,241～20,646ｔ／年、国分寺市22,539～23,935ｔ／年）としている。この数値は1996～2005年度の実績値を使用した想定量であった。

図表3－4　ごみ処理量の比較表

	市民検討委員会		庁内検討委員会	
	小金井市分	国分寺市分	小金井市分	国分寺市分
使用したデータ等	平成9年度～平成18年度の実績値	ごみ減量化、資源化行動計画（平成19年7月）	平成8年度～平成17年度の実績値	
減量化施策による効果	枝木の資源化、古紙の分別徹底、生ごみ（肥料化、乾燥後処理、その他資源化）	国分寺市のごみ減量化・資源化行動実施計画を参考に、小金井市で試算	特に見込まず	
可燃ごみ想定量（ｔ／年）	15,000ｔ	17,787～21,767ｔ	18,241～20,646ｔ	22,539～23,935ｔ
	33,000～37,000ｔ		40,781～44,581ｔ	

出典　市民検討委員会「報告書～答申の理由及び審議の経過～」（2008年8月24日）

(81)　原則公開であったが、個人のプライバシー及び法人その他の団体の保護すべき秘密を侵害することとなる場合のみ非公開での開催とし、委員長が発議し、委員会で決定することになっていた。市民検討委員会（第1回資料3、2007年6月10日）

一方、市民検討委員会は、2006年から小金井市が実施しているごみ有料化の効果、一般廃棄物処理計画で実施予定としている施策（枝木の資源化、古紙の分別の徹底、生ごみの肥料化）の効果、等を勘案した新たな想定量を示している。また、国分寺市のごみ処理想定量についても、国分寺市の「ごみ減量化・資源化行動計画」（2007年７月策定）に基づいて数値を算定している。

以上の二つの委員会の可燃ごみ想定量における約7,000ｔ／年という差は算定の基準が異なっていたため生じている。市長の「ごみ非常事態宣言」下、ごみ有料化を実施するなど、住民に対してごみ減量を促すための様々な施策を策定してきた小金井市当局が、その施策によるごみ減量効果を勘案せずにごみ処理量を算定している。このことは政策実施後の政策評価が行われておらず、小金井市の政策過程におけるフィードバックが機能していないことを表している。

②処理施設の規模

次に、新焼却施設の規模について、庁内検討委員会及び「新焼却施設建設計画に係る小金井市・国分寺市の現時点での考え方[(82)]」といった市当局側の資料は、新焼却施設の建設に敷地面積はごみ処理量200ｔ／日を前提に10,000㎡が必要であるとした。一方、市民検討委員会は、住民によるごみ処理量の減量化に基づき、その処理施設の規模についても「小規模化」を念頭に議論を進めている。

特に、市当局側は新たな廃棄物処理施設における処理方法について焼却処理を前提としていた。これに対し、市民検討委員会は、廃棄物処理施設を焼却施設と非焼却施設とに分け、規模についても焼却施設の場合は8,000㎡以上、非焼却施設の場合は6,000㎡以上の面積が必要であるとしている。また、市民検討委員会は減量のための施策と住民の減量努力等によって１日平均50

(82) 市民検討委員会での建設場所を選定する際に議論の参考資料として、小金井市・国分寺市の考え方を小金井市当局が整理したものである。市民検討委員会（第１回資料、2007年６月10日）

ｔは減らせると考え、１日のごみ処理量150ｔとして算定している。しかも、このごみ処理量150ｔ／日は、新焼却施設において平均１日当たり118〜132ｔを処理しつつ、今後小金井市が他の自治体のごみの広域支援を行う場合の余裕分として20〜30ｔを上乗せした数値である。

処理方式を含む施設に関する詳細事項については、国分寺市との共同の委員会で決定されることになっていたが、市民検討委員会からごみの減量化と処理方法に基づいて処理施設の規模を縮小するという代案が出されたことは縮減する社会の観点においても資源循環型社会の構築の観点においても示唆する点が多い。

③候補地の選定過程

候補地の選定過程は、抽出・除外条件等の整理、検討対象土地の絞り込み、候補地の比較評価、委員によるアンケートの実施、最終的な候補地の選定の順で進めている。まず、面積条件（5,000㎡以上）を満たす市内の公有地（45ヶ所）、民有地（65ヶ所）をリストアップして、第23回（2008年３月23日）までに候補地を５ヶ所まで絞り込んだ。しかし、候補地の内、民有地（１ヶ所）については土地所有者から他の計画があるという理由で断られ、公有地４ヶ所（都立小金井公園、都立武蔵野公園区域、ジャノメミシン工場跡地、二枚橋焼却場跡地）を比較評価することとなった。(83)

この候補地４ヶ所も各々問題点を含んでいた。都立小金井公園、都立武蔵野公園の２ヶ所は都有地であり、二枚橋焼却場跡地は小金井市の域内として３分の１程度しかなく、そしてジャノメミシン工場跡地は市街地であった。特に、都有地については、東京都の意思や都市計画と都市公園法という大きな壁があった。小金井市は2008年６月１日に発行した「市報こがねい」に新

(83)　市民検討委員会が新焼却施設建設候補地の第一次選定検討対象候補地として挙げたのは14ヶ所であったが、その内６ヶ所が公園または公園予定地で法制度上実現可能性が低かった（都市公園法第16条）。その他の地域もすでに事業計画がある、土地所有者が譲渡する意思がない、などの理由で排除された。候補地を４ヶ所に絞った段階で、新たに都立武蔵野公園区域から２名の委員を追加している。その上で、ジャノメミシン工場跡地、二枚橋焼却場跡地の２ヶ所を最終的な建設候補地として選んでいる。

焼却施設建設候補地として都立小金井公園及び都立武蔵野公園区域を挙げていた。小金井市の候補地選定に対し、東京都はごみ焼却施設が都市公園法に定める公園施設ではないため公園内にこれを設置できない、都立公園を廃止する考えはない、と小金井市に回答した（東京都建設局公園緑地部長、20建公計第38号、平成20年６月２日）[(84)]。都立公園における焼却施設の建設という選択はこの時点でなくなったと言えよう。

このような経緯からも分かるように、小金井市のごみ処理施設建設において最も重要な課題は取得可能な候補地を確保することであった。取得可能性を**図表３－５**に関連して考えると、特に二枚橋焼却場跡地については、調布市・府中市に譲渡意思があるのかどうかにかかっている。市民検討委員会では、この点に注意し、調布市・府中市への交渉状況に関する情報提供を再三にわたって市当局に求めていた[(85)]。

この要望に対し、市当局は二枚橋焼却場跡地について調布市・府中市と交渉の余地があるとしながらも、交渉に関する重要な事項が含まれているためその内容を報告することはできない、と情報提供を拒み続けた[(86)]。しかも**図表３－５**のように建設場所候補の評価に関するアンケートでは、取得交渉相手（取得の可能性）の重要度を1.7とほかの評価項目に比べやや低い重要度を付けている[(87)]。アンケートにおける取得の可能性に関する情報がなかったことに

(84)　一方、稲葉市長は「委員会での議論の結果を踏まえ、今後、都との交渉を行っていくことはやぶさかではない。再度、局長なり、副知事にお会いするということになれば、非常に厳しいが交渉していきたい」と回答していた。稲葉市長はその後東京都建設局長に会って話してみたが、説得不可能であった、と市民検討委員会に報告している。市民検討委員会（第29回2008年６月８日、第30回６月15日）

(85)　市民検討委員会（第25～31回）

(86)　調布市議会は、すでに2007年３月に「小金井市が二枚橋跡地に焼却場を建設することは到底容認できず、信義に反する」と決議を行っていた。また、調布市の市議会は市長に対しても明確な反対意思を示さなかった責任を問うた。その後も定例会において「（小金井市の）焼却施設はもちろん、関連施設や附帯施設も認めない」と市議会としての意見をまとめ、焼却施設関連の小金井市の要望に一切応えないことを明らかにしている。そして、調布市当局側も、2008年８月に、「調布市域に、２箇所の焼却場は必要ない」「二枚橋の調布市の配分区域（３分の１）には、焼却場の建設は認められない」と表明していた。

(87)　各候補地の比較評価情報については、委員会で確認した比較評価表の評価尺度の

図表３－５　建設場所候補地評価に関するアンケート（単純平均）

No.		評価項目	重要度①	小金井公園						武蔵野公園区域						ジャノメミシン工場跡地		二枚橋焼却場跡地	
				北東		北西		南西		武蔵野公園（試験場北隣接地）		府中運転免許試験場（武蔵野公園沿い）		府中運転免許試験場（東八道路沿い）					
				評価②	得点①×②	評価②	得点①×②	評価②	得点①×②	評価②	得点①×②	評価②	得点①×②	評価②	得点①×②	評価②	得点①×②	評価②	得点①×②
1	用地としての条件	土地利用の現況	2.1	1.3	2.7	1.2	2.5	1.2	2.6	1.2	2.6	1	2.1	1.1	2.2	1.5	3.2	2.6	5.5
2		取得交渉相手（取得の可能性）	1.7	0.8	1.3	0.8	1.3	0.8	1.3	0.7	1.3	0.7	1.2	0.7	1.1	1.9	3.3	1.3	2.2
3		敷地面積（概算・㎡）	1.2	1.7	2	1.7	2	1.7	2	1.7	2	1.7	2	1.7	2	1.7	2	1.3	1.5
4		土地の形状・地質等	1.6	2.6	4.2	2.6	4.2	2.6	4.2	2.6	4.2	2.6	4.2	2.5	4.1	1.8	2.9	2	3.3
5		接道又は専用道路	2.4	1.2	3	2.4	5.8	2.3	5.6	1.2	2.9	1.2	3	2.7	6.6	1.8	4.3	2.7	6.6
6	法令等	土地利用規制関連等	1.8	1.4	2.5	1.4	2.5	1.4	2.5	1.4	2.4	1.4	2.5	1.4	2.5	1.5	2.8	2.6	4.7
7		建築上の規制条件等（航空法に基づく規制の有無）	1.8	2.7	4.9	2.7	4.9	2.7	4.9	2.7	4.9	2.7	4.8	2.7	4.9	1.7	3.1	1.1	2
8	環境面	自然環境埋蔵文化財	1.7	1.9	3.2	1.7	3	1.9	3.3	1.4	2.3	1.7	2.9	2.1	3.6	2.4	4.1	2.7	4.6
9		住宅等の密集度	2.5	2.2	5.5	2.1	5.4	2	5.2	1.9	4.8	2	5.1	2.5	6.4	0.6	1.5	2.3	5.8
10		周辺施設からの距離	2.1	2.3	4.8	2.5	5.3	1.5	3.3	1.5	3.2	1.5	3.3	2	4.2	0.8	1.8	1.9	4
11		搬入道路の交通事情	2.5	1.6	4.1	1.7	4.4	1.7	4.3	2.5	6.3	2.4	6.1	2.7	6.8	1.3	3.3	2.7	6.9
12	その他	経済コスト	2	2	3.9	2.2	4.3	2.1	4.1	2	3.9	2	3.9	2	3.9	1	2	2.6	5
13		他市との距離	1.5	1.4	2	1.5	2.1	1.5	2.2	1.7	2.4	1.7	2.4	1.7	2.4	2.6	3.8	1.2	1.7
14		国分寺市との距離	1.1	1.4	1.5	1.9	2	1.9	2	1.8	1.9	1.8	1.9	1.8	1.9	1.7	1.8	1.5	1.6
15		負担の公平性	2.3	2.7	6.2	2.7	6.2	2.7	6.2	2.4	5.3	2.4	5.4	2.4	5.5	2	4.6	0.8	1.8
16		その他	1.7	2	3.3	1.9	3.3	1.3	2.2	2	3.5	2	3.4	1.1	1.8	1.4	2.4	2.3	3.9
総計			30	29	55	31	59	29	56	29	54	29	54	31	60	26	47	32	61
順位				5		3		4		7		6		2		8		1	

出典　小金井市環境部ごみ対策課「新焼却施設建設場所選定等市民検討委員会答申について（市民説明会資料）」（平成20年）

より、候補地として二枚橋焼却場跡地の選定に相対的に有利に働いたことも否めない。

このようにして、市民検討委員会は、候補地４ヶ所の内３ヶ所（都立公園２ヶ所、二枚橋焼却場跡地）の候補地取得の実現可能性の問題が宙に浮いた状態のまま議論を続け最終的候補地を選ばざるを得なくなったのである。そして、委員23名中賛成17名、反対６名で二枚橋焼却場跡地を新焼却施設検討

考え方等を踏まえ、市及びコンサルタントを中心に作成されたものである。市民検討委員会（第31回2008年６月22日）

場所として選定するに至った(欠席委員３名、正副委員長３名は採決不参加)。反対した委員からは、評価方法、少数である二枚橋焼却場跡地周辺住民の意見反映、他市の土地をめぐる議論、焼却処理中心の候補地選定、など様々な問題があったと指摘されている。

以上のことから、市民検討委員会は、市当局（庁内検討委員会）の結論（ジャノメミシン工場跡地、二枚橋焼却場跡地）に囚われることなく幅広く公正で綿密な討議を行おうと努力したことが見て取れる。しかし、その市民検討委員会に対し、市当局は国分寺市への候補地提示を理由として早急な結論を出すように追いつめ[88]、さらに市民検討委員会が求めていた重要な判断材料を出し渋り、成熟した議論を妨げていた。中でも、稲葉市長は二枚橋焼却場跡地取得への意欲を市民検討委員会にアピールし続け、しかも協議中ということで二枚橋焼却場跡地の取得可能性に関する情報提供も怠っていてその責任は重い。

一連の動きを踏まえると、市民検討委員会は、住民参加による市当局寄りの結論という首長の狙いを乗り越えてはいるものの、議論のための充分な情報提供を得られない状況のなかで結論を出さざるを得なかった。首長の都合によって住民参加の受け皿が使われることを防ぎ、真の住民参加の受け皿として審議会を自治体に植え付けるためには、議会が審議会・委員会等の議論過程をめぐる情報提供をはじめとする民主的な手続きを盛り込んだ条例を考案していくのも一つの対策になるであろう。

(ii) 小金井市議会における「ごみ処理施設建設等調査特別委員会」の動き

小金井市のごみ問題は、首長の影響力の巨大化と権力集中の弊害をそのまま現実化したような事例であると言える。日本の自治体には二元代表制が導

(88) 時折、市当局は国分寺市との覚書、広域支援継続などを理由に挙げ、市民検討委員会に対し早く候補地を選定するように再三にわたり催促していた。市民検討委員会（第９、10、14、17回等）

入され、議会には首長を中心とする行政をチェックする機能、政策を提言する機能を持たせているのも、このような事態を防ぐためであるはずだが、議会は機能不全だった。

そればかりか、小金井市のごみ問題の場合、この問題の引き金を議会自身が引いたことに注意を払う必要がある。先述通り1985年に小金井市議会は、市議会選挙を直前にして、二枚橋は現状維持して３市（調布市・府中市・小金井市）のごみ増大分について各市が別の場所に各々新たに焼却施設（第二工場）を建設して自区内処理を実現すべきであるという内容の決議を全会一致で可決している[89]。1982年７月に、二枚橋衛生組合の議会には「施設近代化特別委員会」が設置されていた。組合管理当局側が策定した施設近代化基本計画について、調布市・府中市の議会はその内容を了承していた（1984年４月）。しかし、小金井市議会の決議がきっかけで、調布市・府中市の不信を買うことになり、その結果、二枚橋衛生組合の解散につながっている。

小金井市議会がごみ処理施設建設をめぐる本格的な議論を始めたのは2007年に「ごみ処理施設建設等調査特別委員会」（以下、特別委員会）を設置してからである[90]。以下、この特別委員会の議論内容について新処理施設建設と広域支援を中心に、小金井市議会の行政チェックと政策提言の機能の実態を見てみよう。

①新処理施設建設について

特別委員会では、新ごみ処理施設建設に関する進捗状況、そして新ごみ処理施設建設までの広域支援の確保のための市当局の対応を中心とする議論が

（89）　ちなみに、稲葉市長はこのときの選挙で市議会に初当選し、その政治人生を歩み始めることとなった。

（90）　1985年の決議後、小金井市議会でごみ処理施設建設をめぐる議論は行われてきたが、反対運動や陳情についての議論に大半の時間を費やしていて、ごみ処理施設建設をめぐる本格的な議論は2007年の特別委員会以降になる。議会における特別委員会の設置も住民の陳情が多く寄せられたことがきっかけであった。2006年３月から2007年６月までの新焼却施設建設等に関わる陳情は48件で、40件が不採択で採択は３件のみであった（残りの５件は審査中）。市民検討委員会、第５回資料「新焼却施設建設等に関わる審議結果一覧」（2007年７月22日）

行われている。

まず、新ごみ処理施設建設の進捗状況に関する議論を見ると、2007年の市議会には庁内検討委員会がジャノメミシン工場跡地を候補地の一つにしたことから周辺住民からの陳情が殺到している。そのため、特別委員会の議論もジャノメミシン工場跡地に関するものに集中した。議員からは、ジャノメミシン工場跡地は庁舎建設用に取得したものでごみ処理施設に転用することは基金の違法支出にあたるのではないか、という指摘があった。また、庁内検討委員会における新ごみ処理施設建設の候補地の選定基準に、交通や周辺の教育施設等の除外が要件として含まれていなかったことが指摘された。さらに、特別委員会は庁内検討委員会の結論についても、住民参加手続を経ていない庁内文書であること、しかもその内容にも問題があることを指摘し、市当局の問題解決能力の無さを浮き彫りにした。

しかし、市民検討委員会でジャノメミシン工場跡地が候補地から外されてからは、議会でのジャノメミシン工場跡地に関する議論が後退してしまった。また、都立公園については都側が売却の意思も都市計画の変更意思もないため議論の中心にならなかった。その結果、特別委員会の議論は二枚橋焼却場跡地の取得に焦点が当てられることになり、特別委員会と市当局側の主なやり取りは、調布市・府中市の意向を問う議員の質問と、責任を負って交渉に臨んでいるという市当局側の答弁が中心になっている。議員の中から市長の責任を問う声も出たが、市長は市民検討委員会の答申（二枚橋焼却場跡地）を尊重して問題解決したいと答え責任回避に終始している。市民検討委員会の答申が市長に都合よく使われたことは否定できず、二枚橋焼却場跡地への執着を市民検討委員会の答申の尊重としてすりかえる場面が目立っていた。

一方、小金井市議会は、2008年9月9日の本会議で、「新ごみ処理施設に関し、過去の反省と建設に向けての決議」を賛成多数で可決した。新焼却施設に関する1985年の決議についてようやく反省の弁を述べ、自らの責任を認めている[(91)]。特に、特別委員会の新処理施設建設をめぐる議論によって明らかになったことは、二枚橋焼却場跡地以外にも選択肢があったということである。

すなわち、この間、実は貫井北町公務員宿舎と大和自動車教習所の売却の話があったにもかかわらず、そのことに関する議会報告はなかったことが議論の的となった。この２ヶ所は新ごみ処理施設の建設候補地としての十分な面積があり、市当局の対応によっては買収も可能であった。しかし、市当局の対応が遅れたか、あるいは意図的にこれを見逃してしまったことが特別委員会での質問によって明らかになったのである。この指摘に対しても、市当局は、財政難(92)と時間的な制限のため、土地の買収に名のり出るのが難しかったと説明している。

とりわけ、特別委員会は、二枚橋焼却場跡地を候補地として非焼却方式を導入しようとする当時の佐藤市長（2011年）の計画を白紙に追い込み、撤回させている。この出来事が、2012年の市長選での稲葉市長返り咲きにもつながっている。

以上を踏まえると、特別委員会の議論で、他の選択肢（建設候補地）があったのにそれを見逃した市当局の失態が明らかになったことは評価に値するが、議会自身ごみ問題解決の先頭に出ることがなかったのも事実である。特別委員会の議論は、行政をチェックする機能を果たしているが、市民検討委員会や新市長の非焼却方式という新たな提案を試みる動きには後ろ向きで、焼却主義に基づく旧来の清掃事業体制を維持することに止まっていたと言えよう。また、1985年の決議によって自らごみ処理場問題の引き金を引いたにもかかわらず、問題解決を市当局任せにしてきたことは批判されるべき点で

---

(91)　決議には「二枚橋の施設更新を巡る混乱の原因は昭和60年当時、小金井市議会が二枚橋衛生組合を構成する調布市や府中市に配慮せず、一方的に決議を可決したことや、その後の小金井市行政の対応の問題などにあります。そのため両市関係者の皆様に大きな不信感を持たせることになりました。ここに心よりお詫び申し上げます」と述べ、二枚橋焼却場の跡地に新施設の建設を目指すことに対する調布市・府中市の理解を求めている。この時、1985年の決議から現職にある小金井市議は２人だけであったが、市議会という議事機関として意見を表明したことは注目すべきであろう。

(92)　市当局は財政難を理由として挙げていたが、市議員からは駅前の文化ホール購入に75億円をかけていることが指摘される場面もあった。

ある。

②**広域支援**

長期間にわたって難航していた小金井市のごみ処理を実質的に支えてきたのが、1994年に多摩地域の自治体が締結した「広域支援協定」である。**図表３－６**は、広域支援協定に基づき、2007年から2013年まで小金井市の可燃ごみ処理について支援を行ってきた自治体・一部事務組合を示している。

この広域支援について、稲葉市長は10年間支援を受けられると特別委員会に説明している。しかし、受け入れ団体や近隣自治体の住民からの陳情が小金井市議会に多数送られていた[(93)]。また市当局は毎年２月・３月はごみの受け入れ先の確保に追われる自転車操業を繰り返していた。その結果、特別委員会も毎年受け入れ先が決まっているのかどうかを、市当局に問いただすのが議論の大半を占めた。例えば、2007年に西多摩衛生組合・柳泉園組合の受け入れ反対に関する状況、2008年に国分寺市の広域支援におけるミスマッ

図表３－６　小金井市の可燃ごみ処理の広域支援状況

年　度	支援団体（自治体・一部事務組合）
2007年	武蔵野市、昭島市、日野市、東村山市、国分寺市、柳泉園組合（東久留米市・清瀬市・西東京市）、西多摩衛生組合（羽村市・瑞穂町・青梅市・福生市）、小平・村山・大和衛生組合（小平市・武蔵村山市・東大和市）
2008年	武蔵野市、昭島市、日野市、東村山市、国分寺市、柳泉園組合、西多摩衛生組合、小平・村山・大和衛生組合、多摩川衛生組合（稲城市・狛江市・府中市・国立市）
2009年	八王子市、三鷹市、昭島市、日野市、国分寺市、多摩川衛生組合
2010年	八王子市、昭島市、日野市、多摩川衛生組合
2011年	八王子市、三鷹市、昭島市、町田市、日野市、国分寺市、多摩川衛生組合、多摩ニュータウン環境組合
2012年	三鷹市、昭島市、日野市、多摩川衛生組合
2013年	多摩川衛生組合

出典　小金井市ホームページや市報等を参照して作成

(93)　特別委員会では、羽村市（西多摩衛生組合）で小金井市からの受け入れ反対の陳情に全会一致で賛成したこと（2007年３月議会）、柳泉園組合においても反対の声が出たこと、そして近隣市の住民からも小金井市のごみの受け入れを反対する陳情が出ていること、など広域支援をめぐる反対の声（陳情）が多いことについて審議している。

チ、2009年に「多摩地域ごみ処理広域支援体制実施要綱」（以下、広域支援要綱）及び国分寺市との覚書のための要件充足、2010年に同要綱の改正による状況変化、2011年に多摩川衛生組合の受け入れ、2012年にも広域支援の受け入れ先に関する見通しに関する市当局側の対応をめぐる議論が特別委員会の中で行われていた。

特別委員会における新ごみ処理施設建設と広域支援に関する議論内容からすると、首長をはじめ市当局の動きをチェックする機能はある程度果たしているとも言える。しかし、議会は問題解決にリーダーシップを発揮したり政策を提案することもなく、二枚橋衛生組合の解散へのきっかけをつくった問題の当事者としての責任・役割を十分に果たしたとは言い難い。また、後に述べる日野市における新清掃工場建設で日野市・国分寺市・小金井市３市共同のごみ処理が話題になってからは、建設の妨げにならないようにしたい市当局と足並みを揃え、議会も新焼却施設検討に関する議論を行わなくなる。

2．広域支援とごみ減量活動

「ごみ非常事態宣言」は出されたものの、小金井市のごみは、結果として東京「ごみ戦争」のような事態にまで至らず、処理が行われた。実際にごみが道にあふれるような事態を防いだのは、直接的には先に見た多摩地域における広域支援連携である。間接的には、小金井市の住民のごみ減量の努力が地道にかつ着実に進められてきたことも、「ごみ非常事態」下にあって、周辺から支援を受ける状況が破綻するのを食い止める役割を果たした。すなわち支援自治体の地元住民による受け入れ反対運動に対する言い訳として、また処理委託料及び処理委託先の増加を食い止める防壁として、住民の努力は広域支援協定の機能を助ける重要な働きをしたのである。

以下、ごみ行政をめぐる広域支援体制とごみ減量活動がともに「自区内処理の原則」から派生するものである点及びこれと広域処理との関係について、小金井市のごみ問題と多摩地域のごみ事情から考えてみたい。

（1）補完する側の問題——広域支援

小金井市のごみ問題を補完してきたのは、広域支援協定に基づく広域支援要綱である。ごみ問題について市町村と市町村との間にどのような補完関係がありうるのか、補完関係が成り立つ要因は何なのか、多摩地域の広域支援協定の内容と運用の実態を確認してみよう。

まず、なぜ小金井市のごみを多摩地域全体で処理してきたのか、その根拠を広域支援要綱の適用要件から確認できる。広域支援要綱の第16条は協力の必要な事態を次の通り規定している。

（協力の必要な事態）
第16条　協力の必要な事態とは、次のとおりとする。ただし、原則として年末年始・休日は除く。
（１）緊急事態・不慮の事故等による突発的な施設停止、または処理能力がいちじるしく低下した場合をいう。
（２）事前予測可能事態・施設の定期点検整備または改修工事、更新、新設であらかじめ計画された事態をいう。
（３）前号に規定する、新設であらかじめ計画された事態とは、一般廃棄物処理基本計画等に基づき、ごみ処理施設の建設計画が市町村等において、決定されている場合をいう。

以上のように、この広域支援は予測できない緊急事態または施設のメンテナンス・新設のあらかじめ計画された事態等、支援を受ける期限が決まっている場合のみに適用することになっている。一方で、第15条では、広域支援のための平時の市町村等の責務を以下のように定め、分別収集・資源化・ごみの減量化を行う、一般廃棄物処理基本計画に基づき施設整備はもちろん維持管理を行い、ごみの適正処理に努めることを市町村の責務と明示している。

（市町村等の責務）
第15条　市町村等は、協力体制を円滑に実施するため、長期的視点に立ち相互支援の精神を持ち、次の責務を負うものとする。
（１）分別収集の徹底及び統一化を図り、可燃・不燃・粗大の区分はもとより、資源化・有効利用等を積極的に行い、ごみの減量化に努めなければならない。
（2）一般廃棄物処理基本計画に基づき確実に施設整備を行い、将来に渡り適正処理が確保できるよう努めなければならない。
（3）適正な維持管理を行い、施設が常に良好な状態を維持できるよう努めなければならない。

多摩地域では、このように平時の個々の市町村等の責務としての第15条と非常時の規定を定めている第16条によって、ごみ処理に関する協力の必要な事態とそうではない事態を切り分けている。

緊急事態・不慮の事故とあらかじめ計画された事態は市町村等の責務である「自区内処理の原則」を満たしているので広域支援協定の枠組みでごみ処理に協力しあう。しかし、そうではない長期的なもの、無計画なものは「自区内処理の原則」を満たしていないので、このような事態は支援の外におくことで、多摩地域全体で圧力をかけて排除していく。要するに、東京「ごみ戦争」のようなごみをめぐる最悪の事態が発生することを防ぐ作用をするのが広域支援体制であり、中でも広域支援要綱第15条及び第16条の規定こそが多摩地域における「自区内処理の原則」とは何かを明文化しているものである。

小金井市の広域支援は第16条を根拠に行われた。しかし、小金井市の廃棄物焼却場建設は、二枚橋焼却場の老朽化が議論され、別の場所に建てることを決めた時（1985年の議会決議）から取り組むべき重要課題であって、急に発生した予測できない緊急事態などではない。また、あらかじめ計画されたものではなく、建設場所が決まっていないため「新設のあらかじめ計画された事態」による期限つきの支援にも当てはまらない。何より、安全で安定的な行政サービス（廃棄物の処理）を行うべき小金井市当局が、非常事態を想定した広域支援協定に７年間も続けて頼っていることから同協定の適用要件を満たしていないのではないかとの疑念が示されることとなっていた[(94)]。広域

(94)　西多摩衛生組合は、2007年からの広域支援について当初は小金井市政の失態を問題視し、協定の要件を満たしていないと小金井市のごみの受け入れを断っている。し

支援を行う自治体・一部事務組合及びその住民からも小金井市当局の不誠実な対応を批判する声が強くなっていたため、従来の広域支援協定の枠組みでは小金井市のごみの受け入れが厳しくなっていた。

こうして、多摩地域では、小金井市への広域支援を続けるためには、要綱の内容を見直す必要が生じた。2010年1月に、多摩地域ごみ処理広域支援協議会は広域支援の要件として、緊急支援に加え、疑義が生じた場合のための相互扶助の観点による緊急避難的支援の条項（第22条第3項）を追加することで、多摩地域全体としての一応の対応を行うことにしたのである。

（疑義が生じた場合）

第22条　本要綱に定めの無いこと又は定められたことに疑義が生じた場合は、ブロック会及びブロック協議会で協議するものとする。

2　前項の規定により協議した結果、第16条に規定のない事態が発生した場合の支援にあたっては、東京都市町村清掃協議会並びに三多摩清掃施設協議会を開き、支援の必要性を認定したのち、支援可能な市町村長等の同意をもって、暫定的な支援を行うことができる。

3　前項の暫定的な支援とは、相互扶助の観点から「多摩地域ごみ処理広域支援体制実施協定書」の枠組みを越え、緊急避難的に可能な限り支援を行うことをいう。

ところで、多摩地域の自治体はなぜ広域支援要綱の改正まで行って小金井市のごみを広域支援し続けてきたのだろうか。水面下で行われたであろう政治的取引については公になっていないため、個々の市町村の個別の判断についてはここで詳らかにすることはできないが、多摩地域全体に共通する課題として、焼却炉の老朽化がある。

図表3－7は東京における焼却炉の年齢（2011年現在）を表したものである。ここに示した通り、多くの多摩地域のごみ焼却施設は、1980年代と1990年代に稼働を始めている。一般的に、廃棄物焼却炉の寿命が20～25年と言わ

かし、その後管理者会議で受け入れやむなしの判断を下し、組合議会全員協議会に4月からの年間1万t受け入れ決定を報告した。NPOごみ・環境ビジョン21『ごみっと・SUN60号』（2007年5月16日）

図表３－７　東京における焼却炉の年齢

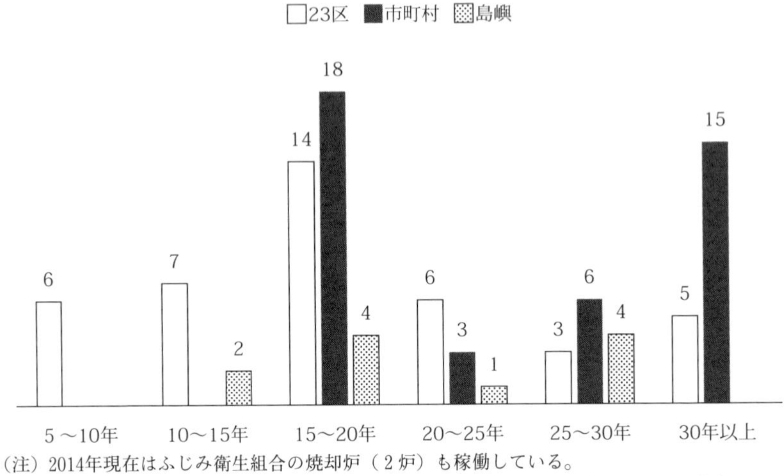

（注）2014年現在はふじみ衛生組合の焼却炉（２炉）も稼働している。
出典　東京都（2011）「ダイオキシン類対策特別措置法に基づく自主測定結果」より作成

れていることから考えると、すでに多くの施設が寿命を過ぎていたかまたは近づいていた。そのため、小金井市のごみ非常事態は支援する側の近隣自治体にとっても対岸の火事ではなく、明日は我が身との実感があったと推測できる。また、多摩地域は人口減少と財政基盤の弱体化が憂慮され、廃棄物の資源化・減量化も進んでいて廃棄物量の確保も曖昧になっている(95)。

要するに、小金井市のごみ問題には、自区内における処理が優先されるべきであるが、多摩地域の廃棄物事情を考えると「相互扶助の観点から」「お互いさま」という性格も持ち合わせているため、周辺自治体は小金井市のごみ問題を広域支援協定で補完してきたという事情があったのである。

（２）ごみの減量努力

広域支援要綱に基づく広域支援を得ることができた小金井市ではあったが、2011年市長選挙における広域支援に基づく支援のために支払われた４年間20

(95)　八王子市は三つの清掃工場を持っているが、その一つ（館清掃工場）を停止している。

億円にのぼるごみ処理費用は無駄遣いだったという主張は、稲葉市長を落選させるだけの説得力をもって小金井市民に受け入れられた。

以下で見る通り非常事態につきごみの減量を呼びかける小金井市当局の施策は元々リサイクルやごみの減量等いわゆる３Ｒ活動に熱心な小金井住民の心を捉えたようである。またその支援自治体・一部事務組合は多数かつ広域にわたっており少量ずつの受け入れとなる。そのため、小金井市が排出するごみの総量を減らすことは単に処理費用を抑えるだけでなく、支援依頼のコストをも軽減することにもなったと言える。

（ⅰ）多摩地域におけるごみ減量

多摩地域はごみ減量について先進的な取り組みを行っている地域として全国的によく知られている。**図表３－８**は、全国、23区、多摩地域に分け、各々の１人１日当たりごみ排出量の推移を表している。全国で見ると、ごみ排出量は一時的に微増することがあったものの、三者ともに減量の傾向であることが確認できる。特に、多摩地域は全国平均のごみ排出量よりも少なく、23区と比較すると、おおむね１人１日当たり300ｇの差がある。

その理由としては多摩地域におけるごみ問題に関する取り組みが挙げられる。例えば、多摩地域における多くの自治体がごみの有料化政策を導入していて、多摩地域に30ある市町村の内、21の市町が一般廃棄物の有料収集を行っている（2011年６月１日現在）[(96)]。また、家庭系の粗大ごみについても、多摩地域の全ての市町村で有料収集となっていて、27市町村で品目別に料金又はポイントを設定、ほかに従量制が２市町、その他の方式が１町となっている[(97)]。このようなごみ減量のための行政と市民の取り組みの結果が、ごみ排出

(96)　「多摩地域ごみ実態調査」（2011）によると、多摩地域で家庭系ごみの有料収集を導入している自治体は21市町であった。2023年６月現在では30市町村のうち29の団体が有料収集している（東京都市町村調査会（2023）「多摩地域ごみ実態調査」）。

(97)　事業系一般廃棄物についても、東大和市が１日平均５kg以上を排出する事業所を対象とする一部有料化を実施していることを除くと、残りの全ての市町村が全量有料化を実施している。有料化以外にも、日野市は独自に、「容器包装お返し大作戦」で、容器包装を生産している生産者にその処理責任を負わせる（拡大生産者責任の原則、

図表３－８　１人１日当たりごみ排出量の推移

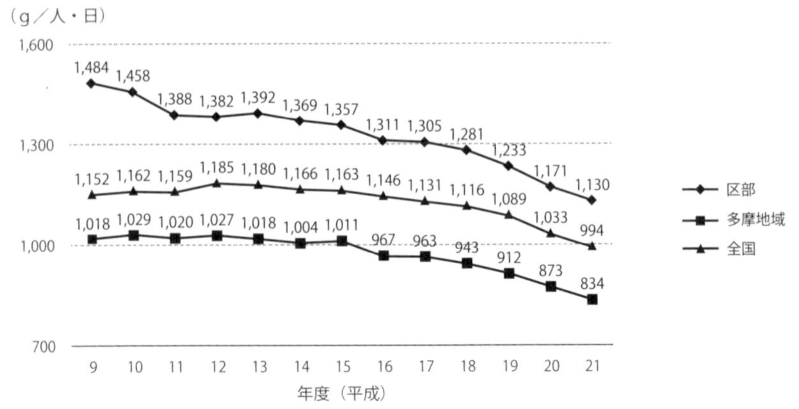

出典　環境省「一般廃棄物処理実態調査結果」と東京市町村自治調査会「多摩地域ごみ実態調査」の各年度を参照して作成

量に表れていると言える。

（ii）小金井市におけるごみ減量

多摩地域のごみ減量の取組みも良く知られているが、特に小金井市住民のごみ減量努力が注目を浴びている。例えば、環境省が全国の市町村及び特別地方公共団体を対象に行っている「一般廃棄物処理事業実態調査」の結果からすると、小金井市のリデュース（１人１日当たりのごみ排出率）・リサイクルの取り組みは全国でもトップレベルである。

図表３－９と**図表３－10**は2005年から2011年までの小金井市のリデュースとリサイクルの取り組みの順位、同年の上位10位以内に入っている多摩地域の自治体の取り組みの順位を示したものである。特に、小金井市のリデュースは2005年以降徐々に順位を上げ、またリサイクル率も2011年に全国第１位（人口10万人以上50万人未満）となった。この調査結果について、住民と行政の努力奏功の結果であると評する声[(98)]がある。確かに毎年確実に排出量を減

EPR）政策を導入し、ごみの減量に努めている。
(98)　東京新聞（2013年６月10日付）

図表３－９ リデュース（同年全国上位10位以内の１人１日当たりごみ排出量）の取り組み （人口10万人以上50万人未満）

年　度	小金井市の人口１人当たり排出量（全国順位）	近隣自治体の排出量と全国順位（上位10位以内）
2005年度	843ｇ（第５位）	日野市857ｇ（７位）、西東京市865ｇ（10位）
2006年度	798.8ｇ（第３位）	日野市848.4ｇ（６位）、東村山市857.9ｇ（９位）、西東京市857.9ｇ（９位）
2007年度	758.8ｇ（第３位）	日野市818.6ｇ（５位）、西東京市838.7ｇ（９位）
2008年度	718.8ｇ（第３位）	日野市802.9ｇ（８位）、東村山市810.6ｇ（９位）
2009年度	689.0ｇ（第１位）	西東京市737.5ｇ（４位）、日野市755.4ｇ（６位）、東村山市769.3ｇ（８位）、調布市779.4ｇ（９位）
2010年度	667.8ｇ（第２位）	府中市725.1ｇ（４位）、西東京市726.2ｇ（５位）、日野市733.6ｇ（７位）、三鷹市755.4ｇ（10位）
2011年度	659.7ｇ（第２位）	日野市717.3ｇ（４位）、西東京市718.2ｇ（５位）、府中市734.0ｇ（７位）、東村山市750.8ｇ（10位）

図表３－10 リサイクル（リサイクル率）の取り組み （人口10万人以上50万人未満）

年　度	小金井市のリサイクル率（全国順位）	近隣自治体のリサイクル率と全国順位（上位10位以内）
2005年度	39.6％（第４位）	調布市43.6％（３位）、三鷹市37.1％（９位）、国分寺市35.4％（10位）
2006年度	46.6％（第３位）	調布市48.5％（２位）、東村山市42.8％（５位）、三鷹市42.2％（６位）、国分寺市40.5％（８位）
2007年度	44.2％（第４位）	調布市45.1％（３位）、三鷹市43.2％（５位）、国分寺市34.4％（８位）
2008年度	42.8％（第５位）	調布市45.6％（３位）、昭島市43.3％（４位）、三鷹市37.8％（６位）、府中市37.0％（７位）、国分寺市34.9％（９位）
2009年度	45.2％（第４位）	調布市46.3％（３位）、三鷹市38.4％（５位）、国分寺市34.7％（８位）
2010年度	45.2％（第４位）	調布市46.2％（３位）、三鷹市40.3％（５位）、府中市37.9％（７位）、西東京市34.8％（９位）、国分寺市34.7％（10位）
2011年度	47.9％（第１位）	調布市46.0％（３位）、西東京市40.2％（４位）、三鷹市40.0％（５位）、府中市38.7％（６位）、国分寺市36.2％（７位）、東村山市33.3％（10位）

出典　環境省大臣官房廃棄物・リサイクル対策部廃棄物対策課『日本の廃棄物処理』（2005年度版から2011年度版）を参照して作成[(99)]

(99)　2004年度版はリデュース・リサイクルともにベスト３のみの発表であり、それ以前については取り組み上位自治体についての記載はなかった。

らし、またリサイクル率を上げている点は評価に値する。

ただし、環境省の調査は３Ｒの取り組みを団体人口規模別に、10万人未満、10万人以上50万人未満、50万人以上の三つのクラスに分けて順位を表しているので、この表が示している数値・順位の評価には注意が必要である。一般的に、団体人口規模と３Ｒの取り組みは逆相関の関係があり、小金井市の人口がちょうど10万人強であることは10万人以上50万人未満のクラスでは有利に働く。上記のように、多摩地域は全体的にごみ減量に励んでいて、小金井市以外に複数の近隣自治体が上位10位入りしている。上位10位以内に入っている多摩地域の他の自治体、例えば、日野市（約18万人）、三鷹市（約18万人）、西東京市（約19万人）、調布市（約22万人）、府中市（約25万人）はすべて小金井市（約12万人）より人口が多い（2014年現在の人口）。

小金井市住民のごみ減量努力は認めることができるとしても、ごみ減量の努力が他の自治体へのごみ放出の免罪符にはなり得ない。ごみ非常事態宣言をして広域支援まで受けている自治体における住民のごみ減量は東京ごみ戦争がもたらした「自区内処理の原則」からして当然のこととして求められているのである。

（３）廃棄物焼却施設の所在地からみる「自区内処理の原則」と小金井市のごみ問題

このように小金井市のごみ問題を振りかえってみると、廃棄物焼却施設の建設をめぐる議論に「自区内処理の原則」が社会的・実体的規範として働いていたと言えるだろう。

既述の通り、二枚橋という市境における３市共同分担による自区内処理の均衡状態に亀裂を入れたのは小金井市議会の1985年議決であった。その後、調布市・府中市が各々他市との共同処理を選んで高いごみ処理コスト、建設コストを負担することにより「自区内処理の原則」を実現する中、小金井市が選んだのは市内への清掃工場の設置による同原則の貫徹であったが、その実現には、住民説得のための政治的コストがかかる。

その過程で、小金井市は国分寺市とタッグを組んで、二枚橋焼却場跡地・ジャノメミシン工場跡地の2ヶ所を新焼却施設建設候補地として挙げ、「自区内処理の原則」の実現を目指していた。しかし、住民参加による合意形成に失敗し、調布市・府中市との間で政治的協議が整わず、さらに国分寺市の処理施設のごみ処理量見積もりも誤り、小金井市の市内における「自区内処理の原則」の実現は苦境に立たされることとなった。その結果、小金井市は高いごみ処理費用を払うことを前提に、特定の相手との長期的契約を結ばない周辺自治体の広域支援を受けざるを得なくなった。この方策は、「自区」を定めずに処理先を転々とさせるもので、費用におけるペナルティを受ける上に、時限のものにすぎない不安定な方法ではあったが、ごみ処理のためにやむを得ないことでもあった。

しかし、2011年に稲葉市長に代わって当選した佐藤前市長が負担費用を「無駄遣い」と指摘したことによって、小金井市の住民からの支持は得られたものの、これまで小金井市のごみを受け入れてくれた近隣自治体の反発を呼ぶこととなった。小金井市は、すでに二枚橋焼却場跡地の取得が府中市と調布市の支持を得られないことは確定していて、国分寺市との共同処理という枠組みを見直すところまで追い込まれた。ついには、市長の交替(＝稲葉市長の返り咲き)という制裁を事実上近隣自治体から受けることになったのである。

以上のように、小金井市の事例から、「自区内処理の原則」という概念が、清掃工場の立地は自らの行政区域の下にあるべきと考えられ、それを貫徹させようとする住民や自治体の努力によって支えられてきたことは明らかである。また、公平な負担に関しては、用地を負担しない自治体が「自区内処理の原則」を貫徹させる対価として清掃工場の建設をめぐる費用を多く負担してきたという経緯を読み取ることができる。

しかし、現在、ごみの資源化・減量化が進み、ごみ量は減少している。「自区内処理の原則」に基づく費用負担をめぐる自治体同士の政治的取引が今後もこのまま維持されるか、ということについては疑問が残る。また、焼却施設は過剰化とともに老朽化が指摘されていて、自治体にとって自前または自区内に焼却施設を持つことはリスクを背負うことにもなる。特に、多摩地域のような人口減少とともにごみの資源化・減量化が進んでいるところでは、従来の「自区内処理の原則」による費用負担という政治的取引は成立しなくなるものと考えられる。小金井市のごみ問題は、「自区内処理の原則」に基づく費用負担はもちろん従来の広域処理のあり方に関する再検討を呼びかけている。

3．3市共同のごみ処理

再び、小金井市のごみ問題の経緯に戻ってみよう。2012年2月24日、調布市長は、二枚橋焼却場跡地の調布市所有分について、調布市独自の清掃関連施設の建設方針を表明した。これで、長年続いていた二枚橋焼却場跡地への小金井市の焼却施設の建設の試みは完全に途絶えることとなった。その流れを受け、稲葉市長は、二枚橋焼却場跡地の利用が困難になったため、国分寺市との共同処理計画を破棄するという旨を国分寺市に伝えた。国分寺市長と市議会は反発し、二枚橋焼却場跡地以外の敷地を選定するよう小金井市に要請した。小金井市と国分寺市との共同処理計画が頓挫する中、救いの手を伸べたのが当時東京都市長会会長でもあった日野市の馬場弘融市長であった。

（1）日野市の参入――小金井市・国分寺市・日野市の3市共同でのごみ処理

2012年11月30日、日野市の馬場市長は同市内に所在する日野クリーンセンターを小金井市・国分寺市と共同整備して、可燃ごみを共同処理する方針を日野市議会で報告した[(100)]。日野市の清掃工場（日野クリーンセンター）は老朽化が進んでいて、立川市との共同処理を試みたが話がまとまらず、結局従来

(100)　馬場市長は、本人が東京市長会の会長として在任していた時、東京都の仲介で小金井市・国分寺市から3市共同処理の話を聞き、会長として責任を感じ共同処理を行うことを決めたと説明している。

の施設があった場所で建て替えて単独処理を行う計画であった。そのため、3市共同処理による廃棄物処理広域化は、日野クリーンセンター近隣住民にとっては寝耳に水の話であった。他市からのごみの受け入れ反対署名活動が、施設近隣住民を中心にはじまり、瞬く間に市全域で広がった。住民の反発で行政の説明責任が問われる中、「広報ひの」には次のように3市の「共同処理（広域化）」の選択経緯が述べられている。

「市では平成21年3月に『日野市ごみ処理施設建設計画』を策定し、平成31年度中に新しいごみ処理施設を単独で稼働する計画を立てていました。そのような状況の中、平成24年4月、小金井市、国分寺市から日野市の建て替え計画に合わせ、可燃ゴミを一緒に処理させてほしい旨の申し出がありました」（4月15日付）

「それぞれの自治体で焼却処理（単独処理）していたものを集約し、複数の自治体で共同処理することで、費用がかかる高度な処理技術を導入することができます。これによってダイオキシン類などの発生を抑えたり、より多くの熱エネルギーを有効活用することができます。また、建設費や維持管理費を低減することで、ごみ処理の効率化を図ります」（6月15日付）

要するに、日野市当局は、共同処理（広域化）について、小金井市・国分寺市からの申し出によるもので、費用節約（建設費・維持管理費）[(101)]、高度の処理技術をもつ施設の建設による環境汚染防止（ダイオキシン等）、そしてエネルギー活用にもつながることから受け入れることにした、と理由を説明している。その最中に行われた日野市長選挙（2013年4月14日）は、小金井市のごみ受け入れに賛成を表明していた大坪冬彦氏（馬場市長の政策を引き継ぐ後継候補）が当選した。選挙後開催された新焼却施設の建設予定地であ

(101) 日野市単独処理の場合、処理施設の建設費総額約82億円（日野市約60億4千万円、国の補助金約21億6千万円）がかかる一方、3市共同処理の場合、建設費総額104億円で日野市の負担額は34億3千万円程度に抑えることができると説明している。維持管理費（20年稼働の場合）についても、日野市単独の場合、140億円がかかるが、3市共同の場合の日野市の負担額は84億円（総額176億円）がかかると想定している。ちなみに建設費・維持管理費の負担割合は、ごみ焼却量の比率から試算され、小金井市22%、国分寺市30%、日野市48%となっている。日野市ホームページ（http://www.city.hino.lg.jp/index.cfm/198,111827,314,2107,html、2014年4月1日閲覧）

る石田地区などを対象とする住民説明会では、「他市のごみをなぜ引き受けなければいけないのか」と３市の市長を批判する声が飛んだ。[102]

住民の反対の声が高まる中、大坪市長は、11月11日に開かれた建設予定地周辺の住民説明会で、「（耐用年数の）30年後に、共同処理を続ける場合は日野市以外に整備する。施設が永遠に残り続けるわけではない」と説明し、処理施設の建設費用負担で小金井市、国分寺市の割合を増やす合意の見通しも明かしている。また、12月市議会に、ごみ処理の広域化関連予算案（施設基本設計及び環境アセスメント）を提出している。そして、2014年１月16日、次のように「自区内処理の原則」にもとづくペナルティとして周辺環境整備費を小金井市と国分寺市が折半して負担する内容で、小金井市・国分寺市・日野市３市による覚書が締結され、ごみ処理の広域化計画が進められている。

1. 新施設の整備及び運営は、一部事務組合で行う
2. 稼働目標年度は、平成31年度中とする
3. 設置費用は構成団体が均等に負担する
4. 維持経費は、可燃ごみの量に応じて負担する
5. 周辺環境整備費は、国分寺市及び小金井市が均等に負担する
6. 稼働期間は30年として、次期の新施設は日野市の区域外を基本とする

（２）小金井、国分寺、日野３市共同処理の課題

３市共同の廃棄物の広域処理はどのような問題を抱えているだろうか。

まず、大坪市長の説明と覚書において「稼働期間は30年として、次期の新施設は日野市の区域外を基本とする」と述べていることが問題点の一つとして指摘できる。この問題の発端ともいえる小金井市の事例からすると、30年後も３市が続けて共同処理するかどうかはその時になってみないと分からない。廃棄物関連施設の建設をめぐる行政側の漠然とした楽観論は小金井市の轍を踏む危険がある。これまで繰り返し述べてきたように、人口減少・ごみ

（102）　東京新聞、前掲注（98）

の減量化が進む中、多摩地域における焼却施設の整備をめぐる構造にも変化が生じる可能性が高い。既に、焼却施設の過剰化で、燃やすごみの量が足りない事態が各地で発生している。国によって廃棄物を燃やすとき発生する熱エネルギーを回収して利用するサーマルリサイクルが推奨されていることから今後、ごみの「奪い合い」が起こる可能性も否定できない。

一連の動きを見ていると、大規模の焼却施設を持つということは立地自治体にとって高いリスクを背負うことにもつながるということに対する日野市当局の自覚は希薄である。これに関連して、3市共同処理は一部事務組合を設置して行うとしたが、第2章で取り上げたように2012年の地方自治法改正で、一部事務組合における構成団体の脱退手続が簡素化されたことも、施設の立地自治体にとってはマイナスとして働く可能性が高い。一部事務組合からの脱退を防ぐためには、立地自治体であるとはいえ、共同処理の相手方と利害得失を一致させながら協調していく必要性が増しているのである。このような事情を勘案すると、日野市当局が住民説明で言っているような費用節減という効果への期待よりもリスクの重さがのしかかっていると言える。

次に、3市共同の廃棄物処理施設の立地地域とその近隣住民との関係における問題点を指摘したい。3市共同処理は、施設の立地地域の住民の意向を抜きにした市当局レベルで進められた。一般的に、廃棄物関連施設を一度受け入れると、施設が老朽化した後も他の地域に移転することなく、そのままその地域が半永久的に受け皿になってしまうと言われている。密集化している都市部では他の候補地を探すことが難しいためである。その実態は二枚橋焼却場跡地の事例からも、そして今回の日野市の事例からも見ることができる。これに対し、日野市当局は3市の出資によって高度な処理施設を導入することで、ダイオキシン類の発生の抑制・熱エネルギーの有効な活用が可能になるとしていて、環境面においてもメリットがあると焼却施設近隣の住民に説明している[103]。

---

(103) 日野市ホームページ(http://www.city.hino.lg.jp/index.cfm/198,113601,314,2107,html、2014年4月1日閲覧)

しかし、日野市のごみ処理施設が所在する石田地区には、廃棄物焼却施設以外にも、し尿処理施設、下水処理施設、動物愛護相談センターがあり、いわゆる下流施設が集中していることに注目すべきである。市当局側の環境面におけるメリットという説明には、これらの施設が集中することによって、特定の狭い地域における環境汚染のリスクが高まり、施設近隣地域の住民の潜在的受苦を顕在化させる可能性がさらに高まるということが看過されている。第１章で述べたように、東京ごみ戦争からの「自区内処理の原則」は、「迷惑の公平な負担の原則」であることを発端としていることを考えると、日野市の下流施設の集中化は解決すべき課題である。

また、日野市ごみ処理施設建設計画によると、施設の規模は単独処理の場合の施設規模（146ｔ／日）より大規模化（290ｔ／日）している。小金井市と国分寺市がごみ処理施設から離れているため運搬のための道路などの整備や運搬車両による排ガス量も増加する見込みで、近隣住民が被る環境面や健康面におけるリスクは高くなると見ることが妥当である。廃棄物処理の広域化の問題とともに、下流施設の集中化によるリスクに関して日野市市当局は近隣住民に対する十分な説明責任を果たしていない。

（３）小金井市の事例から何を学ぶべきか

小金井市「ごみ非常事態宣言」をめぐる経緯の中で、最も重要な教訓は、廃棄物処理施設の立地問題について、住民の合意を醸成していくための説明と討議の過程に集約されている。ここまでにそのプロセスの詳細を検討してみて、小金井市当局の対応が及第点を取れていたとは言い難い。そのことが結局事態の深刻化を招いていったのだと結論づけられる。

広域処理を前提とするならば、共同処理の相手方自治体との協議による合意を得るプロセスが絶対に必要となる。しかしそれもまず「わがまち」の住民との間での議論が十分に行われ、住民の納得が醸成されてこそ可能となるはずである。市民検討委員会の議論過程から分かるように、小金井市は、住民への情報提供と説明責任を、他市との交渉事項であることを理由に拒絶した。

廃棄物処理の原責任者たる住民と処理主体たる小金井市との丁寧な納得を得るプロセスが軽んじられ、本来最も大切にされるべき自治を実らせられなかった。議会は1985年の「第二工場」決議を、「自区内処理の原則」を重んじる住民の声に応えて行ったにもかかわらず、この問題を解決するため政策を提議することと住民を説得することを怠った。すなわち、行政と議会の主体性の欠けた討議過程のまずさが今日の廃棄物処理問題まで引きずられているのである。

小金井市の事例において、「自区内処理の原則」は様々な場面で立ち現れていた。具体的には二枚橋衛生組合の処理施設立地点が3市にまたがっていたことから始まり、1985年の決議において「第二工場」が小金井市の自らの区域内に置くこととした点や多摩地域の広域支援体制等にも見られただろう。そしてこれらの具体的な仕組みは、自らの自治体で発生したごみは自らの責任の及ぶごみ処理施設で処理すべきであるという住民の規範意識に支えられていたのだと考えられる。そのような規範意識は、市当局と住民との討議過程をみても、また近隣自治体との合意形成過程でも失敗し続けてきた小金井市の顚末からも見て取れることであろう。東京ごみ戦争からの「自区内処理の原則」は現在進行中である。

4．清掃事業と交付金制度と自治体の自由度

清掃事業は市町村の自治事務とされているが、廃棄物関連施設の整備をみると国の方針が自治体の計画に大きく影響していることが分かる。当初の日野クリーンセンターの建て替え計画は、日野市単独処理を行うことを前提にしていたため、施設近隣住民も自らの地域で発生したごみであればやむを得ないと考えていた。しかし、2012年5月、当時東京都市長会の会長を務めていた馬場市長は東京都をはじめ小金井市と国分寺市から打診され、施設近隣住民に説明することもなく、3市のごみ共同処理の提案を受け入れた。

そして、翌年3月13日には、環境省の要求に従って、日野市単独処理から

ごみ処理広域化へと変更した「循環型社会形成推進地域計画」（以下、地域計画）と３市の覚書を環境省に提出している。[(104)] 日野市は「循環型社会形成推進交付金」を受けるため、この地域計画を環境省に提出していると説明している。[(105)] 以下では、清掃事業における自治体の自由度をしばる構造について、循環型社会形成推進交付金制度から考えてみたい。

循環型社会形成推進交付金は、三位一体改革により従来の廃棄物処理施設整備費補助金制度を廃止し、2005年に新設されたものである。環境省は、交付金について「廃棄物の３Ｒ（リデュース、リユース、リサイクル）を総合的に推進するため、市町村の自主性と創意工夫を生かしながら広域的かつ総合的に廃棄物処理・リサイクル施設の整備を推進することにより、循環型社会の形成を図る」ことを目的としていると述べている。

また、交付金要綱によると、対象となるのは「人口５万人以上又は面積400㎢以上の地域計画対象地域を構成する市町村及び当該市町村の委託を受けて一般廃棄物の処理を行う地方公共団体とする」としている。さらに、「沖縄県、離島地域、奄美群島、豪雪地域、半島地域、山村地域、過疎地域及び環境大臣が特に浄化槽整備が必要と認めた地域にある市町村を含む場合については人口又は面積にかかわらず対象とする」と例外措置を設けているが、可燃性廃棄物直接埋立施設をめぐっては**図表３－11**で分かるように沖縄県、離島地域、奄美群島のみが例外措置の対象になっている。

循環型社会形成推進交付金制度の清掃事業との関係における問題点は自治体の自由度という観点から考えることができる。自治体の自由度に関する問題は地方分権改革における大きな課題として認識されてきた（西尾2007：

（104）　小金井市の稲葉市長も市議会で「平成25年３月には、３市で可燃ごみの共同処理を進めていく旨の覚え書を添えて、東京都を通じて環境省に循環型社会形成推進地域計画を提出し、この間３市で協議を重ねてきた」と説明している。（小金井市議会第４定例会（2013年11月29日））

（105）　実際、環境省は「循環型社会形成推進交付金」に時限措置（2009年から2013年まで）を設けていて、この期間内に事業を開始すれば、通常１／３の交付額が、１／２まで引き上げられることにしている。日野市も財政負担が軽減されるため、2012年度中に循環型社会形成推進地域計画の変更申請をすることになったと説明している。

図表３－11　循環型社会形成推進交付金の交付対象事業（2014年現在）

交付対象事業	交付限度額を算出する場合の要件
１．マテリアルリサイクル推進施設	施設の新設、増設に要する費用
２．エネルギー回収推進施設	同　上
３．高効率ごみ発電施設	同　上
４．高効率原燃量回収施設 （平成23年度以前に着手し、平成24年度以降に継続して実施する場合又は当該施設に係る第18項の事業を平成23年度に実施している場合に限る）	同　上
５．有機性廃棄物リサイクル推進施設	同　上
６．最終処分場 （可燃性廃棄物の直接埋立施設を除く）	同　上
７．最終処分場再生事業	事業に要する費用
８．エネルギー回収能力増強事業	同　上
９．廃棄物処理施設の基幹的設備改良事業 （交付率１／３）	同　上
10．廃棄物処理施設の基幹的設備改良事業 （交付率１／２）	同　上
11．漂流・漂着ごみ処理施設	施設の新設、増設に要する費用
12．コミュニティ・プラント	同　上
13．浄化槽設備整備事業	事業に要する費用
14．浄化槽市町村整備推進事業	同　上
15．廃棄物処理施設基幹的設備改造 （沖縄県のみ交付対象）	設置後原則として７年以上経過した機械及び装備等で老朽化その他やむを得ない事由により損傷又はその機能が低下したものについて、原則として当初に計画した能力にまで回復させる改造に係る事業に要する費用
16．可燃性廃棄物直接埋立施設 （沖縄県、離島地域、奄美群島のみ交付対象）	施設の新設、増設に要する費用
17．焼却施設 （熱回収を行わない施設に限る。沖縄県、離島地域、奄美群島のみ交付対象）	同　上
18．施設整備に関する計画支援事業	廃棄物の処理施設整備事業実施のために必要な調査、計画、測量、設計、試験及び周辺環境調査等に要する費用
19．廃棄物処理施設における長寿命化計画策定支援事業	廃棄物処理施設における長寿命化計画の策定のために必要な調査等に要する費用

出典　循環型社会形成推進交付金交付要綱

114-164)。[106] しかし、自治体の事務は、依然として政令・省令・告示・指導基準・技術的助言・補助負担金の交付要領などの細かい規律を受けていて、規律密度の高さが自治体の自由な事務の展開を阻む要因となっている（宮脇2007)。地方分権改革後、法律に基づく計画策定の努力義務等が増加して自治体の業務負担が増していると指摘される（今井2018)。また増加する業務量に見合う十分な財政措置がないことも問題として挙げられている。さらにこの流れは、自治体が市民目線を中心に計画を策定するより、国の方針に従うように仕向けていることを警戒すべきであろう。

清掃事業は自治体の事務であり、どのように処理するのかというのも各々の自治体の判断に任せている。その一方、従来から、自治体の廃棄物処理関連施設の建設は莫大な資金が必要であり、国からの補助金で自治体の財政的な負担を軽減してきた。この補助金について自治体から使い勝手が悪いという指摘があり、国から地方への強制が比較的弱い交付金に制度を変更するようになり、**図表３－11**のように廃棄物処理施設に関しても、交付金を創設したところである。

しかし、要綱（2014年現在）からすると、この交付金も「広域的かつ総合的な廃棄物処理施設の整備」をその目的としていながらも、市町村の自主性と創意工夫を生かした選択肢を妨げている。例えば、この交付金の規模に関する要件は上記の通り、「人口５万人以上又は面積400㎢以上」の市町村・一部事務組合・広域連合だけである。その結果、この人口・面積要件によると、最初から交付対象にならない自治体が存在している。[107]

---

(106)　西尾氏は、機関委任事務の廃止等による地方分権改革を目指した第一次分権改革に残された課題の一つとして法律等による義務付け、枠付けを緩和することを指摘している。また、「第一次分権改革によって通達通知の法的拘束力を剝奪したが、日本ではこれら通達通知の背後にある法令等（法律、政令、省令、告示）自体の規定が詳細をきわめていて、このことが自治体の権能の拡大を妨げている」として、この課題についての世論の支持を得ようとすれば、個別法令の体系ごとに詳細な点検を行う必要があると加えている。

(107)　奈良県の場合、交付金の交付対象となる要件を満たしていない県内の市町村が約６割を占める。奈良県の提案要望（提案要望先：環境省）「循環型社会形成推進交付金制度の拡充」(2013年11月)

これらの自治体の場合、既存施設の延命化のため基幹改良を行おうとしても、規模要件を満たしていないため交付対象になれない。また、廃棄物焼却施設の解体撤去についても、2014年現在の交付要綱では解体撤去費用は跡地に新施設を整備する場合のみ交付対象となるため、他の場所を選ぶことを妨げる。多くの自治体が同じ場所に廃棄物焼却施設を建てる理由は用地獲得の難しさはもちろん財政的な要因も大きく作用しているのである。さらに、この交付金は広域処理という目標達成にも不十分な制度設計になっている。例えば、広域化による運搬過程で必要となる廃棄物運搬中継・中間処理施設の整備について触れておらず、清掃事業の実態を踏まえていない[(108)]。自治体の清掃事業という現場を知らない国の制度づくりの限界とも言える。

５．この章のまとめ――ごみ問題における合意形成

2014年現在、小金井市・国分寺市・日野市の広域処理は施設近隣の住民の意向を置き去りにして着々と進められている。３市の廃棄物共同ごみ処理の受け皿となる一部事務組合には住民参加の形骸化の可能性が潜んでいる。

日野市における３市共同処理のための廃棄物処理施設の建設状況を小金井市の市報は伝えていない。受け入れ先でどのようにもめていて、今後小金井市がどのような責任・負担を負うことになるのかに関する小金井市当局側の住民への説明はなく、議会における特別委員会も活動を中止した。ごみの共同処理というのであれば、共同で行うための情報提供・意識共有・信頼構築という過程が必要であるはずだが、住民同士で信頼を構築できる情報提供は不十分なままである。わがまちのごみ問題であるのに、その建設をめぐる情報は全国紙以外から得られない。

一方で、焼却施設を受け入れる近隣地域の住民は市当局側の一方的な建設

(108) 2024年現在の交付要綱では、廃棄物運搬中継施設の整備が交付金対象となっていて制度の改善が見られる。環境省「循環型社会形成推進交付金交付要綱」(https://www.env.go.jp/recycle/waste/３r_network/２_koufu/koufu_youkou.pdf、2024年３月30日閲覧)

推進による不安と怒りだけが残る。そして、30年後、同規模の施設を他の場所で探すことはもっと難しくなる。大規模にすればするほど、次の施設更新時に移転先を探すことは難しく、不透明な政策形成過程による不安は次の移転でも候補地となる近隣地域住民の反対運動につながる禍根を残す。

ごみ問題の本質は、民主的な手続きによって住民と行政・議会との間における合意を形成していく過程にあり、そしてその結果を共に支え、自己決定を受け入れていくことにある。自区内処理をしたから自治体の責任を全うできるということではない。住民の合意を得ない、市当局の一方的な決定による自区内処理は多くの問題を孕んでいるためである。「自区内処理の原則」は、住民・行政・議会がそれを前提として責任と負担のあり方を考えるべきであるという規範論であり、清掃事業をめぐる重要な概念でもある。

しかし、「自区内処理の原則」は、住民の合意への方法論まで包含するものではない。どうやって住民の合意を得るかは各々の自治体の課題である。たとえ「自区内処理の原則」に基づいて自らの地域内に廃棄物処理施設を設置したとしても、そこには一つの自治体の中に他の地域より重い負担を背負うことになる施設近隣住民と、そうではない住民とが併存する状況を生み出す。施設近隣住民らにとってみれば、「自区内処理の原則」は当然のこととして受け入れていると言っても、なぜ自分たちの地域でなければならないのか、という疑念は依然残る。自治体の行政区域のなかには、もっと小さなコミュニティレベルの「自区」が存在しているのである。そのため、市当局は立地地域に関するありとあらゆる情報を住民に提供し、住民の疑念を払う議論を重ね合意を形成するために努力していく責任があるのである。これこそ、自己決定のための前提作業であると言えよう。

区域と主体を結びつける意味でも「自区内処理の原則」は重要である。しかしより重要なのはこの原則を基にして住民の合意を形成し、その結果として自己決定をすること、それによって問題が発生した場合でも自己責任として住民が受け入れるという、自治のプロセスにおける住民自治のあり方そのものである。東京「ごみ戦争」と小金井市「ごみ非常事態宣言」の二つの事例は、清掃事業は住民が主体として民主主義の原体験を重ねてきていて、廃棄物処理が行政の事務にされた後も自治の実践としての側面から完全には切り離されていないのだ、という事実を示した。その中で生まれた「自区内処理の原則」とは、本章で取り上げた小金井市のごみ問題が示すように原責任者と処理主体を結びつける道具として機能し、ときに自治体間の外交の産物としての構造を築きながら住民の間に規範概念として根付き、広がりを持って現在に至っている。今日のごみ問題を考える上で、「自区内処理の原則」は、私達に自治の責任の重みを突き付けている。

補論：3市共同ごみ処理のその後

2022年9月8日、日野市における北川原公園予定地のごみ搬入路整備に関する住民訴訟について、最高裁判所は北川原公園内に廃棄物運搬車両専用の道路を設置したのは都市計画法違反であり、市に損害を与えたとして市長個人に約2.5億円の賠償を命じる判決を行った。この判決の発端が、日野市・国分寺市・小金井市の3市共同ごみ処理であったことは言うまでもない。以下、本章の補論として市側敗訴までの経緯から、3市共同ごみ処理決定後のごみ処理と住民自治について考察することにしたい。

（1）3市共同ごみ処理と直接請求

2013年に日野市長選で馬場前市長の3市共同ごみ処理―廃棄物処理の広域化方針を引き継ぐ大坪氏が新市長として当選して以来、行政当局は着々と3市共同の枠組みでのごみ処理へ向けての準備を進めていた。一方で、施設近隣住民への説明と合意形成は必ずしも十分とは言えず、行政中心に進められた3市共同ごみ処理に対する反対運動が起きた。そして、住民の不信感は、2015年1月に市内在住住民による1万超の署名を添えてのごみ処理広域化計画の白紙撤回を求める事務監査請求として現れた。監査の結果は、請求者からの監査請求について請求の理由なしとして市の主張が認められるものだったが、「本事業における住民との合意形成過程が十分とは言えなかったこと、本請求の有効署名数が10,872筆にのぼって、必要署名数の3.7倍にも達したという事実に関して、市はごみ処理広域化計画の進め方について、真摯に反省しなければならない」と指摘した（日野市監査委員2015）。

上記の事務監査結果を不服とした住民側は、2015年3月末日に住民監査請求を行った。ごみ処理建設基本設計書に対する支出行為の不当・違法の確認を求めるとともに、ごみ処理広域化計画推進行為を停止する措置を講ずるためだという。また請求の理由として、ごみ処理広域化計画の条件とされる「周辺住民の理解」が得られていないこと、市民参加がまったくなされていないこと、そしてごみ処理施設建設基本業務委託計画に会計上の問題があること、の３点が挙げられた。監査結果は、「計画期間末日において、成果品（基本設計書）の納品がないにもかかわらず、基本設計書の最終原稿を成果品とし、業務完了とみなしたことについて、それができる理由は見当たらず、契約代金（残代金）の支払いに係る一連の事務手続き及び会計処理は（法令に反し）、不当であるが、成果品（基本設計書）の納品が、納期の遅れはあったものの成されていることから、契約金額（残金）の支払いが不適切であったことに伴って、市に具体的な損害が発生している事実は認められない」とした（日野市監査委員2015）。

事務監査請求と住民監査請求は両方ともに日野市監査委員による監査で棄却という結果になったものの、上述の通り監査の内容からすると、住民参加と住民との合意形成過程の不十分さ、ごみ処理建設基本設計に関する手続き上の落度を指摘していることが確認できる。この時点で、日野市当局は請求を行った住民の意思と監査委員からの指摘を重く受け止めていったん立ち止まってしかるべきであったが、その後も市当局は請求が棄却であったとの監査結果に基づき、住民と向き合うことなく計画を進めていた。

（２）司法の判断にゆだねられた３市共同ごみ処理の手続き

一方、棄却という住民監査請求結果を不服とした住民側（以下、原告）は、2016年10月に議論の場を住民訴訟に移した。原告側の主張は、主に以下の通りである。

- 都市計画の変更手続きをしないでごみ搬入路を設置することは都市計画法違反である
- 市長の裁量権を逸脱するので公金の支出は違法である
- 北川原公園は迷惑施設が集中する地域住民に感謝の意をこめて地域の環境改善のためにつくられた施設である
- ごみ搬入路は環境をよくしようとする公園機能と両立しない

原則側の主張からすると、この裁判は、都市計画を変更せずに北川原公園内にごみ搬入路を設置したのが都市計画法違反である点が焦点になっている。

３点目はこの場所をめぐる住民と行政との約束事の経緯に関係する。この裁判の対象になっている場所（日野市石田地区）は、1959年から日野市衛生処理場（1985年に「日野市クリーンセンター」へ名称変更）が設置されごみ焼却とし尿処理を行っていた。その20年後、同地区は1979年に下水道施設（以下、「浅川水再生センター」、東京都管轄の汚水処理施設）も受けいれることになった。浅川水再生センター用地は、1961年から北川原緑地として都市計画決定されていたが、東京都の流域下水道施設として都市計画上位置付けられることになったのである。

当時の日野市長は、複数の迷惑施設の受け皿となる地域の地元住民の理解を得るべく、地元への感謝の気持ちを込めて、環境改善のために公園整備を進めた。緑地の廃止の代わりに、この地域の環境改善のため北川原公園の整備を計画し、市は2006年までに国道20号バイパス上流側用地の取得を完了し、2018年９月から公園として供用が開始したところである。しかし、３市共同ごみ処理のためのごみ収集車をクリーンセンターへ通行させるため整備した北川原公園用地内の「クリーンセンター専用路」（ごみ搬入路＝多摩川側道路）部分は供用から除かれていた。

（３）ごみ搬入路（＝多摩川側道路）とは？

では、ごみ搬入路（＝多摩川側道路）はどのように議論されてきたのか。

日野市の老朽化したごみ焼却施設の建て替えについて、日野市は2005年１月に行った住民説明会で、既存の場所における市単独のごみ処理施設の建て替え案件として説明していた。その際、地元住民から構成される「日野市クリーンセンター地元環境対策委員会」から、「一般廃棄物の搬入・運搬路については、多摩川側道路を使用し、出入口も多摩川側を使用されたい」という要望書（同年３月）が出された。そのため市は施設の建て替えにおいて地

図3－12 北川原公園、ごみ搬入路及び周辺の状況

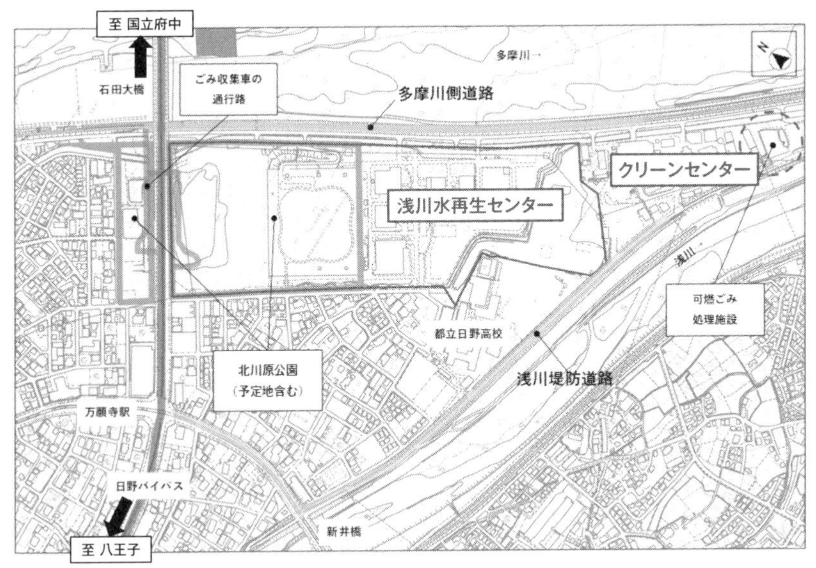

出典 日野市（2023）「北川原公園ごみ搬入路説明会」資料

元住民の理解と協力を得るためにごみ搬入路を浅川側道路から多摩川側道路へ変更することを決めた。[109]

一方で、2008年に東京都から立川市との共同処理の打診を受けた日野市は、クリーンセンター地元環境対策委員会に立川市とのごみ共同処理について報告し、地元の自治会に回覧を回した。たちまち共同処理に対する反対運動がおこり、翌年4月に市長選を控えて、広域化に否定的な候補者を擁立する動きが見えると、市は立川市のごみ減量の遅れを理由に、共同処理計画を白紙とし、市単独でごみ焼却施設を既存の場所に建て替える方針へ戻した経緯がある。[110]

---

(109) 日野市（2008）「北川原公園基本計画」、同市（2009）「日野市ごみ処理施設建設計画報告書」

(110) 服部美佐子（2015）「新たな広域化を進める東京都日野市、小金井市、国分寺市（上）」『環境技術会誌』第161号

ところが、前節までに見てきた小金井市の不始末に端を発する2014年3月の3市共同ごみ処理決定により、日野市単独という範囲をはるかに超え、隣の自治体である国立市の先にある国分寺市と小金井市からのごみを受け入れることになった。日野市は3市共同処理に合意してから新たなごみ焼却施設へのごみ搬入路について多摩川側道路を採用することを決定し、国道20号バイパスと多摩川側道路を連絡するごみ搬入路として北川原公園予定地内にごみ運搬車両占用道路を整備した。この道路こそが訴訟の対象となる道路である。

この道路は、3市のごみ運搬車両が月曜日から金曜日までの午前8時半から午後4時半まで（ただし、午前11時半から午後1時までの時間を除く）の時間帯に1時間当たり36台の頻度での走行が予想された。3市共同ごみ処理によるごみ運搬車両が増えるので、市単独処理を前提とした浅川側道路から多摩川側道路へのごみ搬入路の変更は、以前の計画とは大きく事情が変わっている。日野市当局はこの点について十分に認識して住民との合意形成過程にはより注意を払い慎重であるべきであった。とりわけ、2005年現在の多摩川側道路へのごみ搬入路の変更は、あくまでも「日野市単独のごみ処理」（＝自区内処理の原則）という周辺住民の苦渋の合意が前提にあり、旧施設の跡地をそのまま利用することになったことへの市側の譲歩でもあったはずであった。その道路を今度は他市からのごみ搬入に用いようとするのは、住民感情を逆なでするものであろう。

また、ごみ搬入路については、①道路を都市計画公園内域から除外する公園内域除外案、②ごみ搬入専用路とする専用路案、③公園と道路の効用を兼ねる兼用工作物案の3つの選択肢があったという。日野市は、3つの選択肢の中で、道路と同じ面積の公園の代替地を確保できないことから①をあきらめ、助言を求めた都や国土交通省の見解のずれから②と③で二転三転した後、最終的に③と決めたとされる。[111]

(111)　日野市白井なおこ議員ホームページ（https://shirai.seikatsusha.me/blog/2022/10/31/3617/、2022年11月20日閲覧）

（4）住民訴訟の行方――市長の謝罪と市議会の対応、そして原告側との和解

以上のような経緯から2017年9月28日に住民訴訟が提起され、市は一審（2020年11月12日）と二審（2021年12月15日）とともに敗訴し、その後上告したものの最高裁で市の上告不受理となり、2022年9月8日に判決が確定した。判決の主な内容は市側全面敗訴で、通行路はごみ運搬車の通行路で公園の効用を有するものとは言い難い、通行路の30年間の使用は暫定的な利用とは言えない、通行路の設置は都市計画の実施的な変更と評価すべき、とされた。判決後、日野市当局は「立ち止まって検討するべき時期があったが、3市のごみを溢れさせてはならないとの思いから前へ進めたこと」を反省し、地方自治の本旨、住民自治のあり方、市民参画のあり方という問題に大きくかかわるものとして受け止めていると述べている[112]。

では、裁判の判決により大坪市長個人に課せられた2億5千万円はどうなったのか。住民訴訟による損害賠償請求権の放棄については、議会の議決によることとされていて、地方自治法は条例の中で権利放棄ができる場合を規定することを求めている。しかし、日野市にはこのような条例が制定されていなかった。そんな中、市当局は債権について全額放棄する議案を議会に提出し、その理由として「ごみ運搬路の整備契約は住民の安全安心の確保と住環境の保全を守るため」であり、市長個人に「不当な利益を得る目的はなくかつ現に不法な利益を得ていない」ことを挙げた。日野市議会は、臨時議会を招集し、債権放棄の是非を審議する特別委員会で監査委員の意見を聞くなど議論の末、債権放棄を全会一致で可決している。そして臨時議会最終日に市長は報酬年額相当、副市長は30％カットを半年という内容の給与に関する条例改正が追加議案として上程され、この条例案も全会一致で可決された。

（112） 日野市（2023）「北川原公園ごみ搬入路説明会」資料（https://www.city.hino.lg.jp/_res/projects/default_project/_page_/001/024/397/haihusiryou1.pdf 2023年9月10日閲覧）

この件はこれでひとまず決着とされた。

日野市における住民訴訟の動きについては、二元代表制を導入している以上、議会の責任も問われなければならない。市議会は債権放棄をめぐって「債権の放棄に伴う議会責任の関する緊急決議」（2022年10月28日）を出し、「都市計画法上違法と司法により示された本事件に関しては、市議会における議決を経て進められたものであり、市議会としての責任を重く受け止めなければならない。二元代表制として、市議会が市長に対して相互抑制と均衡の関係性を保ちながら十分に責任を果たしていくためには、今回の事案を契機とした更なる議会のチェック機能の向上が求められる」と述べている。

以上のように、日野市における３市共同ごみ処理から起因する住民訴訟では、再びごみ問題から地方自治、住民自治、そして市民参画のあり方が問われた。住民訴訟の判決が出てから、市長による原告団への謝罪があり、原告団と市は以下の通り合意をしている。

１．北川原公園が都市計画決定された歴史的経緯から、同公園の早期実現と公園外へのごみ搬入路の設置が求められていることを踏まえ、技術的、財政的な問題も含めてあらゆる方策を検討する。広く市民（原告団を含む)、研究者、専門家などを募り、市民参加、住民合意のもとに検討をすすめる。

２．新可燃ごみ処理施設の計画・建設過程において、行政に対する不信感、住民同士の意見対立を招いたことを市長として深く反省し、日野市から「概ね30年間で撤退」する日野市・国分寺市・小金井市３市覚書を再確認し、すみやかに協議を開始する。

３．脱焼却を含めたごみゼロ社会の実現を目指し、「30年間で撤退」することを市民と共有し、市民参加で抜本的なごみ減量の取り組みをすすめる。

４．市長は、確定した判決の内容、及び上記各項の合意に基づく日野市の方針を国分寺市、小金井市、浅川清流環境組合に報告し、理解と協力を求める。市長は、国分寺市、小金井市、浅川清流環境組合に対して判決および合意の内容などを、原告団とともに直接報告する機会をつくる。

４つの項目すべてが難題なのは誰の目から見ても明らかである。この約束は今後の日野市、ひいては多摩地域にとって桎梏となっていくだろう。これこそ、地方自治がらせん状の積み重ねの上に築かれ、その重みが決して消えることはない所以である。

小金井市の事例と日野市の事例とみると、両方ともに行政主導の体質で、本来であればこのような行政をチェックすべき議会も対応が遅れたことにより、大きな代償を払うことになったという点では共通している。一方で、一部事務組合によるごみの広域処理が進行しているなかでも、ごみ処理においては依然として「自区内処理の原則」という規範が住民に根強く定着していること、自治体が共同でごみ処理を行うための施設の建設においてはその立地選定のみならず、すべてのごみ処理関連の合意形成過程においてこの原則が生きていることに注意する必要がある。

日野市は、2024年現在、原告団、そして施設周辺住民とともに、北川原公園ごみ搬入路のあり方に関する議論を重ねている。いったん損なわれた行政に関する住民の信頼をどのように取り戻せるのか、住民参画の新たな枠組みをどのように形成していくのか。多摩というごみ問題先進地における小金井市・国分寺市・日野市の３市共同ごみ処理の行方は新たな傷跡を背負いながら前進している。

第二部　区域を超えるごみ問題

第4章　「漂着ごみ」に見る古くて新しい公共の問題

はじめに

第二部では、第一部で論じてきた廃棄物処理のスキームが近年いくつもの挑戦を受けていることを扱う。

本章でいう公共の問題とは、個々人の力で解決できない問題であるため、住民、企業、そして行政など様々なアクターの協力による解決が求められるものを指している。公共の問題が公共性に基づいて解決されるためには、各関連アクターが自ら解決すべき課題であるということを認める必要がある。その方が迅速かつ効率的に課題の改善に取り組むことができるからである。

しかし、社会的要請がある公共の問題であってもその解決は簡単ではなく、ときには関連アクターが問題について公共性を認めないケースが生じる。その場合、アクター間における合意形成のための民主主義のコストが必要とされる。また問題解決に時間がかかる場合、その間も問題がさらに悪化するという点に注目する必要がある。

本章で扱う漂着ごみは、主に自治体の海岸に漂いついて散乱しているごみを指すものであるが、そのほかにも海面や海中、そして海底にもごみが堆積していることが明らかになっている。特に、マイクロプラスチックごみは海洋生態系を脅かすものとして注目を集めている。本章では、古くからの公共の課題であり、その問題解決のためには関連アクターの協働が必要であったにも関わらず、漂着ごみが長期にわたって自治体任せになっていた構造について、既存の廃棄物処理の枠組みとの関係から考察する。

漂着ごみ問題は決して新しい公共課題ではなく、これが発生している自治体では喫緊の課題でありながら、関連のアクター間における問題解決のための問題意識の共有・合意形成にまで時間がかかった事例の一つである。この問題の根底には、日本において廃棄物問題が下流政策として取り込まれてきたこと、廃棄物処理問題を主に市町村だけの課題としてきたこと等、従来の政策過程における落とし穴がある。このような問題意識に基づき、本章では、前半においては対馬における問題を事例に、漂着ごみをめぐるこれまでの市民活動団体の奮闘、自治体の苦悩、国の責任、そして国際的な協力のあり方を考察し、後半ではより発生源に近い問題として近年のプラスチックごみ対策と自治体の観点からみる課題を整理する。

1．漂着ごみに見る古くて新しい公共の課題

（1）　対馬の漂着ごみ問題

対馬は九州と韓国の間の玄海灘に浮かぶ面積708.66㎢の島である。九州の福岡までは132㎞離れているのに対し、韓国の釜山市までは49㎞しか離れておらず、晴れた日は釜山の街並みが見渡せる、国境の島である。現在の対馬市は、2004年３月に６つの町（厳原町、美津島町、豊玉町、峰町、上県町、上対馬町）が合併したことにより、一島一市化した。1960年から始まった若年層の島外流出による人口減少、それによる高齢化率の伸び、2000年度から導入された介護保険制度、ダイオキシン問題によるごみ処理施設の広域化、そして国の市町村合併推進の動きに伴って国からの補助金・地方交付税に依存してきた６町の財政課題がその厳しさを増すことが予想されたことなど、行政のスリム化や財政改善を理由に、６町は合併の道を選んだとされる。[(113)]

（ｉ）対馬市を襲う漂着ごみと行政対応の限界

長年対馬市を悩ませ続けてきたごみ問題が、本章で取り上げる漂着ごみで

(113)　合併時のねらいとは裏腹に、合併当時約４万１千人いた人口は、2024年３月現在27,416人となり、20年間で約４割減少している。また1985年の高齢化率は12.0%だったが、2021年３月には37.9%で、長崎県や全国平均の高齢化率（各々33.6%、29.1%）に比べ早いペースで高齢化が進んでいる。

ある。日本海沿岸や東シナ海沿岸では、日本語のみならず簡体字やハングル、さらにロシア語で商品名が印字されたごみが漂着し、その処理問題を抱えてきた。

対馬で漂着ごみが目立つようになったのは平成に入ってからだという。昔から海を流れてくるごみはあったが、台風などの自然災害によるものが多く、その量はそれほど多くなかったという。こういったごみは、浜辺掃除の際に住民によって海岸で焼かれ、処理に困ることはなかった（2000年廃棄物処理法改正以降、野焼きは禁止されている）。しかし、韓国や中国の経済発展にともない、年々漂着ごみの量が多くなり、ときに使用済みの注射器やガスボンベ等の危険物も含まれているため、島はその処理に窮していた。漂着ごみの中には、日本国内由来のものもあるが、約6割は海外由来のものであり、市レベルで解決できる問題ではなくなっていた。

漂着ごみには、海水分を含んでいる発泡スチロールなどの軽いプラスチック類が多く含まれている。しかし、塩分や水分を多く含んでいるごみをそのまま廃棄物焼却炉に投入すると、廃棄物焼却炉の表面を傷つける危険があり、また焼却炉の温度調節も難しくなる。このような理由で漂着ごみの処理は、塩分や水分の量に影響されない高性能の廃棄物焼却施設を必要とする。対馬市の場合、高性能焼却施設を一基持っている。

しかし、廃棄物焼却施設が漂着ごみを燃やしたことで故障してしまうと、離島という地理的状況から、島全体の廃棄物処理に支障が生じる恐れがある。市の廃棄物処理担当者は、故障復旧にかかる費用やごみ収集の停止によって住民が被る不便を考えると、気軽に漂着ごみを島内で処理するわけにはいかないと説明する。やむを得ず、漂着ごみの大部分は海上運送を通じて北九州のエコタウン(114)で処理してきた。

ところが、このように漂着ごみを安全に処理しようとすれば、その費用は

(114)　エコタウンとは、あらゆる廃棄物を他の産業分野の原料として活用し、最終的に廃棄物をゼロにすること（ゼロ・エミッション）を目指す北九州市の政策によって建設された企業団地である。

莫大になる。例えば、2008年に市は500㎥の漂着ごみを処理したが、運搬費用は８㎥コンテナ当たり７万円程度で約450万円の処理費用がかかったという。もちろん、この処理量は島にある漂着ごみの一部にしかすぎない。市の担当者は、島全体の漂着ごみを処理するための費用を市が用意するのは困難なので住民や市民団体等が漂着ごみを収集してくれるのはありがたいことだが、その処理費用がないため全てを処理することができず、放置せざるを得ないのが悩みであると話す。

（ⅱ）対馬市の漂着ごみ問題に取組む地元のNPO活動と壁

対馬における漂着ごみ問題の取組みが本格的に行われたのは2001年からである。長崎県が実施した「県不法投棄物等撤去事業」が、対馬でも行われるようになったためである。日本では昔からわがまちのごみは住民たちが集まって共同で掃除を行ってきた慣習があるが、対馬市でも古くから住民がまちの清掃に関わってきた。その上、対馬市では、漂着ごみの収集を行うため、2007年から島の有志が集まって特定非営利活動法人「対馬の底力」を立ち上げ、活動を行っている。

「対馬の底力」の代表である長瀬勉氏は、平成になってから漂着ごみが目立つようになり、この調子でごみが増え続けると、この島で生まれ育った自分達が享受してきた自然の恵みを将来世代に残すことができなくなるかも知れないという危機意識から、「自分達の島は自分達の力で綺麗に守っていこう」を合言葉に仲間を集めたという。「対馬の魅力ある美しい海を取り戻そう、環境美化と島民の生活に少しでも寄与できるよう清掃活動を通じて、環境の大切さを訴えていきたい」、というのが活動の目標である。長瀬氏の呼掛けに20人余りの地域住民が集まった。

「対馬の底力」設立当初、メンバーらはごみ袋を買って海岸の漂着ごみを収集しさえすれば、当然行政がごみを引き受け処理してくれると考えていた。しかし、市からは予算と廃棄物処理施設の限界を理由に、県からは漂着ごみは一般廃棄物であるため県の所管事務ではないという理由から、収集した漂着ごみの引き取りを断られてしまった。その上、漂着ごみの保管場所に関する相談を県に持ちかけたところ、「自分達が集めたものだから、ストックヤードでも作って自分達の手でなんとかするように」と言われたという。そこで、長瀬氏は、自分が経営している産業廃棄物処理場の一角にストックヤードをつくって、そこに「対馬の底力」のメンバーや地元の住民、そして日韓の大学生たちが集めた漂着ごみを溜めておくことにした。

これでしばらく行政側の様子を見ていこうと考えていた長瀬氏らだったが、ある日長崎県の担当職員から呼び出され、「漂着ごみは一般廃棄物だから産業廃棄物処理場に置くのは違法だ。このまま置き続けるのであれば、産業廃棄物処理場の許可を取り消す」と告げられた。ただ島を綺麗にしたい、自然を守りたいだけなのに、なんでこんな思いをしなければならないだろう。活動そのものに自信をなくしてしまったと長瀬氏は当時の気持ちを打ち明ける。

（2）漂着ごみをめぐる法システム

（ⅰ）政府間関係における曖昧な処理責任

①法制上の処理責任

先述した対馬の漂着ごみ問題は2009年「美しく豊かな自然を保護するための海岸における良好な景観及び環境の保全に係る海岸漂着物等の処理等の推進に関する法律」（法律第82号、以下、海岸漂着物処理推進法）が制定される前の様子である。では、漂着ごみの処理責任が明確にされておらず、しかもわがまちを綺麗にしたいため漂着ごみを収集したNPOの活動に処理責任までを負わせる、歪な状態がなぜ発生していたのか。

廃棄物処理の根幹法である廃棄物処理法は、市町村の一般廃棄物処理の事務範囲を当該区域（＝自治体の領域）においてその住民が出したごみ（＝一般廃棄物）に限っていて、その処理を住民にもっとも身近な政府である市町村の責任と定めている。また、海岸法によると、海岸保全区域に関する管理については都道府県が「海岸管理者」として位置づけられ（第５条）、海岸に関する総括的な管理責任を負うことになっている。しかし、廃棄物処理法と海岸法ともに漂着ごみに関する明確な規定がない。そのため、漂着ごみのうち特別管理廃棄物（所有者が特定でき、その所有者が責任をもって廃棄すべき物、例えばエアコン・冷蔵庫等の廃家電や注射器等の医療系廃棄物等）に該当するもの以外は、そのほとんどが一般廃棄物と見なされてきたのである。

こうして法のすきまに陥った漂着ごみは、関係省庁や県からの補助金と一般財源を用いながら市町村がやむをえず当該区域における特に海岸を中心とする漂着ごみの処理を行ってきた。しかし、廃棄物処理施設を持たない島嶼部では、前述の通り島外への運搬費用が莫大になっていて、当該区域に漂着ごみが散乱していてもすぐに対応できないのが実態である。また対馬市のように廃棄物焼却施設をもっている島であっても、先述した通り漂着ごみの性状による自前の施設の故障を恐れ、その大半を島外の施設に送っており、漂着ごみの処理費用が膨らむ一方であった。

②県の取組みと限界

漂着ごみ問題を抱えていた市町村はこの問題への対策を県へ求めた。しかし、県としても予算・人員等の制約からこの問題をもてあますばかりであった。特に漂着ごみ問題に悩まされている市町村を多く抱えている長崎県は、こうした市町村からの訴えを受けて、「回収・運搬・処分に係る財政支援措置の創設、処理体制の確立、国際協力体制の構築等」を国へ要望してきた。[115]

また、長崎県では県議会においても、2008年３月の定例会で「漂流・漂着ごみの対策に関する意見書」を可決し、「①漂流・漂着ごみ削減のための国際協力体制の構築及び効果的な発生対策の実施、②漂流・漂着ごみの処理体制の確立、③漂流漂着ごみの回収・運搬・処分に係る抜本的な財政支援措置の創設」の要望を国へ提出している。

③国の取組み――縦割り行政の限界

一方、国レベルの漂着・漂流ごみに関する調査が最初に行われたのは、

---

(115)　環境省主催で開かれた漂流・漂着ゴミに係る国内削減方策モデル調査地域検討会の参考資料「長崎県の漂流・漂着ごみ対策について」(2007年８月31日)。

1999年海上保安庁が行った「日本海沿岸への廃ポリタンクの漂着状況について」であった。翌2000年には、農林水産省・水産庁・国土交通省が「海岸漂着ごみ実態把握調査」を行っている。この結果、九州地方や日本海沿岸などの付近に漂着ごみが広く散乱していることが明らかになった。しかし、このときの調査結果がすぐに対策の構築につながることはなかった。

このような国の無策状態に対し、関連市町村や市民活動団体等からの要望が続いた。[116] この動きに押され、2006年になって政府は、関係省庁会議を設置して国レベルで漂着ごみ問題と財政措置の整備に関する議論を行うことにした。特に厳しい財政難に直面している市町村にとって、国土交通省・農林水産省所管の「災害関連緊急大規模漂着流木等処理対策事業」と環境省所管の「災害廃棄物処理事業費補助金」の整備は、漂着ごみ問題解決への明るい兆しであった。

まず、国土交通省・農林水産省所管の「災害関連緊急大規模漂着流木等処理対策事業」は、海岸保全施設の機能阻害の原因となる洪水、台風、外国からの漂流等による漂着ごみを緊急的に処理する海岸管理者（都道府県）に対して支援する目的を持つ。また、適用区域は海岸保全施設（堤防、突堤、護岸、胸壁、離岸堤等）の区域及びこれら施設から１㎞以内の区域で、連続する海岸にまとまって1,000㎥以上漂着していることが支援の要件である。

一方で、環境省所管の補助金は、災害に起因する又は災害に起因しないが、海岸保全区域外の海岸に大量に漂着したごみを、市町村が収集・運搬及び処理する場合、それにかかった経費を支援するのが目的である。「災害に起因しない漂着ごみ被害にあっては、一市町村における処理量が150㎥未満のものは補助対象から除外する」と規定されているものの、国土交通省・農林水産省所管の補助金の支援要件に比べ体積に関する規定が厳しくない。

ここで注意したい点は、実際に漂着ごみを処理している市町村の立場であ

(116)　財団法人環日本海環境協力センター、社団法人海と渚環境美化推進機構は各々漂着ごみに関する調査を実施し、その結果に基づき、国に対して漂着ごみ問題は取り組むべき喫緊の課題であると働きかけてきた。

る。漂着ごみ問題を抱えている市町村からみれば、海岸に散乱している漂着ごみが災害によって発生したのか、海外から流れたものかに関わらず、漂着ごみは地域住民の生活環境の保持のために処理すべき対象である。漂着ごみが占める体積はどの程度なのか等を判断することも必要であるが、それより、地域住民の生活環境を守るため、海岸に散乱しているごみを安全かつ速やかに処理するのが重要な課題である。しかし、補助金を受けるためには、漂着ごみが散乱している海岸を区分して、あるものは環境省の補助金で、あるものは国土交通省・農林水産省の補助金で、という仕分け作業を行わなければならない。

市町村の観点からすれば、市町村の行政区域内の海岸であれば、どの海岸であっても清掃事業の対象になる海岸であることに変わりはなく、補助金のための仕分けは、長年の行政改革・市町村合併で減らされてきた慢性的な職員不足の状況では煩雑で厄介な作業でしかない。市町村は、国レベルの縦割り行政によって二重の行政手続きを強いられているのである。さらに、国土交通省・農林水産省からの補助金が県を通じて配分されることで、現場である市町村の意向より県の意向が優先される可能性がある。これも市町村が地域の特性を生かした計画策定の妨げになり得る。

（ii）法体制の構築、それでも残る課題

①海岸漂着物処理推進法の成立

2009年７月15日、長年にわたる市町村や市民活動団体の要請が実を結んだ形として、「海岸漂着物処理推進法」が議員立法で成立した。法律の中では、漂着ごみの処理責任（海岸管理者＝都道府県の責任）、その費用に関する国の責任、国際的な取組等が明示されていて、今後の漂着ごみ問題の解決への期待が高まっている。

また、先述のNPO「対馬の底力」のような市民活動団体の活動等への支援についても、以下のように定めている。

（民間団体等との緊密な連携の確保等）
第二五条
　国及び地方公共団体は、海岸漂着物等の処理等に関する活動を取り組む民間の団体等が果たしている役割の重要性に留意し、これらの民間の団体との緊密な連携の確保及びその活動に対する支援に努めるものとする。
（財政上の処置）
第二九条第三項
　政府は、海岸漂着物対策を推進する上で民間の団体等が果たす役割の重要性にかんがみ、その活動の促進を図るため、財政上の配慮を行うよう努めるものとする。

　このような条文は、かつてから漂着ごみ収集活動を行ってきたNPO「対馬の底力」にとっては収集後の漂着ごみの処理方法やそれをめぐる厳しい財政状況を打開できる明るい兆しとして受け入れられ期待の声が上がったという。同NPOが収集した漂着ごみ処理をめぐって、市と県との間でたらい回しにされることが、新しい法制定によって改善されると思ったためであろう。

②NPOからみる新たな法体制の課題

　しかし、海岸漂着物処理推進法が制定されても、漂着ごみの課題はまだ残っている。法律の制定を受けて、環境省は漂着ごみ関連補助金として、2009年第１次補正予算には「地域グリーンニューディール基金」を計上した。基金の目的については、「地域温暖化対策等の環境問題を解決するため、地域の取組を支援し、当面の雇用創出と中長期的に持続可能な地域経済社会の構築のための事業を実施することである」と述べられている。また、その対象事業の一つとして、漂着・漂流ごみの回収・処理や発生源対策など、漂着ごみ関連事業が挙げられた。

　このような環境省の動きは、漂着ごみ問題をめぐる責任を政府が新たな公共課題として認めたものであると評価できるが、その事業内容に気になることがいくつかある。対馬における漂着ごみ問題の例から見てみよう。まず、地域グリーンニューディール基金の事業実施要領によると、その事業を「海岸管理者等として実施する海岸漂着物等の回収・処理に関する事業（民間団体との協力・連携して実施する事業を含む）」とし、事業の実施方法としては「都道府県等における基金事業の実施に係る契約の際には、各都道府県等の財務規則等に基づく競争性のある手続きを原則とする」とされる（傍点、引用者、以下同じ）。また、事業効果に関する項目において、「都道府県等は基金事業を実施する場合には、直接的な雇用効果を把握するものとする」と定めている。

この内容からすると、地域グリーンニューディール基金の主な目的は、事業を興して雇用を創出することであり、その使い道は、競争入札を基本としていることが読み取れる。海岸漂着物処理推進法で定めている「民間」という概念は、地域グリーンニューディール基金の中では「事業者」に置き換えられており、NPOなどの市民活動団体への支援が抜けている。しかし、先述したように従来の漂着ごみ問題をめぐっては、行政が処理しきれなかった課題を「対馬の底力」のような市民活動団体が取り組んできた経緯がある。この経緯からすると、基金の要綱が漂着ごみにかかわり環境保全活動を行ってきた市民活動団体の活性化よりも、競争入札による民間企業へのバックアップ（経済活性化）を目標としていることはいささか違和感がある。

実際、地域グリーンニューディール基金によって漂着ごみ処理の予算（11億3千万円）がついた長崎県は、公共工事として漂着ごみ清掃を発注することを決めた。「対馬の底力」の代表を務める長瀬氏はこの計画の実施前に県から呼ばれ、これから清掃活動を行う場所と時期を聞かれたという。「対馬の底力」が収集を行う予定がある海岸以外の県管理海岸区域は公共工事として発注するという県の方針によるものであろう。そこで長瀬氏らは、駐車場とトイレから近い海岸を清掃活動場所の一つとして選んだ。それまで人の出入りが難しい海岸に重機を持ち込んで清掃を行ったこともあったが、漂着ごみ収集活動にはできるかぎり多くの人々が参加し、現状を見てほしいという狙いもあって、参加しやすい海岸を選んだという。法制定をきっかけに長瀬氏らは活動の範囲を広げたかったが、NPO活動が公共事業に組み込まれ、民間事業者による雇用効果が優先されたため活動を拡大するのは難しかったという。法律が制定されても、基金要綱などの具体的な事業計画により、当初のNPOの希望とはかけ離れた結果となってしまったのである。

次に、地域グリーンニューディール基金のもう一つの限界として、その有効期間をあげることができる。地域グリーンニューディール基金は、その有効期間を3年と定めている。しかしながら、漂着ごみは近年の推移から3年という期間内で完全に問題解決できる課題とは到底考えられない。基金要領の通り競争入札によって民間企業が事業を引き受けるとしても、3年後以降の事業資金とその事業の担い手に関する議論が抜けている[(117)]。

地域グリーンニューディール基金がある時は民間企業に任せ、それが無くなったから市民活動団体に再び活動をお願いするのではあまりにも虫の良い話である。問題解決のためには、地域住民や様々な団体そして行政当局等が漂着ごみをめぐって地域のゆくえを議論し合い、3年だけではなく10年後、30年後も見据えた長期的な計画を立てるような基金のあり方でなければならない。地域住民をはじめ、漂着ごみの収集を行ってきた市民活動団体の意向を抜きにして策定された計画に効果が見込めるだろうか、疑問が深まるばかりである。

最後に、地域グリーンニューディール基金の受け皿の問題が挙げられる。漂着ごみ事業に関する基金の仕組みでは、県が受け皿になっていて、県の地域計画に従って各市町村に基金を割り当てることになっている。事業の実施主体は市町村になっているのが現状であるのに、基金の受け皿を都道府県とした意味はどこにあるのだろうか。結局、漂着ごみ関連の予算に困っている市町村は補助金を獲得するため、地域の特性や市民活動団体の状況を考えるより都道府県の意見を聞かざるを得なくなっている。今まで漂着ごみ収集を

---

(117) すでに地域グリーンニューディール基金がなくなり、海岸の漂着ごみ問題を抱えている自治体からは不満の声が出ている。たとえば、2017年にいわき市議会は内閣総理大臣と環境大臣宛てに「海洋ごみ処理推進を求める意見書」を提出している。その中で、「以前は、海岸保全区域外での漂着物対策に地域グリーンニューディール基金を利用できたが、現在は海岸漂着物地域対策推進事業だけであり、しかも、この事業は災害対策を想定したものとはなっていない」と指摘しており、市町村にとっての使い勝手の良さを高めるよう国に求めている。法律が制定されても、海岸をもつ市町村にとって漂着ごみは今なお課題のままである。

行ってきた様々な団体やNPOへの支援を手厚くして3年後の動きにも取組みたいところ、現状では長崎県の計画（入札による民間企業への委託）を優先とせざるを得ないと対馬市の担当職員も嘆いた。

2000年の地方分権改革で機関委任事務が廃止され、国・都道府県・市町村は対等・協力関係となり、自治体における自治への道が広がったというが、本章で取り上げている漂着ごみ問題でも分かるように、補助金制度は、従来通り、国から都道府県・指定都市へ、さらに都道府県・指定都市から市町村へという従来のままの上流・下流関係になっていることが多い。法制度上は上下・主従関係から対等・協力関係になったといっても、地域グリーンニューディール基金の交付要綱から見るように、再び実質的な上下関係に置かれる例もある。このような状況は本来意図された地方自治・分権のあり方からは程遠い状態であると言えよう。

（3）漂着ごみをめぐる国際的な取組

海は、それを共有する国々をつなぐ道であり、資源の宝庫である。天然ガス、石油、水産物といった海の資源は誰もが欲しがるが、漂着ごみは誰も欲しくなどない。しかし、近年において海は漂着ごみという負債を共有する通路にもなっている。現に、海外由来の漂着ごみをはじめ環境汚染問題をめぐっては、その処理費用の負担を原因者国家に負担させるべきであるという意見もあり、この問題は隣国同士の外交問題につながる恐れがある。

しかし、漂着ごみの場合、発生国または処理責任を明らかにすることは容易ではない。それは連鎖しているためである。たとえば、中国から流れてくる漂着ごみはその量が膨大であり喫緊な課題であるとの認識を韓国国土海洋部（漂着ごみを担当する省、日本の国土交通省に当たる）は示している。韓国からの漂着ごみが日本の海岸を汚しているという問題はしばしばマスコミに取り上げられているところである。日本のごみもまた南太平洋の島々まで漂流し、島々を汚しているのが現実である。この連鎖が示しているように、漂着ごみ問題は一国だけでは解決できない公共の課題であることがわかる。

単に一方の国がもう一方の国へその責任を問えば済むような問題ではなくなっている。

また、近年では、海洋に流出する廃プラスチック類や微細なプラスチック類であるマイクロプラスチックが、生態系に与えうる影響などについて国際的な関心が高まっている。漂着ごみの主要原因でもあるプラスチックごみをめぐる問題は、世界全体で早急に取り組まなければならない地球レベルの課題となりつつある(118)。では、どのように解決すれば良いだろうか。廃プラスチック類や漂着ごみなどをめぐる多様な関係者が同じテーブルに座り、その解決策を議論し合わなければならない。責任追及ではなく、現在の大量生産・大量消費・大量廃棄の経済社会システムの転換について議論し、廃棄物の排出と処理負担を少しでも減らすような経済社会システムの共有が求められている。

国際的にも徐々に取組みが出ている。例えば、対馬における漂着ごみ問題については、韓国でも市民レベルでは数年前からその現状が知られだして、韓国の大学生が毎年対馬を訪れ、島の住民や日本の大学生とともに漂着ごみの収集活動を行っている。また、1994年、国連環境計画（UNEP）の地域海計画の一つであった北西太平洋地域海行動計画（Northwest Pacific Action Plan：NOWPAP）を、日本、韓国、中国、及び、ロシアが一緒に取り組むことを決めた。その後政府間会合は複数回開催され、地域海を守るための具体的な計画（データベース及び情報管理システムの設立、各国の環境法や政策等に関する情報の共有、地域のモニタリングシステムの構築、海洋汚染に対する対応等々）が立てられた。漂着ごみについても、実態調査に基づく議論が行われ、海洋保全のための協力的な取組みが探られている。これらの動

(118) 国連環境計画（UNEP）によると、日本の一人当たりプラスチックごみの発生量は、アメリカに次いで世界2番目に多い。また、日本はプラスチック廃棄物の輸出量も多いが、近年中国が海外からのプラスチックごみの輸入を禁止し、この問題は喫緊の課題となっている。このような動きもあり、日本においては、2018年6月に海岸漂着物処理推進法が改正された。
（https://wedocs.unep.org/bitstream/handle/20.500.11822/25496/singleUsePlastic_sustainability.pdf?sequence=1&isAllowed=y、2019年7月1日閲覧）

きをさらに定着・拡大させていく取組みがいま求められている。

2．漂着ごみ対策からプラスチックごみ対策へ

（1）改正海岸漂着物処理推進法

前節で述べた通り、日本では漂着ごみ対策として海岸漂着物処理推進法が2009年に制定されたが、その後も毎年のように国内外から大量の漂着物が海沿いの市町村の海岸に押し寄せ、景観を損ない、それによる海岸機能の低下と漁業への影響等の被害が続いた。同法は海岸への漂着物の処理を主な対象としていたが、海のごみには浮き上がって海岸に漂着するものだけでなく、沿岸海域を漂流するごみと海底に沈下して堆積したごみも存在していて、住民の生活環境や船舶の運航や漁業操業などの経済活動に支障をもたらすとともに海洋の環境汚染による生態系にも深刻な影響を及ぼすことが指摘されていた（小島・眞2009）。

こうした海のごみに関する情勢に影響を受け、2018年に改正された海岸漂着物処理推進法では、従来の漂着ごみに加え、漂流ごみと海底ごみまでを含む「漂流ごみ等[(119)]」が新たに法の対象となり、海岸漂着物等に追加されることとなった。海岸漂着物等はマイクロプラスチックとなったプラスチック廃棄物が多くを占めていることから、同法ではその対策として海岸漂着物等であるプラスチック類をマイクロプラスチックになる前に円滑に処理すること、廃プラスチック類の排出の抑制、そして再生利用等による廃プラスチック類の減量その他その適正な処理が図られるよう十分配慮されたものでなければならないと規定している。

とりわけ、プラスチック製品を用いる事業者については、事業活動全体を通じてマイクロプラスチックの海域への流出が抑制されるようにつとめなければならないことも規定している。また国に対しても、海域におけるマイク

（119）　同法第2条第2項では「この法律において『漂流ごみ等』とは、我が国の沿岸海域において漂流し、又はその海底に存するごみその他の汚物または不要物をいう。」と定めている。

ロプラスチックの抑制のための施策のあり方について検討を行い、必要な措置を講ずることを規定している。これを受けて、自治体は海岸漂着物対策のために地域計画を策定して毎年種々の事業を行っている。一方で、自治体の取組状況からみた課題としては、海岸漂着物等に対する住民の認知度が低く「依然として多くの海岸漂着物等の発生していること」が挙げられていて、漂流ごみ等の抜本的な改善には至っていない[(120)]ことが分かる。海のごみがなぜ増え続けるのか、日本におけるプラスチックごみ対策から見てみたい。

（２）蛇口を締めず、出口対策に集中してきたプラスチックごみ対策

日本はプラスチックごみを制度的にどう規制してきたのか、簡単に振り返ってみよう。プラスチックごみが法律の条文に初めて登場したのは1970年制定の廃棄物処理法の産業廃棄物の定義である[(121)]。他方で、プラスチックごみは家庭からも出されるが、一般廃棄物におけるプラスチックごみに関する明確な規定はなく一般家庭から出るごみとして処理責任は市町村にあるとされてきた。

廃棄物処理法制定後も容器包装をはじめとするプラスチック製品は増え続け、大量のプラスチックごみの処理問題につながり、自治体における廃棄物埋立地のひっぱく問題をもたらした。そんな中、1995年に制定された容器包装リサイクル法は容器包装ごみの排出抑制・分別収集・再商品化を通じて一般廃棄物を減らすことを目的としている。同法は、プラスチック製容器包装の再商品化の責任は事業者に課すものの、一般家庭から排出されるプラスチック製容器包装廃棄物の処理責任は廃棄物処理法に基づき従来通り市町村にあるとした。これにより、家庭から排出されるプラスチック製容器包装について、市区町村による分別・収集が進められるようになった。

---

(120)　秋田県（2021）「第３次秋田県海岸漂着物対策推進地域計画」

(121)　1970年制定の廃棄物処理法は、産業廃棄物（第２条３項）について、「事業活動に伴って生じた廃棄物のうち、燃え殻、汚泥、廃油、廃酸、廃アルカリ、廃プラスチック類その他政令で定める廃棄物」と定義した（傍点、引用者）。なお、同法の前身である「清掃法」（1954年）には廃プラスチック類という分類はなかった。

とりわけ同法の制定においては、市区町村が税金で容器包装廃棄物を処理している部分を、従来の容器包装の製造事業者や利用事業者の方に負担を移すための「拡大生産者責任の原則」を踏まえて制度設計されたことが注目された。だが、市区町村の容器包装廃棄物の収集運搬のためのコストが多額であることから、事業者の費用負担分との関係で評価は分かれている[(122)]。環境省調査によると、令和２年度の家庭ごみに含まれる容器包装廃棄物の割合（容積比）は63.2%であり、そのうちプラスチックは49.4%と約半分を占めている[(123)]。この実態は、同法の目的の一つであった容器包装廃棄物の排出抑制による一般廃棄物の減量には十分な効果が得られていないことを示すものである。

以上のように、1970年の廃棄物処理法、1995年の容器包装リサイクル法制定と改正、2009年の海岸漂着物等処理促進法制定と改正、と次々とプラスチックごみに関する法律が制定・改正され、半世紀前からプラスチック廃棄物問題に取り組んできたにもかかわらず、先述通り排出抑制に十分な成果が出ていない。プラスチック廃棄物に関するOECDの資料（2022）によると、世界のプラスチック生産量は2000年から2019年にかけて２倍に増加し、４億6,000万ｔに達し、同時期の世界のプラスチック廃棄物発生量も２倍に増加して３億5,300万ｔに達している。このプラスチック廃棄物のうち、９%がリサイクル、19%が焼却、50%が埋め立てられ、残りの22%が廃棄物管理システムから漏出されていると指摘する。各国の廃棄物管理システムから抜け落ちたものの一部が漂着ごみ等になっているのであろう。

---

(122)　2004年から始まった容器包装リサイクル法改正をめぐっては、環境省の中央環境審議会と経済省の産業構造審議会との合同審議会での議論によって中間まとめが出された（2005年）。この中間まとめでは市町村のコストの一部または全部を事業者が負担し、一定の責任を果たす」となっていたが、最終まとめ（2006年）では「市町村の合理化への寄与の程度を勘案して、事業者が市町村に資金を拠出する仕組みを創設する」になっていて、「拡大生産者責任の原則」からして後退してしまった（傍点、引用者）。また、容器包装リサイクル法の評価に関しては、山本（2000）、庄司（2005）、大塚（2006）、拙稿（2005、2006、2008a、2008ｂ）、総務省（2003）、容器包装の３Ｒを進める全国ネットワークのホームページ（http://www.citizens-i.org/gomi0/index.html）を参照されたい。

(123)　環境省「容器包装廃棄物の使用・排出実態調査（令和２年度）」（https://www.env.go.jp/recycle/yoki/c_2_research/research_R2.html、2022年３月７日閲覧）

（３）中国発の警告――中国のプラスチック廃棄物輸入禁止令

日本におけるプラスチックごみは、上述通り法制度により分別・収集され国内でリサイクルされるものがある一方、分別収集された後資源として海外へ輸出されるものもある。そして、このシステムに適しないものは、選別・破砕・焼却の後に埋め立てられてきた。

従来、日本からの廃プラスチックの海外における受け皿となっていたのが中国であった。中国は日本をはじめ欧米から廃プラスチックなどの資源ごみを大量に輸入して再利用してきた。しかし、資源名目で中国が輸入したもののなかには資源化できないものが含まれていた。また中国国内におけるごみ処理やリサイクルに関する体制が十分に整っておらず、経済発展に伴う国内におけるごみの発生量も急増していた。そんな中、中国は環境保全や国内のリサイクルシステム構築を理由に2017年末から海外からの生活由来の廃プラスチックの輸入を禁止した。さらに2018年から海外ごみに対して規制を強化した。2017年の日本の廃プラスチック輸出量は、香港、アメリカに次ぐ143万ｔであったが、そのうち52.3%（約75万ｔ）が中国向けであった。中国の禁止令により、日本は2018年以降東南アジアや台湾への輸出を増やしてきたが、これらの国々においても廃プラスチックの輸入基準が厳しくなっているため、従来通り廃プラスチックの輸出を続けることは困難とみられた。[(124)]

中国の禁止措置の日本国内への影響は明らかで、2018年10月に環境省が発表した「外国政府による廃棄物の輸入規制等に係る影響等に関する調査結果報告書」によると、自治体（都道府県・政令市）の24.8%、収集運搬業者の15.8%、中間処理業者の35.2%が、2017年12月前に比べ、廃プラスチックの保管量が増加したと答えている。また廃プラスチック類の処理量も中間処理業者の56%、最終処分業者の25%が増加したと回答している。

（124） 経済産業省 循環経済研究会（第５回、資料２参照）
（https://www.meti.go.jp/shingikai/energy_environment/junkai_keizai/pdf/005_02_00.pdf、2022年３月１日閲覧）

この状況に対応するため、環境省は緊急措置として、市町村に対してはごみ処理施設等での廃プラスチック類の受入れを積極的に検討することを依頼し、優良認定処分業者での保管量の上限を引上げて優良認定業者による廃プラスチックの処理を推進しようとした。しかし、市町村のごみ処理施設については、「自区内処理の原則」が定着していることから地域住民によるごみ以外のものを処理することには反発が予想される。また優良認定処分業者に対する規制緩和の措置にしても、処理能力が限られていることから、結局のところ対症療法に過ぎない。そこで国は、廃プラスチックの不法投棄・不適正処理を防止するため、当面、焼却に対する補助金政策を活用した（大塚2020：510）。

以上のような中国から始まった廃プラスチックをめぐる動きは、かつてから企業が安価な労働力やインフラ、そして環境対策コストを狙って開発途上国に生産基盤を移転したことで、現地の環境汚染問題を拡大させてきた結果であるともいえよう。中国発の警告は、大量消費する先進国が、消費後のものの再資源・再利用の役割を開発途上国に請け負わせてきた開発途上国依存型の廃プラスチック資源循環戦略について再考を促し、国際レベルにおける資源循環型社会のあり方が問われたことでもある。日本もこのような変化の中で、国内における廃プラスチック処理のための枠組みを構築しなくてはならなくなった。

（4）プラスチック資源循環戦略と「プラスチックに係る資源循環の促進に関する法律」

中国発のショックが広がるなか、環境省は2018年8月に中央環境審議会循環型社会部会の下にプラスチック資源循環戦略小委員会を設け、プラスチックごみ問題、気候変動問題、諸外国の廃棄物輸入規制強化などの課題について議論することとした。そして政府の関連9省庁[125]は、2019年5月に

（125）　消費者庁、外務省、財務省、文部科学省、厚生労働省、農林水産省、経済産業省、国土交通省、そして環境省のことを指す。

「プラスチック資源循環戦略」を策定した。その基本原則として「３Ｒ＋Renewable」を打ち出し、マイルストーンとして６点―①2030年までワンウェイプラスチックを累積25％排出抑制する、②2025年までにリユース・リサイクル可能なデザインにする、③2030年までに容器包装の６割をリユース・リサイクルする、④2035年までに使用済プラスチックを100％リユース・リサイクル等により有効活用する、⑤2030年までに再生利用を倍増する、⑥2030年までにバイオマスプラスチックを200万ｔ導入する―を掲げた。

同戦略のなかでは、ワンウェイプラスチックの使用削減のため、レジ袋の有料化義務化（無料配布禁止等）をはじめ、無償頒布を止め、「価値づけ」をすること等を通じて、消費者のライフスタイルに変革を促すことが盛り込まれた[(126)]ことが注目された。その後、2019年12月に容器包装リサイクル法の省令が改正され、翌年７月から石油由来のプラスチック製レジ袋の有料化が全国一律に開始された。また、同戦略の具体的な施策のあり方を検討するため、環境省の中央環境審議会循環型社会部会プラスチック資源循環小委員会及び経済産業省の産業構造審議会産業技術環境分科会廃棄物・リサイクル小委員会プラスチック資源循環戦略WGの合同会議が設けられ、審議の結果が「今後のプラスチック資源循環施策のあり方について」（2021年１月28日）にまとめられた。

以上のように９つもの政府省庁が集まって具体的な数値目標を掲げ、主務官庁ともいえる環境省と経済産業省の審議会が個別または合同で議論を行った。そして、上記の一連の動きを踏まえた「プラスチックに係る資源循環の促進に関する法律」（以下、プラ新法）が2021年６月可決成立し、翌年２月から施行された。ところで、国を挙げてのプラスチック資源循環戦略は、清掃の現場である自治体にどのような影響をもたらすのであろうか。

---

(126)　レジ袋の有料化をめぐっては、これまでも色々と動きがあった。例えば、杉並区における2000年９月のレジ袋の譲渡に５円を課税する法定外目的税としての「すぎなみ環境目的税」を導入しようとした議論、そして2006年の容器包装リサイクル法改正時のレジ袋の有料化義務付けについての議論があったが、実現には至らなかった。

（5）自治体の観点からみる「プラスチックに係る資源循環の促進に関する法律」

プラ新法においては個別の措置事項が規定されており、プラスチック使用製品設計指針、特定プラスチックの使用製品の使用の合理化、市町村の分別収集・再商品化、製造事業者等による自主回収及び再資源化、排出事業者による排出の抑制及び再資源化等に関する章を設けている[(127)]。市町村の観点から同法を考察するために、プラスチック廃棄物についての市町村の分別収集及び再商品化を中心に見てみると、次の通りである。

まず、プラスチック廃棄物の分別収集（第31条）について、「市町村はその区域内におけるプラスチック使用製品廃棄物の分別収集に当たっては、当該市町村の区域内においてプラスチック使用製品廃棄物を排出する者が遵守すべき分別の基準を策定する等の措置を講ずるように努めなければならない。また、市町村が分別の基準を定めたときは、当該市町村の区域内においてプラスチック使用製品廃棄物を排出する者は、当該分別の基準に従い、プラスチック使用製品廃棄物を適切に分別して排出しなければならない」と定めている。この条文から、同法はプラスチック廃棄物を一般廃棄物と見なし、その分別収集から分別基準の策定まで市町村の事務としていることが分かる。

次に、再商品化と自治体の役割について、同法では、市区町村は分別されたプラスチック使用製品廃棄物を次の2つの方法で再商品化することを選択することができるとされた[(128)]。一つは、容器包装リサイクル法に規定する指定法人（容器包装リサイクル協会）に委託し、再商品化を行うものである。もう一つは、市区町村が再商品化事業者と連携して再商品化計画を作成し、国の認定[(129)]を受けることで、当該計画に基づいて再商品化を行うものである。

（127）　具体的な内容については、大塚（2020、2021）、中野（2021）を参照されたい。

（128）　環境省「プラスチック資源循環」
（https://plastic-circulation.env.go.jp/about/pro/bunbetsu、2022年3月1日閲覧）

（129）　プラ新法は、容器包装リサイクル法同様、プラスチック使用製品のライフサイクルのうち、廃棄段階に焦点を当てていることが共通していると言える。プラ新法の指定法人ルートでプラスチック廃棄物の再商品化することに課題がないわけではないが、ここで注意を払いたいことは後者の方法である。同法第33条は「市町村は、単独で又は共同して、主務省令で定めるところにより、分別収集物の再商品化の実施に関する計画を策定し、主務大臣の認定を申請することができる」と定めている。だが、清掃事業は自治事務なのだから、市町村の策定した計画を主務大臣が認定を行うことには問題があり、地方自治を阻害しかねない。国は、市町村とリサイクル業者が一体として作成した計画について主務大臣が認定するのだから、行政主体同士の関係が問題になる場合とは異なるという考え(130)のようだが、そもそもリサイクル業者を指導・監督すべき主体である市町村がリサイクル業者と一体になることが何を意味するのか、判然としない。

さしあたっての論点の最後に、製品プラスチックの再商品化をめぐる費用は誰が負担するのか考えねばならない。環境省は、同法に関するパブリックコメントの実施結果において、製品プラスチックの再商品化費用負担に関する質問について、「認定再商品化計画に基づき分別収集されたプラスチック使用製品廃棄物についてはまとめて再商品化される場合、一定の期間ごとに分別収集物中に含まれるプラスチック製容器包装廃棄物とそれ以外のプラスチック使用製品廃棄物の割合を確認するための調査を行い、特定事業者と市町村の再商品化費用の分担について決定することを検討します」と答えている（傍点、引用者）。この答えから、環境省は容器包装リサイクルにおける費用負担方法をプラ新法においても適用しようとしていることが読みとれる。

特徴として、廃棄段階における資源循環を促すため、以下の３つの認定制度を導入している。

①市町村と再商品化事業者：市町村と再商品化事業者の連携による中間処理工程を一体化・合理化した再商品化計画を認定

②製品事業者等：製造・販売・提供事業者が自主回収し、再資源化する事業計画を認定

③排出事業者：排出事業者又は排出事業者の委託を受けた再資源化事業者が回収・再資源化する計画を認定

(130)　大塚（2021：33)、前掲論文

しかし、この費用負担の手法では容器包装リサイクル法の実施による自治体の費用負担増に関する指摘[131]が繰り返される可能性がある。

環境問題に関心を持っている市民団体で構成された「減プラスチック社会を実現するNGOネットワーク」は同法の制定により、対策の対象がプラスチック使用製品のライフサイクル全体にまで拡大した点を評価しつつも、包括的な基本法を早急に制定し、プラスチック製品の大幅減に向けた実効的な対策の導入が必要であると指摘している。また、新たに市町村によるプラスチック使用製品廃棄物の一括回収の実施に関して、分別回収と再商品化に伴う費用がすべて自治体負担になることを問題として挙げている。さらにこの状況を是正するため、「拡大生産者責任の原則」に基づき、一括回収と再商品化についての費用負担を製造事業者及び使用事業者に求めるよう提案している[132]。

本法の制定が、中国発のプラスチック廃棄物輸入禁止衝撃による混乱に適切な舵取りといえるかといえば、見切り発車感が否めないだろう。一度動き出したプラスチック廃棄物対策をどのように循環型社会の構築につなげていくか、自治体の立場からも難題に直面することになった。やはり、製品製造の材料としてのプラスチックのあり方についての検討を行わねば、廃棄物としてのプラスチックのあり方を問うたところで根本的な解決策にはならないのではなかろうか。

（6）異口同音の環境保全：室蘭市の「プラスチック製容器包装の分別収集廃止」を考える

プラ新法が2022年４月から施行されるなかで、これに真っ向から対立する

(131)　容器包装リサイクルにおける自治体の費用負担について、市町村で回収される容器包装プラスチックにおける分別収集、選別、保管、再商品化に要する費用の内、事業者の費用負担は16％であるという試算もある（田崎2007）。

(132)　減プラスチック社会を実現するNPOネットワーク「『プラスチックに係る資源循環の促進等に関する法律　政省令』への共同提言」（https://www.gef.or.jp/wp-content/uploads/2022/01/220114JointStatementPlastic.pdf、2023年１月14日閲覧）

新たな方針を決定した事例として、室蘭市のプラスチック製容器包装の分別収集廃止を取り上げてみたい。

室蘭市は、将来的な人口減少や財政状況悪化を見据え「室蘭市行政改革プラン2016」に基づき事務事業の見直しを行ってきたが、その一環として「室蘭市ごみ処理・リサイクル事業あり方検討委員会」を立ち上げていた。同市のホームページによると、市が抱えるごみ処理・リサイクル事業の課題[(133)]として、大きく3つ挙げられている。一つ目は、ごみの排出量が年々減少する一方で、ごみ処理施設の補修管理費用などの増加によりごみ処理費用がかさんでいることである。二つ目は、ごみ減量・リサイクルの停滞である。一人あたりのごみ排出量が想定よりも減っていないことに加え、リサイクル可能な資源物がごみとして排出されリサイクルが進んでいないことなどから、基本計画の目標値を達成できていないことが挙げられている。三つ目としては、収集業務体制維持の不安、すなわち休日が少ないなどの理由から若年層の収集作業員が定着せず、またごみステーションの数の増加による収集作業員の負担が増加していることなど、将来的な収集業務体制の維持に不安を抱えていることが挙げられている。

このような課題について、同市の検討会は、主にごみの減量及びリサイクルの推進、ごみ処理に係る経費の圧縮及び手数料の適正化、ごみ収集に係る課題（ごみステーションの統廃合、作業員の確保）の解消について議論を行った。その結果、プラスチック製容器包装の分別収集の廃止とごみ処理手数料の改定を行うこととし、プラスチック製容器包装については家庭から排出されたものを分別せず燃やせるごみとして焼却して、ごみ処理手数料も1リットル当たり2円から3円に上げることを決めた。

---

(133) 室蘭市のごみ量は全体35,552ｔ（令和元年、前年比839ｔ増）であり、内訳をみると、家庭系が15,947ｔ（前年比130ｔ減）、事業系が16,605ｔ（前年比969ｔ増）となっている。家庭系のごみ量の減少は人口減少によるものである一方、処理費用は、収集運搬と処理費用で約7億8千万円となっていて、平成27年度と比較すると約3千万円増加している。
室蘭市ホームページ（http://www.city.muroran.lg.jp/main/org3300/gomishorizizho.html、2022年3月17日閲覧）

特に、同市はプラスチック製容器包装の焼却処理方針について、分別収集の廃止によりごみの収集運搬業務が効率化され、収集作業員の負担が軽減されるとともに、プラスチック製容器包装を燃やせるごみとして焼却処理することで処理費用を７～８分の１に減らせると説明している。分別収集の廃止と焼却処理を方針については、分別収集は負担ばかりが大きくなることからそれを廃止し、焼却を行うことが効率的で好ましい、と方針変更の理由を述べている。

上記のような室蘭市の廃棄物行政の課題とされたごみの分別や資源の処理費用の増加、ごみ処理施設の建設と維持管理の費用の増加は、他の多くの自治体が直面している課題でもある。室蘭市はプラスチック製廃棄物を燃やすことで、突破口を探そうとしているが、資源となり得るプラスチック製廃棄物を焼却することはたとえ経済的でCO_2排出量削減になると言っても、化石燃料の枯渇問題やプラスチック製廃棄物の焼却による副作用（人体や自然環境への影響など）に関するリスクは依然課題として残る。だが清掃事業が自治事務であり、処理主体となっている個別自治体がプラスチック製容器包装の分別収集廃止を最適解としているのだから、一概にこうした自治体を責めるわけにもいかない悩ましい問題である。もちろん、はたしてこの方針にどの程度住民の意見が反映されているか、また環境にどのような影響をもたらすのか、これからも注視する必要がある事例である。

室蘭市のようにプラスチック製容器包装ごみを焼却する方針を定めた自治体が現れる一方で、環境省は令和４年度に続き「令和５年度プラスチックの資源循環に関する先進的モデル形成支援事業の公募」を行い、分別収集・資源化を推進しようとしている。その例として、同省は市区町村によるプラスチック使用製品廃棄物の分別収集・リサイクル事業として10の自治体[(134)]を選定し、製造事業者等と連携して実施する使用済プラスチック使用製品の自主回

(134)　宮城県石巻市、秋田県大仙市・美郷町、茨城県石岡市、栃木県宇都宮市、埼玉県さいたま市、富山県魚津市、兵庫県姫路市、広島県呉市、大分県佐伯市、そして鹿児島県鹿児島市のことを指す。

収・リサイクル事業として2つの自治体（東京都・広島県）の提案を採択している。

また、プラ新法の施行により、プラスチック使用製品廃棄物の分別収集・リサイクルが循環型社会形成推進交付金の交付要件となった。これにより、同交付金を受けるためには、地域計画の策定・承認を受ける必要がある。一部事務組合のように共同でごみ処理を行っている場合、地域計画を共同で作成していることから、構成自治体の中では従来の分別方法を変更して住民に周知させる必要が生じている。例えば、東京23区においても容器包装リサイクル法制定後も容器包装プラスチックの分別回収を行っていなかった区もあった。

しかし、東京23区は東京二十三区清掃一部事務組合の共同処理体制を導入していて、2024年現在も清掃工場の建替え工事が行われている。清掃工場の建替えにおいて資源循環社会形成推進交付金は各区の負担金からしても重要な財源である。その結果、容器包装プラスチックを分別していなかった区も、プラ新法の施行で循環型社会形成推進交付金の交付条件を満たすため、次々と容器包装プラスチックと製品プラスチックの一括回収を始めている。[(135)]

小規模自治体の場合においても、厳しい財政状況から循環型社会形成推進交付金はごみ焼却施設を整備する際に活用できる重要な交付金である。こうした施設の整備を計画する小規模自治体は単独のごみ処理施設の建設を計画していたとしても、交付金を受けるためには国のごみ広域化計画とプラ新法への対応が求められ、広域処理へ舵取りをせざるをえなくなる。ただし、面積が大きい小規模自治体同士で行う広域処理は、距離が離れている分運搬費

---

(135) 環境省によると、容器包装リサイクル法に基づく令和5年度を始期とする5年間の分別収集計画を策定した市町村は1,741市町村（特別区を含む）となり、今後5年間においてすべての市町村が、いずれかの容器包装廃棄物の分別収集を行う見込みであるとする。一方、プラスチック製容器包装の分別収集については、令和5年度1,381市町村（79.3%）から令和9年度1,389市町村（79.8%）と微増になる見込みである。
環境省ホームページ（https://www.env.go.jp/press/press_01398.html、2023年11月10日閲覧）

用がかさばるとともに運搬車両のための道路整備が必要であり、環境への影響も考慮せざるを得ない。縮減する社会において、同施設が建設された後もその維持管理に関する課題に直面することになる。

国主導で推進されているプラごみの対策について、自治体はどのように各々の事情に鑑み住民参画を踏まえてプラごみ対策を行っていくのか。そして自治体のプラごみ対策に関する合意形成を図りながら環境保全にも取り組むためには何が必要なのか、自治体における住民自治・清掃自治の課題は今なお山積していると言えよう。

3．この章のまとめ――「古い公共」から「新しい公共」へ

様々な社会問題に直面し、その解決のための「新しい公共」という言葉が注目を集めている。しかし、その前途は明るいだけではない。「新しい公共」という言葉について、国の政府系機関による報告書類で語られる「『新しい公共』論の基本的なロジックは、政府における厳しい財政状況を前提として、行財政の効率化（財政削減）のために、端的に言って、公共サービスのアウトソーシング先として社会的企業やNPOに期待したいというもの」で、それらの「社会的機能や民主主義との関係、政策形成局面での参加について論じられているわけではない」とする指摘もある（原田・藤井・松井2010：131）。

だが、国の政府も、自治体政府も、制度疲労から地域における市民のニーズ把握が十分できないので、「新しい公共」に関する議論そのものへの必要性はさらに高まっている（坪郷2010：36-37）。今村（2003、2024）は、これまで自治体行政の担い手になってきたのは「お上の公共」、「国家的公共」、その手先として部分が圧倒的に多かったと指摘する。しかし、このような「古い公共」の否定は「官から民へ」という流れの中で「安上がりの行政のこと」と受け止められ、行政サービスのアウトソーシングへのつながってしまったという。いまこそ「新しい公共」と見つめ直し、自治体行政の空洞化をくい止めるべきである。

本章で挙げた漂着ごみ問題はけっして「新しい」公共の問題というわけではない。長年にわたって国や都道府県が見てみぬふりをして積極的に取り組んで来なかったため行政の空洞化が現れていたが、それを市町村や市民活動団体がその処理を行ってきただけの話である。それがやっと国によって問題の公共性を認められ、新しい公共課題となり、新たな一歩を踏み出そうとしている。財政難などを理由に行政側の都合によって地域住民やNPOなどの市民的活動団体が安く使われるのではなく、対等な立場で問題の議論をし、その解決策を探ることが求められている。

環境問題は、例えば地球温暖化問題やプラスチック廃棄物などによる海洋汚染問題のように、ときに国際的なレベルの取組が必要となり、各国のトップレベルでの議論による解決の方策を探るしか方法がないように映ることがある。しかし、このように地球レベルの課題であるように見える公共課題も、もともと地域で発生した問題が世界に広がったという事実を忘れてはいけない。地域で発生した問題に地域の人々の声を反映しないような問題解決案はそもそもありえない。

漂着ごみの場合、原因者不明な部分があるのは事実であるが、地域の現場で起こっている問題であり、公共の手によって処理すべき課題であることは明らかである。地域に漂着ごみの収集活動を行う市民活動団体のような担い手がない市町村は競争入札によって民間企業に頼らざるをえないとしても、そうした市民活動団体がすでに存在している場合はその活動を持続可能なものにするために支援すべきであろう。

また、容器包装リサイクル法やプラ新法の施行にともなう自治体の費用負担をめぐる議論も十分とは言えない。先述した室蘭市におけるプラスチックごみの分別収集の廃止と焼却処理への方針変更は、ごみの減量や清掃関連の人材不足の問題、なにより財政問題をかかえている自治体にとって他人事ではない。これらのごみの収集、運搬、選別、保管、圧縮までを自治体の役割として費用負担を負わせていることは廃棄物行政の持続可能性には重荷になっている。

海を共有する国々が一様に被害を受けているという普遍性を持つ漂着・漂流ごみ問題は国際問題として共有されやすいものであり、国際社会での認知と参加が進むことで廃棄物の持つ問題の深淵、すなわち資本主義社会における下流である一般消費者、下層とされる貧困国にしわ寄せが集中する構造を問題視する声や上流部分の生産者への注目を呼び寄せる可能性を秘めている。環境は循環するものであり、下流にはその先がある。廃棄物を下流や目に届かないところに押し付けたつもりであっても、プラスチックは海をめぐり人の体内にまで浸食している。山奥に捨てたごみは土壌や水を汚染し、食べ物を経て人に還元される。貧困が社会システムを蝕むがごとく、循環して我々の生命や社会生活の健全性に穴を穿つのが廃棄物である。蛇口をどのように締めるか、ごみ問題の本質が問われている。

地方分権改革議論のなかで、国から地方への分権が長年議論されてきたが、公共の問題を解決するために活動を行っている様々な団体や多様な声が排除されることがないように、地方における分権のあり方に関する議論も深める必要がある。また国レベルにおいても制度設計をする時は、問題が発生している現地に足を踏み入れ地域の様々なアクターの声をくみ取った上で制度を考えてほしいと切に願う。

第５章　東日本大震災による災害廃棄物の広域処理

はじめに

2011年３月11日14時46分、日本周辺における観測史上最大の地震、東北地方太平洋沖地震による東日本大震災が発生した。この震災により、岩手県・宮城県・福島県の東北３県を中心とする沿岸市町村では、2011年10月現在約2,272万ｔ（岩手県475万ｔ、宮城県1,569万ｔ、福島県228万ｔ）の災害廃棄物が発生したとされる(136)。この廃棄物量は、阪神・淡路大震災の1.6倍、日本全国の年間一般廃棄物総量の２分の１に相当する。

従来の廃棄物行政の枠組みが挑戦を受けている状況について論じる本書第二部において、本章は、この東日本大震災による災害廃棄物の広域処理を考察の対象とする。甚大な災害被害が報じられる中、環境省が東日本大震災による災害廃棄物の処理に対する支援を全国の自治体に要請すると、従来の災害支援でそうだったように、多くの自治体が支援を表明した(137)。しかし、従来の自然災害と東日本大震災とでは、福島第一原発事故によって放射性物質が飛散したという大きな違いがある。これによって、福島県をはじめ周辺地域の災害廃棄物にまで放射性物質が付着してしまった。災害廃棄物の処理をめぐっては、従来の災害廃棄物の処理においても倒壊した建築物からのアスベストをはじめとする様々な有害物質の飛散、そして感染性廃棄物の処理問題

(136)　環境省「沿岸市町村の災害廃棄物処理の進捗状況」(2011年10月18日現在)

(137)　環境省災害廃棄物対策特別本部長より、各自治体及び関係団体に対し、被災自治体の災害廃棄物の処理に協力を要請したところ（2011年３月14日）、全国159の市・事務組合が支援を表明した（人員約1,255名、ごみ収集パッカー車約321台、バキュームカー73台、ダンプ車80台、仮設トイレ626基など）。環境省「環境省災害対策特別本部長協力要請に対するレスポンス」(2011年３月25日)

は廃棄物行政の課題であった。これらの危険物にさらに福島第一原発事故による放射性物質が加わったため、政府の災害廃棄物の処理方針については細心の注意が求められた。

環境省が発表した「東日本大震災に係る災害廃棄物の処理指針（マスタープラン）」（平成23年5月16日、以下マスタープラン）では、災害廃棄物の迅速な処理が被災地の復旧・復興につながるというフレーズを掲げ、広域処理の必要性を自治体に訴えている。一方で、その危険性への注意喚起は不十分なものであった。地震と津波によって危険物や放射性物質が流出して複合的・危険な災害廃棄物化してしまったものを、どのように処理すべきかのうち、安全面については十分議論されず、3年間で処理を終えるという期限だけが先走ってしまった。災害廃棄物の広域処理は、既存の市町村中心の廃棄物処理の体制を乗り越えて、「絆」というスローガンの下で見切り発車された。

また、東日本大震災の災害廃棄物広域処理の手順をめぐっては、災害廃棄物を含む一般廃棄物の処理は市町村の自治事務として位置付けられているにもかかわらず、国が都道府県に協力を呼びかけたことで、従来の市町村優先での廃棄物処理という体制に変化を生じさせた。はたして、いままでの地方分権改革の実態とは何だったのか、特に平時の廃棄物処理の現場を知らない国による災害廃棄物の処理への指示というのは機能するのか、疑問を禁じ得ない。こうした仕組みは33次地制調答申を経た2024年の地方自治法改正が危機管理の観点から「補充的指示」の制度を導入した流れ（堀内2024）を先取りしたものとなった点でも示唆的であった。

第一部から見てきた通り、廃棄物行政は住民と行政の協働作業で成り立っていて、行政の住民への説明責任は欠かせないプロセスである。しかし、広域処理をめぐっては、放射性物質に汚染された廃棄物の広域処理に異を唱える住民や市民社会組織の意見に対して、広域処理の方針を打ち出した国や、それに応じている広域自治体・基礎自治体の説明責任は十分に果たされていない。広域処理の推進という国の方針に対し、本来「予防の原則」に基づき地域の環境保全・住民の福利を守る責任を有する自治体の役割がどのように果たされたのかについての考察が必要である。東日本大震災の災害廃棄物処理について、清掃事業における市町村の自治という面から検討することは、今後の国と自治体の事務配分と地方自治のあり方を考える上でも不可欠の作業である。

このような問題意識から、本章では、環境省や被災自治体の資料、マスコミ報道内容などを参考にしながら、災害廃棄物をめぐる広域処理がどのように行われてきたのかを整理する。

1．広域処理ありきの国の方針と災害廃棄物発生量の実態

（1）東日本大震災による災害廃棄物に関する国の処理方針

先述通り、環境省は東日本大震災から2か月後、災害廃棄物に関する処理方針であるマスタープランを発表した。この中には災害廃棄物の処理方針として「広域処理の必要性」という項目が設けられ、その必要性について被災地の処理能力の不足と広域処理の費用効率性を挙げている。広域処理の手順としては、国は県外の自治体や民間事業者の処理施設に係る情報提供等を実施し、県・市町村は災害廃棄物を受け入れ、広域処理を推進するという内容であった。

広域処理を含む災害廃棄物の処理費用に関して、被災自治体の災害廃棄物の処理は、一定の条件で交付金が100％支給されることになっていた。だが、広域処理を進めている宮城県及び岩手県の27の市町村の処理費用についてマスコミが聞き取りをして処理費用を調べた結果、石巻市災害廃棄物の426万ｔの処理費用が71,000円／ｔであるのに比べ、東松島市の場合は419万ｔの処理費用が9,600円／ｔであることが明らかになった。両市は隣接している自治体同士で、しかも災害廃棄物の処理量にも大きな差がないが、その処理単価は7倍も異なる。[138]

(138)　この報道によると、東日本大震災の災害廃棄物の1ｔ当たりの処理費用は平均45,000円余りで、阪神・淡路大震災（22,000円／ｔ）の2倍を超えている。NHK「が

環境省は報道された処理単価に関して、両市の処理する災害廃棄物等の内訳が異なるため、単純に全体の平均単価を比較するのには無理があると反論している。単価が異なる理由について「単価は収集運搬のほか、家屋解体、一時仮置場の整備等の費用が含まれる」ためと加えている[(139)]。しかし、この問題の根底には、環境省が交付金支給に関する明確な基準を設けていないことがある。例えば、岩手県と大阪府による災害廃棄物の広域化委託契約の内容をみると、2012年11月13日から2013年３月31日まで委託料約２億８千万円で締結されているが、その内訳を見ると、運搬費が約１億４千万円で、委託料の半分が運搬・運送として算定されている。国による広域処理方針にはその範囲に関する規定がないため、遠方の地域にまで災害廃棄物を運ぶ契約を結んだ結果、運搬・運送の費用が膨らんだことがわかる。

上記の報道をうけ、災害廃棄物の広域処理のための費用に関する批判が高まった。その結果、環境省の支援の下で広域処理を推進してきた宮城県は、副知事が2013年１月に北九州市を訪れ、予定していた2013年度分は県内で処理すると伝えた。また東京都と茨城県についても、2013年度分は終了すると記者発表し、被災地地元での処理を進めることになる[(140)]。一方で、大阪府では、住民らの反対にもかかわらず、2013年１月23日から９月10日にかけて岩手県の災害廃棄物の処理を行っている。環境省は、最終的に東日本大震災の災害廃棄物の処理費用の単価は、37,000円／ｔだったと報告している[(141)]。

れき処理費用自治体間で10倍の差」（2012年９月９日）

（139）　環境省廃棄物対策課「石巻市と東松島市の災害廃棄物処理単価について」（平成24年９月21日）

（140）　宮城県が行った災害廃棄物処理をめぐる検証では、「当初、宮城県受託分の広域処理必要量を353万ｔと推定していたが、これは処理対象量を過大に見積もっていたことに起因するものであり、今後の大規模災害に備え推計手法等を検討し、精度向上を図る必要がある。また、輸送コストや放射性物質に対する不安から、災害廃棄物処理対象量見直し後において遠隔地への広域処理を行ったことへの批判」を受けたことを述べている。
宮城県東日本大震災に係る災害廃棄物処理業務総括検討委員会「東日本大震災に係る災害廃棄物処理業務 総括検討報告書」（平成27年２月、41頁）。

（141）　環境省　災害廃棄物対策情報サイト（http://kouikishori.env.go.jp/archive/h23_shinsai/implementation/progress_management/、2019年５月30日閲覧）

このように、東日本大震災による災害廃棄物の処理費用の差は、広域処理を行うための運送・運搬による部分が大きいことは明らかである。環境省の指摘通り、膨大な災害廃棄物量であったため広域処理が必要であったとしても、処理費用に関する制度設計が不十分で、広域処理の範囲を定めずに日本全国において行うことは、処理対象量の推計方法や費用の面からおよそ効率的であるとは言えまい。環境省の災害廃棄物広域処理の必要性・妥当性の観点からの制度設計の不備は、被災自治体と支援自治体との災害廃棄物の処理計画策定をめぐる政府間連携にも問題をきたしてしまった。2024年には地方自治法改正によって国による補充的指示権が導入されたが、この経験を踏まえた場合そのような指示に基づく処理が機能するのか、国の能力や想定がはたして機能するのか疑念を抱かざるを得ない。

（２）災害廃棄物の発生量と広域処理

ここで災害廃棄物をめぐる被災地の状況について見てみよう。国の災害廃棄物の広域処理方針に対して、**図表５－１**が示しているように、2012年５月21日の見直しを境に宮城県の広域処理希望量は発表の度にその量が減少していて、岩手県も11月16日の見直し時には広域処理希望量が大きく減少している。その間も環境省は一貫して「広域処理受け入れ量が不足しており、引きつづき、広域処理を推進」すべきであると力説しているが、その意味が徐々に色あせてしまったことは否めない。

図表５－１　宮城県・岩手県の災害廃棄物総量と広域処理希望量の推移（単位：万ｔ）

発表年月日	宮　城　県		岩　手　県	
	総　量	広域処理希望量	総　量	広域処理希望量
2011年11月２日	1,569	294	476	57
2012年３月11日	1,570	344	489	57
2012年５月21日	1,150	127	530	120
2012年11月16日	1,200	91	395	45
2013年５月７日	1,046	36	366	31

出典　環境省の発表資料より作成

災害廃棄物推計量が減少し、被災地の広域処理希望量も減少しているにも関わらず、環境省は2012年３月に、青森県（11.6万ｔ）、秋田県（13.5万ｔ）、山形県（15.0万ｔ）、群馬県（8.3万ｔ）、埼玉県（5.0万ｔ）、東京都（50万ｔ）、神奈川県（12.1万ｔ）、静岡県（7.7万ｔ）、大阪府（18.0万ｔ）に各々広域処理を要請していた（括弧内の数字は要請量）[142]。上記の内容を踏まえると、環境省が広域処理の根拠として挙げていた効率性、処理能力不足の両面において、その必要性には疑問が生じており、むしろ、環境省はこの時点で被災地の現況を踏まえて広域処理方針の転換を行うべきであったと指摘できる。

２．受け入れ側の問題――清掃事業の政府間関係

東日本大震災による災害廃棄物について国の広域処理の方針（＝交付金による全額負担）が明らかになるやいなや、東京都知事が受け入れを表明した。続いて、山形県と酒田市、青森県の八戸市、秋田県、埼玉県、静岡県島田市、神奈川県等が次々と受け入れを表明した。ここで生じる疑問は、上述したように、災害廃棄物が一般廃棄物と見なされている以上、その広域処理は受け入れる市区町村の事務であるはずではないか、という点である。たとえ市区町村が一部事務組合や広域連合を設立して廃棄物を処理している場合であっても、災害廃棄物を受け入れるか否かは構成団体の合意が優先されるはずである。処理の事務は、市区町村が担うことになるにもかかわらず、なぜ、都や県が受け入れを表明するのか、その発言の責任をどのように担保できるというのだろうか。

（１）東京都による災害廃棄物の広域処理体制とその問題点

広域処理に手を挙げた自治体は複数存在するが、ここでは東京都の動きを中心に考えてみよう。東京都は2011年６月に災害廃棄物の受け入れを表明し、

(142)「東日本大震災により生じた災害廃棄物の処理に関する災害廃棄物特別措置法第６条第１項に基づく広域的な協力の要請について」（環廃対発第120323002号、平成24年３月23日）

岩手県、宮城県の災害廃棄物の処理の受託をして、その受け皿となる東京都環境整備公社に3年間で総額280億円を投じると発表した。

東京都環境整備公社は、9月30日には岩手県と、11月24日には宮城県と、東京都同席の場で災害廃棄物処理基本協定を締結している。東京都による災害廃棄物の広域処理スキーム（**図表5－2**）によると、まず東京都環境整備公社が被災地（県）と運搬処理委託契約を結んだ上で、さらに3つの処理ルート─①市町村・一部事務組合、②産業廃棄物関連の民間事業者、③最終処分場─と再び処理契約を結ぶ。東京都環境整備公社が受け入れる災害廃棄物は約50万ｔで、東京都二十三区清掃一部事務組合5万ｔ、多摩地域の市と一部事務組合5万ｔ、残りの40万ｔは産業廃棄物関連民間業者が行うこととしている。

放射性物質が含まれているおそれがある災害廃棄物の焼却について安全性

表5－2　東京都による災害廃棄物の広域処理スキーム

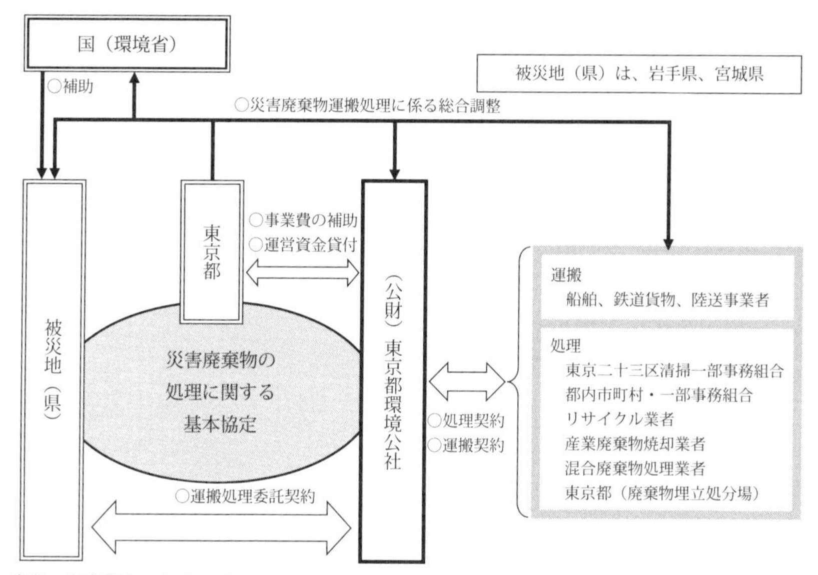

出典　東京都ホームページ
（http://www.kankyo.metro.tokyo.jp/resource/disaster-waste/index.html、2014年10月1日閲覧）

に関する正確な情報や説明がない中、広域処理を受け入れようとする東京都の動きは、住民の反対運動を巻き起こした。東京二十三区清掃一部事務組合の大田・品川の清掃工場はもちろん、多摩地域の清掃工場にも多くの住民が駆けつけた。都による一方的な受け入れ宣言が住民等の不安・不信を招いたのである。

実際の処理主体である市区町村の意志、市区町村の事務を請け負っている一部事務組合の意志も明らかにされてはいなかった。災害廃棄物の受け入れに関する住民説明会で、責任主体に関する住民の質問に対し、都は特別区長会や東京都市長会で災害廃棄物の受け入れについて確認したと言い、市区町村の合意を得ていると説明している。しかし、特別区長会も東京都市長会も任意団体にすぎず、合意の正統性を付与するような機関ではない。災害廃棄物の受け入れは、市区町村の事務であるため受け入れ先となる各々の市区町村が議会における議論を踏まえ、各々の市区町村の住民に説明すべき事案である。

また第一部で見たように、清掃事務は自治体を自治体たらしめる象徴的事務である。その清掃事務が自治事務であることの根幹は住民とのむすびつきにこそある。東京都の行為は、清掃事業が市区町村の自治事務であるということを無視する越権行為ともいえる。東京都が推進する災害廃棄物の受け入れについて、その違法性を指摘し、その事務に係る費用の返還を求める住民監査請求も提出された。[143]

（２）国の災害廃棄物の広域処理方針に異議を唱える自治体

そんな中、国の災害廃棄物の広域方針に異議を唱える自治体も出てきた。例えば、徳島県がその一つであるが、なぜ受け入れを拒否しているのか、

(143)　市民団体である「震災がれきの広域処理を考える会」のメンバー（15名）が東京都に対して行った住民監査請求は、①本来必要な議決を経ない事務の実施、②実態上の「再々委託」、③（地方自治法や国の政令に違反する都の支出に対し）公金返還を求めることを主な内容としている。都政新報（2012年７月３日付）

その理由に関して次のように説明している。①国の災害廃棄物の焼却灰の埋立処分基準（震災前1キロ当たり100Bp／kgから震災後1キロ当たり8,000Bp／kgへ変更）が緩和されている、②国際的には8,000Bp／kgという水準は低レベル放射性廃棄物として厳重に管理されるべきものとされている、③県民の安心・安全な暮らしのため一度流出すれば大きな影響のある放射性物質を含むがれきを十分な検討もなく受け入れることは難しい、④災害廃棄物処理施設を有する各市町村及び県民の理解と同意が不可欠である、とその理由をあげ、現時点では受け入れないとしている[(144)]。

放射性物質に汚染された廃棄物に関する理解も、災害廃棄物を処理する主体（＝市町村）に関する認識も、そして国と住民のどちらを判断の中心に据えているのかが徳島県と東京都とで真逆の立場にあることは一目瞭然である。しかし、広域処理は国からの要請であり、東北地方の復旧・復興のためさらに「絆」の精神まで動員されていて、徳島県のように受け入れの拒否を明確に意思表明する自治体は多くはなかった。

上述のように、災害廃棄物を受け入れるか受け入れないかに関する立場は自治体によって異なる。自治体の首長ごとの多様な意見は、地域ごとの住民の合意に基づく意見を代表者として表現しているに過ぎない。一方的かつ強制的とも見える国の災害廃棄物の広域処理方針に対する広域自治体としての役割、また基礎自治体としてのあり方、もう一つの住民代表である議会の関わり方、都道府県と市区町村との関係、清掃事業をめぐる市区町村と一部事務組合との責任のあり方、住民・住民団体等への説明責任等々、東日本大震

(144)　徳島県ホームページ「ようこそ知事室へ」（http://www.pref.tokushima.jp/governor/opinion/form/652、2012年3月13日閲覧）。また、徳島県、長野県、鳥取県、三重県、高知県、広島県の6つの県の知事は、国の広域処理方針について再考を促す共同要請を環境省と民主党を提出している（「災害廃棄物の広域処理についての共同要請」2012年4月11日）。さらに、札幌市の市長も、放射性廃棄物は基本的に拡散させないことが原則であり、市民の生活環境を守るためにはこの基本原則を守るべきであると広域処理に対する慎重論を述べている。札幌市ホームページ（http://www.city.sapporo.jp/kinkyu/20120323mayor.html、2012年3月23日閲覧）

災は非常時における災害廃棄物の処理をはじめ、自治体における清掃事業のあり方に様々な課題を投げかけたのである。

3．被災自治体の動き

（1）仮設焼却炉建設の遅れ

東日本大震災による災害廃棄物処理をめぐっては、阪神・淡路大震災と比べて、その進捗の遅さが指摘された[(145)]。災害廃棄物の発生量は、先述の2011年10月の環境省資料によると、岩手・宮城・福島の３県合計で約2,200万ｔで、阪神・淡路大震災による災害廃棄物発生量約2,000万ｔ[(146)]と比べてもそれほど変わらない。

しかし、震災１年後の災害廃棄物の処理率を比べると、東日本大震災の6.7%に対し、阪神・淡路は50%に達していて大きな差がある。その理由の一つとして都市型震災とは違って被害地域が広範囲に渡っていたことや、津波や福島原発事故の影響の他、仮設焼却炉の設置をめぐる動きの違いもまた災害廃棄物処理のスピードに差をもたらしたものとして指摘できる。

例えば、仮設焼却炉の建設を見ると、阪神・淡路大震災では、震災から１年の間、神戸市などの兵庫県内７市町に34基の焼却炉が設置されている。他方、東日本大震災においては、１年が経過した時点で、宮城県１基、岩手県の宮古市２基、釜石市２基が整備され、試験稼働に入ったばかりであった。上述したように国による災害廃棄物の広域処理が推進されていたため、被災地における仮設焼却炉の建設が遅れ、処理が滞ってしまったのである。

（2）清掃事業の民営化と災害

宮城県の場合、特に甚大な被害を受けた沿岸地域の15市町のうち、市町単独処理を行う仙台市及び利府町を除いた13市町の災害廃棄物の処理を県が代

（145）　東京新聞（2012年３月10日付）
（146）　兵庫県生活文化部環境整備局環境整備課「阪神・淡路大震災における災害廃棄物処理について」（平成９年３月）

行することとなった。13の市町を４つのブロック[147]に分け、ブロック内の処理を基本とした。

そのうちの一つである石巻ブロックは当初の災害廃棄物推計量685万ｔから１年間で312万ｔへと減り処理が進んでいる（2012年５月現在）。その理由として、石巻ブロックの可燃物は仙台市が請け負って処理を行った（約10万ｔ）ことが挙げられている。被災の程度の差こそあれ、仙台市も被災地である。なぜ、被災地である仙台市が他の自治体の災害廃棄物まで処理できたのか。

東日本大震災の災害廃棄物は津波にさらわれたものが大半で、多くは海水に浸かっており、そのまま焼却すれば焼却炉を傷める。また建物等の解体によるアスベストの危険性も考えられた。市町村が平時に扱っている一般廃棄物は、紙ごみや生ごみがその大半を占めていて、災害廃棄物とは成分が大きく異なる。また、東日本大震災による災害廃棄物は、成分もさることながら、膨大な量からとても個々の被災市町村が処理できるものではなかった。被災地は、壊滅的な被害によって行政機能がマヒしている市町村も多く、県への災害廃棄物の処理委託を余儀なくされた。

しかし、それとは別に、自治体における行政改革の一環として、清掃行政をめぐって効率を優先する民営化が行われ、清掃事業が直営から民間委託に変わっていて、廃棄物処理に関するルートを把握している市町村が少なくなっていることも、災害廃棄物の処理に遅れが生じてしまった原因の一つであると指摘できる。仙台市の場合、政令指定都市であるため、一般市とは異なって一般廃棄物はもちろん産業廃棄物に関する権限とルートも持っている。さらに、多くの市町村において行政効率化のための清掃事務の外部委託が進む中、仙台市は清掃事業の一部を直営として残していて、職員は廃棄物処理

(147)　13市町は、気仙沼ブロック（気仙沼市，南三陸町）、石巻ブロック（石巻市，東松島市，女川町）、宮城東部ブロック（塩釜市，多賀城市，松島町，七ヶ浜町）、亘理・名取ブロック（名取市，岩沼市，亘理町，山元町）、の４つのブロックに分けられた。

に関する全行程を把握できていたため、非常時における対応ができたという[148]。平時における清掃事業体制の構築が、大震災における災害廃棄物処理に大きな影響をもたらしている。

4．広域処理の結果から見える課題

（1）災害廃棄物の広域処理の結果

環境省は、災害廃棄物の広域処理について2014年３月末までに全量受入れられ実施されたと発表している。東日本大震災関連の広域処理事業は、実に１都１府16県（合計92件）で行われたとされる。環境省が発表している広域処理に関する地方自治体の状況の内訳を見ると、広域処理された62万ｔのうち、民間における災害廃棄物の受入量は約46万ｔで市町村の受入量をはるかに超えていることが分かる（**図表５－３**）。

市町村が受け入れた災害廃棄物については、公的施設である廃棄物処理施設で、当該地域以外で発生した廃棄物を処理するのだから、住民に対する説明責任が発生する。放射性物質の拡散を憂慮する声が高まる中、各自治体は

図表５－３　受入先毎の災害廃棄物の処理内訳　（単位：ｔ）

	合計量	うち自治体	うち民間		合計量	うち自治体	うち民間
青森県	94,630	10,930	83,700	東京都	167,846	31,428	136,418
宮城県	4,326	—	4,326	神奈川県	162	162	—
秋田県	37,538	37,538	—	新潟県	294	294	—
山形県	192,226	1,147	191,079	富山県	1,256	1,256	—
福島県	23,053	—	23,053	石川県	1,961	1,961	—
茨城県	49,960	32,788	17,172	福井県	6	6	—
栃木県	969	969	—	静岡県	3,207	3,207	—
群馬県	7,673	7,673	—	大阪府	15,299	15,299	—
埼玉県	1,110	—	1,110	福岡県	22,696	22,696	—

出典　環境省災害廃棄物処理情報サイト
（http://kouikishori.env.go.jp/processing_and_recycling/iwate_miyagi/processing_accepted_municipality/、2014年10月１日閲覧）

（148）　仙台市環境局担当者へのヒアリング（2012年４月４日）による。

住民への説明責任を果たすため住民説明会を開くこととなったのである。たとえその住民説明会の内容が住民の不安・不満を完全に払拭するものではないとしても、住民のコントロールの下で廃棄物処理が行われるということは「清掃事業における住民自治」という従来の枠が維持されていることを表明するための重要な手続きである。

（2）民間施設における災害廃棄物の処理とその問題点

一方、民間施設の場合はこの住民への説明責任というプロセスが明確にされていない。**図表5－3**の東京都における災害廃棄物の処理をみると、当初東京都は50万ｔの受け入れを表明していたが、実際は17万ｔ弱を受け入れていて、そのうち8割は民間業者が処理を行っている。環境省の資料[149]をみると、どの市町村に所在する民間施設であるのかということは記載されているが、民間施設の名前までは公表されていない。住民のコントロールが及ばない中で、放射性物質による汚染が疑われる大量の災害廃棄物が民間処理業者によって広域処理されたということになる。民間処理業者による災害廃棄物の不法投棄の問題が報じられるなど、環境汚染の拡大につながる恐れが現実になった例もある[150]。

また、広域処理については、既述の通り、放射性物質によって汚染された廃棄物の焼却による汚染拡大や健康被害が心配されたため受入先の住民の反発を受けることもあった。その結果、環境省が当初計画していた広域処理必要分よりはるかに少ない62万ｔだけが広域処理されている。岩手・宮城の2県で発生した災害廃棄物等の推計量（約2,452万ｔ）の約2.5%の量だけが広域処理されたことになる。2県におけるほとんどの災害廃棄物等は地元で

---

(149)　環境省廃棄物・リサイクル対策部「東日本大震災における災害廃棄物の処理について」(2014年4月25日)

(150)　例えば、近江八幡市の建設業者が、東京電力福島第一原子力発電所事故による放射性物質に汚染され、福島県の製材業者から排出されたとみられる木くずを滋賀県の許可を得ずに、高島市安曇川町下小川の鴨川河川敷に不法投棄した容疑で告発された。滋賀県ホームページ（http://www.pref.shiga.lg.jp/d/haikibutsu/kamogawa-monitoring.html、2014年10月20日閲覧）

処理された。災害廃棄物と津波堆積物の処理量から見ると、処理量のうち、各々82%、99%が再生利用され、その多くが地元の公共事業で使われたとされる。[(151)]

以上見てきた通り、広域処理が進まないから災害廃棄物の処理が遅れたというより、処理対象量の推計手法の問題や仮設焼却施設の建設の遅れが災害廃棄物処理の遅延をもたらした主な原因であると言える。この問題に関連して、震災後の災害廃棄物の性状とその発生量を正確に把握することなく、当初から広域処理ありきの災害廃棄物処理方針を推進した国の責任は大きい。

（3）広域処理と復興予算

東日本大震災による災害廃棄物の処理のためには、廃棄物処理法を基本とする従来の対応だけでは限界があることは明らかであった。そのため、新たに「東日本大震災により生じた災害廃棄物の処理に関する特別措置法」（以下、災害廃棄物処理特措法）、「平成二十三年三月十一日に発生した東北地方太平洋沖地震に伴う原子力発電所の事故により放出された放射性物質による環境汚染への対処に関する特別措置法」（以下、放射性物質汚染対処特措法）の2つの法律が制定されている。本章は、主に災害廃棄物処理特措法の制定下での動きについて考察している。

災害廃棄物処理特措法は、市町村からの要請がある場合、①被災市町村に代わって国が処理する義務を負うこと、②（第4条3項で）関係行政機関（＝都道府県と市町村）に協力を要請することができる、③その場合に国が講ずべき措置を定めている。また、被災地の要請がある場合国による災害廃棄物の処理の代行（第4条）を認め、その費用については国の全額負担（第5条）、国が講ずべき措置（第6条）等を明示している。国は、同法に基づ

(151)　沿岸被災地における防波堤の建設資材として、災害廃棄物と津波堆積土が再生利用されている。しかし、防波堤に関する事業そのものは国土交通省が主導したことであり、住民の合意形成という点から課題を残した。環境省「東日本大震災における災害廃棄物処理について（避難区域を除く）」（平成26年4月25日、9-11頁）

き災害廃棄物の広域処理方針を日本全国に波及させ、全国の市区町村・一部事務組合、産業廃棄物関連業者等に対し、災害廃棄物の広域処理を促していくこととなる。

一方で、その復興予算が、被災していない上に災害廃棄物を受け入れてもいない市町村のごみ処理施設整備に使われていたことが報道により明らかになっている[(152)]。受け入れ自治体がモラルハザードを引き起こすきっかけとなったのが、環境省の通知[(153)]である。当通知は、災害廃棄物の受け入れを検討すれば、結果として受け入れなくても交付金の返還は生じないとして広域処理を促している。環境省は12都道府県の21団体の申し込みを受理したが、上述したような被災地の災害廃棄物量の減少と復興予算の無駄遣いの批判を受け、広域処理のための受け入れ作業を具体的に議論されていなかった14の団体を受け入れ先から外している[(154)]。

この問題では、交付の条件だった「検討」すらしていない神奈川県の４団体が交付団体の中に含まれていたことも分かり、指摘を受けた環境省は不適切と認めた。一方で、残りの10団体については交付を行っている。被災していない地域への復興予算の流用は大きな問題と言わざるを得ない。放射性物質への懸念から災害廃棄物の広域処理が進まないため、環境省は、受け入れが見込める建設中の施設を対象に、交付金（事業費の３分の１～２分の１）と特別交付税（残りの地元負担分）をセットにした支援策を打ち出し、候補施設を自ら選び出し、調整役の都道府県に受け入れを打診したとされる[(155)]。復

(152)　共同通信（2012年12月22日付）
(153)　環境省「循環型社会形成推進交付金復旧・復興枠の交付方法について」（環廃対発第120315001号、平成24年３月15日）
(154)　受け入れ先から除外された14団体は、中・北空知廃棄物処理広域連合（北海道、28.3億円）、秋田県鹿角広域行政連合（２億円）、秋田県潟上市（４億円）、群馬県伊勢崎市（2.7億円）、群馬県玉村町（11.3億円）、群馬県高崎市（６千万円）、甘楽西部環境衛生施設組合（群馬県、3.8億円）、埼玉県川口市（36.3億円）、秦野市伊勢原市環境衛生組合（神奈川県、44.3億円）、神奈川県平塚市（95.5億円）、神奈川県逗子市（10.7億円）、神奈川県厚木市（9.6億円）、京都府綾部市（5.7億円）、大阪府堺市（81.2億円）で、総額336億円に至る。
(155)　東京新聞（2012年12月22日付）

興予算に関する同省の姿勢が問われる。

5．この章のまとめ――非常時のごみ処理と自治・連携のあり方

福島原発事故は地震という自然災害による部分があったとはいえ、地震や津波対策を疎かにして甚大な被害を発生させたのは特定の企業であり、どの企業かもはっきりしている。金井（2012）は、東日本大震災による東京電力福島第一原発事故について「公害」として「核害」をとらえるべきであるという。それを「公」害と見なすことの意味は、国もその発生の責任を担うものだからであろう。これまでの公害の多くが政策的不作為によるものであったことと比して、今回のそれは原子力政策を推進してきた国策によるものであった。

原子力関連施設立地自治体にとってみれば、事故のリスクをも含め、受け入れ先を判断すべきであったと言える。自治体の自治とは、自己決定と自己責任に基づくものである。受け入れたのは疲弊した地域の生き残りをかけた判断だったのかもしれないし、国への盲信がそうさせたのかもしれない。原発事故は起こらない、という国や電力事業者の神話に呼応してしまった責任は免れない。

だが、東日本大震災による災害廃棄物の広域処理を観察するに、被災自治体をはじめ災害廃棄物を受け入れている自治体側の重責に比べて、国や電力事業者はあまりに他人事のようではないだろうか。「国が前面に出る」とは、全国の市町村に責任転嫁することに過ぎず、住民への説明責任と合意形成を果たすことなく自治体に災害廃棄物の広域処理を要請し、自治を踏みにじる行為をまねいている。

公害論の原理から「核害」を見た場合、原発事故による大量の放射性物質の発生を想定してこなかった国と電力事業者に「汚染者負担の原則」「排出者処理責任」がある。国はその責任を軽んじて、さらに自治体が重んじるべき「予防の原則」さえも侵そうとしている。従来の清掃事業を住民自治と

「自治体の持続性」から考えても、自治体のごみ処理をめぐる枠組みに放射性物質に汚染された廃棄物の処理を組み入れることは、到底受け入れられない、受け入れてはいけないことである。汚染度の高いものを汚染度の低い地域に移転させることを「拡散」と呼ぶ。国による広域処理の推進は放射能汚染を拡散させようという政策であった。むしろ放射性物質による汚染が疑われる災害廃棄物の広域処理については、住民の安全を考え自治体は国に返上し、より慎重な議論を促すべきであったが、そうした自治体側からの声は広がることなく終わってしまった。

従来の地域連携は、一つの自治体では処理できない事務を共同で処理するためのものが多かったが、放射性物質に汚染された廃棄物の処理をめぐっては事務そのものを受け入れないという、地域発の連携が求められている。放射性物質に汚染された廃棄物を受け入れることが「わがまち」の環境汚染や風評被害をもたらすものであれば、他のまちにおいても同じことである。

もちろんこうした事務の受け入れをめぐる意思表明は放射性物質に汚染された廃棄物が「わがまち」に来ないのであればよいという狭い反対運動であってはならない。また対岸の火事のように放射性廃棄物の処理の行方を傍観しているのでもいけない。自治体が一致して放射性廃棄物を受け入れない運動を行うことで、国のエネルギー政策や原子力政策のあり方そのものを見直すように市区町村が連携していくことが求められている。

第6章　指定廃棄物処理における自治のテリトリー

はじめに——「予防の原則」への跳躍

（1）研究の対象

東日本大震災の災害廃棄物は、莫大な量もさることながら、その性状についても市町村にとっては悩みの種になった。第5章でも述べた通り、災害廃棄物には、市町村が普段取り扱っている一般廃棄物の他に産業廃棄物が含まれており、さらには、建築物解体等に伴うアスベストの飛散、被災した工場等からの有害物の漏出、電柱上の古い変圧器に含まれるPCB、感染性廃棄物などの危険廃棄物も混入している。そのうえ東日本大震災による災害廃棄物の処理を難しくしてしまったのは東京電力福島第一原発事故による放射性物質が飛散したことであった。その結果、福島県を中心に東北から関東に及ぶ広い範囲で、放射性物質に汚染された廃棄物が発生するという未曾有の環境汚染が生じている。この問題は陸地にとどまらず、福島第一原発事故から10年以上経っても、同施設の汚染水を浄化処理した水の海洋放出については近隣諸国の反発を招くなど、日本国内だけではなく世界的な注目の的になっている。

本章では、従来の廃棄物処理体制における自治の原理の観点から、福島第一原発事故によって放射性物質に汚染された廃棄物（特に、指定廃棄物）の対処に焦点を当てて一連の動きについて考察する。

（2）問題の所在

自治体の廃棄物処理体制からみた場合の指定廃棄物をめぐる責任・処理のスキームの特徴は、次の二点に要約できる。

第一に、国による指定廃棄物についての対処からして、自治体は原子力政策に関与せざるを得ないということである。放射性物質汚染対処特措法が、放射性物質に汚染された廃棄物（特定廃棄物）の処理を「国の責任」と位置づけた（**図表６－１**）としても、地域住民の生命・身体や暮らしの安全を身近で守るのは市町村の役割・責任であり、一般廃棄物処理関連施設と同様、指定廃棄物の最終処分場もまた地域社会の課題となる。すなわち、区域の観点から、国の直轄地がない国土においては、指定廃棄物の処理関連施設は必ずいずれかの自治体に設置されるので、処理にあたっては国の責任だけでは済まされず、自治体にも責任が発生することになる。

第二に、自治体には住民が存在するので、当該行政区域に暮らす住民が合意形成の主体となることである。特に、これまでの廃棄物行政は住民との合意形成の結晶であり、自治の現場でもあった。説明責任を果たさない限り、住民の納得による合意形成は困難である。放射性廃棄物関連施設に関する合意形成については、2006年から2007年にかけての高知県東洋町における最終処分場候補地選定をめぐる地域社会での紛争状況は地方自治の重要な経験であった（菅原・寿楽2010：25-51）。だが指定廃棄物の処理をめぐる国の政策過程のプロセスには、この歴史的な教訓が生かされておらず、「国の責任」という無責任な規定で地域社会に混乱と亀裂を招いている。

つまり、「国」は自治体と住民抜きに「責任」を果たしえる存在ではないいま、指定廃棄物が多く発生している５つの県（宮城県、栃木県、茨城県、群馬県、千葉県）に各々最終処分場を建設するという方針は、国単独の責任で片付くわけもなく、候補地になる市町村や県の役割までを含む政府間関係のあり方も問うことになっている。福島第一原発事故由来の放射性廃棄物の現状をみる限り、現在までのところ国は自ら全能を喧伝する一方で現実として無能であり続け、自治体の廃棄物行政に責任転嫁を試みたあげく住民自治の前に立ちすくんでいる。

上の二点を踏まえると、地方自治は、原子力政策失敗の結果としての今回の事故の火の粉を避けるだけでなく、さらに一歩進んで「予防の原則」[(156)]にも取り組む必要がある。これまでの指定廃棄物の最終処分場をめぐるプロセスから、「予防の原則」実現に向けたヒントを汲み取ることが本章の課題である。そこで、指定廃棄物の処理という課題について、主に千葉県の事例に、これまで構築されてきた自治体の廃棄物処理体制と指定廃棄物の処理体制との適合と逸脱について考察する。

その際、これまで住民が日常生活の中で排出するごみを処理すればこと足りた市町村の廃棄物行政に、新たに放射性物質に汚染された廃棄物の処理という難題が組み込まれようとしていることに注意する必要がある。本章を通じて、国策として進められている放射性物質に汚染された廃棄物の処理問題が「自区内処理の原則」に基づく既存の廃棄物処理体制に何をもたらしたのか、住民の生活と環境保全、地域の持続可能性をはかる自治体に何をもたらしたのかを論じてみたい。

１．環境行政体制と放射性物質

日本において、原子力法制は、環境法制とは異なる法体系として独自の展開を遂げてきたとされる。放射性物質については主に原子力関連法によって規制されるため、環境法制においては、それらによる環境汚染に対処する法体制も整備されておらず放射性物質の適用除外規定が広く定められていた(北村2013：134-135、高橋2013：7-12、大塚2013：112-115)。

しかし、福島第一原発事故の発生以降、既存の環境法体系は抜本的な変革を迫られることになった。

（１）放射性物質と環境法制

日本における環境汚染対策についての基本的な枠組みを定めた法律は「公害対策基本法」（昭和42年法律第132号）である。当時の公害問題は、企業に

(156) 「予防の原則」についての定義は確立されていないが、科学的な因果関係が十分に証明されていなくても、環境保全上重大な事態が発生することを予防する立場で対策を実施することを妨げてはいけないという点には概ね一致している。

よる産業公害の問題が中心で、同法においてもこれらの問題に対処する観点から典型７公害（大気汚染、水質汚濁、地盤沈下、土壌汚染、騒音、振動、悪臭）について公害の対象範囲や、公害発生源者（主に、企業）、国、自治体の責任を各々規定している。

一方で、同法は、放射性物質について、「放射性物質による大気の汚染、水質の汚濁及び土壌の汚染の防止のための措置については、原子力基本法（昭和30年法律第186号）その他の関連法律で定めるところによる」（第８条）と規定し、公害対策における放射性物質を適用除外としている。その理由については、「すでに原子力基本法をはじめとする諸法令が整備されており、人畜や環境に障害が生じないように厳重な規制が行われているので、これらの防止措置については、すでに整備されているそれらの関係法律によることを規定したものである」とされる（岩田1971：161）。

同法に続いて制定された大気汚染防止法（第27条１項）、水質汚濁防止法（第23条１項）、廃棄物処理法（第２条）などにおいても、放射性物質による汚染は適用除外と規定された。このような原子力法制と環境法制における放射性物質をめぐる規定の棲み分けは、環境基本法（第13条）、環境影響評価法（第52条）、土壌汚染対策法（第２条）、循環型社会形成推進基本法（第２条２項２号）、資源の有効な利用の促進に関する法律（第２条１項）などでも当てはまり、適用除外の規定が踏襲された。

これらの法律の中で、1993年に制定された環境基本法は、環境への負担が少ない「持続可能な発展」の考え方を取り入れた。環境基本法の制定過程において、当時の社会党から提出された環境基本法案には、原子力発電施設に起因する環境の汚染を防止するため、原子力発電施設を段階的に廃止すべきであるという提案が含まれていた。しかし、法案をめぐる国会の審議過程において、原子力発電施設の段階的な廃止を提案した社会党案はほとんど審議されなかったとされ[157]、持続可能な発展にとってリスクとなる放射性物質によ

(157)　環境基本法の制定過程における原子力発電をめぐるより詳しい内容については、宮本（2014：637-660）を参照されたい。

る環境の汚染等の防止については、環境基本法でも公害対策基本法における放射性物質をめぐる適用除外規定はそのまま引き継がれている。

しかし、1999年に茨城県東海村にあるJCOウラン燃料加工工場で、日本で初めて住民の避難や屋内待避が要請された重大事故である臨界事故が起きた。その影響で、原子力政策の無謬性は日本国内においても否定されるようになり、その結果「原子力災害対策特別措置法」が成立することとなった。一方、同法では、原子力災害は、たとえ発生したとしても短期に速やかに収束することが前提となっており、原子力事業者や国や自治体が直ちに対策を取ることを定めていた。東日本大震災による福島原発事故に見るような原発事故で、環境中に放射性物質が広範囲かつ大量に飛び出し、長期にわたって存在する状態から人々を守る法律は依然として存在していなかった。

ところが、東日本大震災による福島第一原発事故で大量の放射性物質が環境中に飛散したため、国は、放射性物質に汚染された廃棄物の処理をめぐる法的対応に迫られる。そして、議員立法により放射性物質汚染対処特措法が制定された。こうした状況を踏まえ、第180回国会において成立した「原子力規制委員会設置法」の附則により、環境基本法における放射性物質の適用除外規定（第13条）が削除された。ついに、環境法制において、放射性物質による環境の汚染の防止に係る措置を講ずることができるようになったのである。(158)

（2）原子力安全と環境行政

環境法制が対象としてこなかった原子力安全規制は、環境行政においても所管事務の対象外とされてきた。以下、福島第一原発事故前の原子力安全をめぐる環境行政の変遷について概観してみよう。

---

(158)　環境基本法の改正を受け、中央環境審議会は環境省に対し「環境基本法の改正を踏まえた放射性物質の適用除外規定にかかわる環境法令の整備について（意見具申）」（平成24年11月30日）を出した。だが、いまだ放射性物質による環境汚染を防ぐ環境基準、規制基準などは未整備のままであり、放射性物質適用除外規定が残されている個別環境法もある。

1967年の公害対策基本法の施行に続き、1970年には内閣に公害対策本部が設置され、同年の第64回国会においては公害対策関連14法[(159)]が成立した。さらに、当時各省庁に分散していた公害行政を一本化し、公害対策を計画的に実施するため1971年に環境庁が設置された。しかし、先に見た通り公害対策基本法が放射性物質を適用除外と規定していたことから、放射性物質による環境汚染はその所管事務に含まれなかった。

その後、中央省庁の再編のあり方を審議する行政改革会議のなかで、原子力や放射能の安全性をチェックする機能をどの省庁が担当するかについて議論された。この経緯については行政改革会議の省庁再編問題の主査である藤田宙靖氏から出された「省庁再編案（座長試案……叩き台）」（1997年８月18日）が重要である。特に、藤田案の中で、環境庁に代わる「環境安全省」の創設が提案されていることは注目に値する（藤田1999：277）。

座長試案の省庁再編案における環境安全省の機能としては、「環境政策、地球環境問題政策、環境安全対策、環境影響評価、大気汚染防止、排出ガス規制、水質・土壌汚染の防止、産業公害の防止、リサイクル、廃棄物処理対策、原子力安全、自然保護、森林保護、自然公園、公衆・食品衛生、水道、医薬品安全」（傍点、引用者）が挙げられている。また原子力安全を環境安全省が担当する理由について、「エネルギー行政の中でも、原子力の開発・利用と原子力の安全確保とは、一面相反するところがあり、しかも、安全確保の見地からのチェックの必要性が極めて大きいことから、後者については環境安全省の任務とすることとした」（傍点、引用者）と説明している。また、原子力の開発・利用については、食糧・エネルギー省の所管事務としていた。

しかし、原子力の開発・利用において、その安全確保に力点を置きながら

(159)　公害対策基本法をはじめとする大気汚染防止法、水質汚濁防止法、海洋汚染防止法、下水道法、農用地の土壌の汚染防止等に関する法律、騒音規制法、道路交通法、廃棄物処理法、農薬取締法、毒物及び劇物取締法、人の健康に係る公害犯罪の処罰に関する法律、公害防止事業費事業者負担法、自然公園法の14の法律を指す。

一括して司る省庁を設置しようとした藤田氏の「環境安全省」構想は実現されなかった。最終的に、省庁の名称も、環境安全省から「安全」を削除した「環境省」に決まり、座長試案に比べると、その担当事務は大幅に減らされたものとなった（杉本2012：23-28）。

このような経緯から、環境法とあわせ行政機関においても、福島第一原発事故を見るまで環境行政が原子力安全を司ることはなかった。これが、福島第一原発事故をきっかけに、環境省が放射性物質に汚染された廃棄物の処理に係ることになる。福島第一原発事故後、原子力発電を推進する資源エネルギー庁と規制する原子力安全・保安院が同じ経済産業省の中にあることが、事故の原因の一つと指摘されるようになったのである。そして、原子力利用における推進と規制を分離し、規制事務の一元化を図るとともに、専門的な知見に基づき中立公平な立場から、独立して原子力安全規制に関する行政を担う行政機関として、環境省の外局として原子力規制委員会が発足した。(160)

2．放射性物質に汚染された廃棄物

福島第一原発事故前の放射性廃棄物は主に原子力関連施設内で発生するものと観念されてきたが、事故によって国が想定していた原子力関係の安全神話は崩れ去った。大量に発生した放射性物質に汚染された廃棄物に対処するため、放射性物資汚染対処特措法が制定されたのは先述の通りである。ここからは同法における放射性物質に汚染された廃棄物についての規定を自治体の関わり方から考察してみよう。

（1）福島第一原発事故に起因する放射性廃棄物をめぐる新たな法的枠組み

環境省は、福島第一原発事故に起因する放射性物質に汚染された廃棄物

(160)　原子力規制委員会は、4名の委員から構成され、その事務局機能は原子力規制庁が担うこととなった。独立性と中立性が期待される原子力規制委員会であるが、当委員会は事故後止まっていた原子力発電所の再稼働を次々と許可していることなどから、原子力規制委員会の設置趣旨への疑問の声が出ている。原子力規制委員会については、新藤（2018）が詳しい。

を、原子炉等規制法、放射性物質汚染対処特措法、そして廃棄物処理法の３つの法律を組み合わせ、その「発生場所」と「放射能濃度」によって区別し、各々適用する法律によって処理責任（者）と処理方法を定めている（**図表６−１**）。

まず、原子力事業所内及びその周辺に飛散した福島第一原発内起因廃棄物①の処理については、関係原子力事業者が、原子炉等規制法に基づいて処理を行うことが規定されている。すなわち、東京電力の敷地内（福島第一原発）とその近隣地域における福島第一原発事故によって発生した放射性廃棄物は、東日本大震災前と同じく放射性セシウム100Bq／kg以上のものを放射性廃棄物として管理する原子炉等規制法によって処理される。

次に、原発事故由来放射性物質の飛散により汚染された廃棄物の中でも、国が処理責任を負う特定廃棄物②は放射能濃度が8,000Bq／kgを超えるもので、福島第一原発周辺の対策地域内廃棄物ⓐと、それ以外の特定の地域のそれぞれについて指定される施設（水道施設や下水道脱水汚泥排出施設など）から排出される指定廃棄物ⓑとに分けられる。これらの廃棄物は、東日本大震災後に制定された放射性物質汚染対処特措法に基づいて処理が行われる。

最後に、放射能濃度8,000Bq／kg以下の廃棄物については、特定一般廃棄物③と特定産業廃棄物④とに分けられる。これらの処理は、廃棄物処理法に

図表６−１　放射性物質汚染対処特措法のもとでの廃棄物カテゴリー

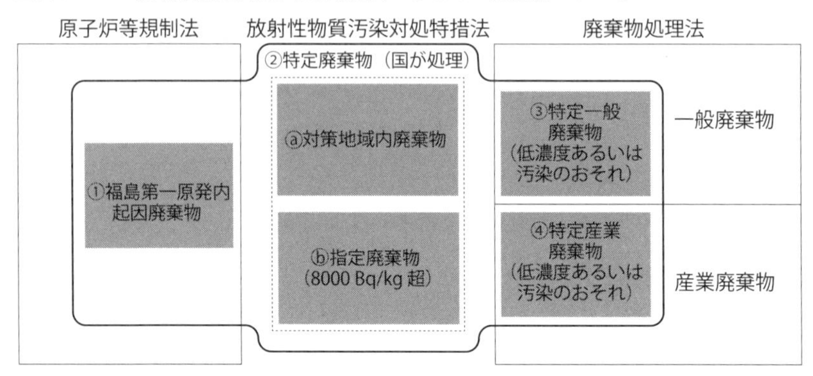

出典　北村（2017：516）

基づき、前者については一般廃棄物の処理責任を負っている市町村が、後者については産業廃棄物の処理責任を負っている事業者が、各々その処理責任を負うことになっている。

以上の整理に見た通り、福島第一原発事故による放射性物質に汚染された廃棄物の処理をめぐる新たな枠組みでは、原子力事業所内及びその周辺に飛散した放射性廃棄物以外の放射性物質に汚染された廃棄物については、何らかの形で自治体にその対処または処理の責任を負わせている。

とりわけ指定廃棄物ⓑと特定一般廃棄物③は国の責任を述べてはいるものの、ほとんど自治体に処理を丸投げされた状態である。特定一般廃棄物についてはその量の把握すらできないままで、すでに一般廃棄物として市町村によって処理されている。中間処理は焼却や溶融による圧縮過程であるので、それによって放射能濃度が8,000Bq／kgを超えることもあり得る。逆に、8,000Bq／kgを超えた廃棄物であっても時間の経過により濃度が減少して指定を外れることもある。また、後に述べるように8,000Bq／kgを超えたとしても指定されない場合もある。すなわち、特定一般廃棄物③と指定廃棄物ⓑとは便宜上分けられた8,000Bq／kgという線をまたいで行き来する関係にある。この二つが本章の中心的な検討対象となる。

（2）放射性物質に汚染された廃棄物の基準：8,000Bq／kgとは何か

ところで、福島第一原発事故による放射性廃棄物をめぐっては、指定廃棄物の基準として「8,000Bq／kg」が様々な場面で登場している。一方で原子炉等規制法では「100Bq／kg」という放射能濃度の規制基準が設けられている。この二つの基準は、どのように作られたのか。

環境省は、放射性物質に汚染された廃棄物の収集・運搬から最終処分までの全過程を想定して被ばく評価をし、8,000Bq／kg以下であれば、一般公衆・作業者の被ばくが１mSv／年を上回らないレベルだと説明している。１mSv／年という基準は、かつて原子力安全委員会が「東京電力株式会社福島第一原子力発電所事故の影響を受けた廃棄物の処理処分等に関する安全

確保の当面の考え方について（平成23年６月３日）」で示したものである。

しかし、原子炉等規制法における放射性セシウムのクリアランスレベル[(161)]は100Bq／kgであることから考えると、放射能濃度をめぐる廃棄物の処理基準が二つ存在すること[(162)]となり、8,000Bq／kgという基準は大幅に緩和されたものであると言わざるをえない。この基準緩和について、環境省は、「特別措置法の8,000Bq／kgは廃棄物処理を前提としていることに対し、クリアランスレベル（100Bq／kg）は、一般の生活環境での再生利用までを含むあらゆるシナリオを想定し、被ばく線量の許容濃度を0.01mSv／年とした基準であるため両者には差異がある」とする[(163)]（傍点、引用者）。環境省の説明は、廃棄物の処理と再生利用は目的が異なるのだから、放射能濃度を100Bq／kgから8,000Bq／kgまで基準緩和したというものである。

ところが、環境省は福島原発事後の除染で発生した汚染土について再利用によって最終処分量を減らす方針を打ち出しており[(164)]、既に常磐自動車道で四車線化工事の盛り土に再生利用する計画等を進めている[(165)]。この動きは福島県における除染土の中間貯蔵施設設置の際の「原発事故で発生した放射性汚染物は、県内の中間貯蔵施設に集約し、30年後には県外最終処分する」とした約束にも反している。さらには最終処分場の建設受け入れ先選定に窮したからとはいえ、この計画は環境省が自ら基準緩和の理屈として作り出した、放射性物質に汚染された廃棄物を「処分」と「生活環境での再利用」とに目的でもって峻別することとした自らの説明とも矛盾している。国によって進め

---

(161)　クリアランスレベルとは、放射性物質として扱う必要がないものとして、放射線防護の規制の枠組みから外す際に適用されるものであるとされる。経済産業省「原子力発電所外に適用されている放射能に関する主な指標例」（http://warp.da.ndl.go.jp/info:ndljp/pid/11241027/www.meti.go.jp/earthquake/nuclear/pdf/120427_01a.pdf、2019年６月１日閲覧）

(162)　東日本大震災による東京電力福島第一原発事故後にとられた放射能汚染対策における様々なダブルスタンダードについては大島（2021）が詳しい。

(163)　環境省「100Bq／kgと8,000Bq／kgの二つの基準の違いについて」（https://www.env.go.jp/jishin/attach/waste_100-8000.pdf、2019年６月１日閲覧）

(164)　朝日新聞「福島汚染土、県内で再利用計画『99％可能』国が試算」（2019年２月26日付）

(165)　東京新聞「汚染土で盛り土計画」（2019年２月２日付）

られている「除去土壌再生利用事業」は、再生利用の基準を100Bq／kgではなく、8,000Bq／kg以下としており、除去土壌の再生利用は、原理的には全国各地どこでも可能だとしている（環境省2016）。しかし、そのためには除去土壌の再生利用も指定廃棄物の対処同様これを受け入れる地域が現れなければならず、住民の合意形成は必須プロセスなのである。すなわち、放射性物質汚染対処特措法における国の責任には本質的な疑義が生じているといえる。[(166)]

（３）　指定廃棄物の現況から見る問題点――自治体と数量推計

図表６－２から分かるように、東日本大震災が発生してから10年以上が経過した2023年現在においても、指定廃棄物は、福島第一原発が立地する福島県をはじめ、指定廃棄物の最終処分場を建設する予定となっている宮城・茨城・栃木・群馬・千葉の５つの県に大量に残されている。

一方で、2012年の環境省の資料[(167)]からは、上記の都県以外にも、埼玉県、秋田県、北海道に放射能濃度8,000Bq／kgを超える廃棄物が保管されていたことが分かる。この資料によると、埼玉県には放射能濃度が高い下水汚泥の焼却灰が約560ｔ保管されていて、北海道と秋田県には8,000Bq／kg超えの稲わらなどの農林業系副産物が保管されていた。しかし、これらの県における放射能濃度が高い廃棄物は、「指定廃棄物」として指定されることなく、福島原発事故後から現在に至るまで環境省が発表してきた指定廃棄物の数量に

---

(166)　日本弁護士連合会は、放射性物質汚染対処特措法附則第５条の見直しの年にあたる2015年７月16日に、「放射性物質汚染対処特措法改正に関する意見書」を公表し、指定廃棄物の指定基準を批判している。しかし、同法の見直し検討のため設置された放射性物質汚染対処特措法施行状況検討会は、「現行の除染実施計画が終了する時期（平成28年度末）を目途に、現行の施策に一定の進捗があることを前提として、改めて特措法に基づく一連の措置の円滑な完了に向け必要な制度的手当等を行うべきである」（「放射性物質汚染対処特措法の施行状況に関する取りまとめ」2015年９月）とし、制度の見直しを先送りした。

(167)　環境省「指定廃棄物の今後の処理の方針」（2012年３月30日）（http://www.env.go.jp/jishin/rmp/attach/memo20120330_waste-shori.pdf、2012年６月１日閲覧）

図表６－２　指定廃棄物の数量（2023年12月31日時点）

都道府県	焼却灰		浄水発生土（上水）		浄水発生土（工水）		下水汚泥（焼却灰を含む）		農林業形副産物（稲わらなど）		その他		合計	
	件	数量（t）	件	数量（t）	件	数量（t）	件	数量（t）	件	数量（t）	件	数量（t）	件	数量（t）
岩手県	0	0	0	0	0	0	0	0	0	0	1	1.3	1	1.3
宮城県	0	0	5	553.0	0	0	0	0	4	2,274.4	4	0.5	13	2,827.9
福島県※	1,476	400,385.2	36	2445.2	11	584.1	110	8,076.9	0	0	316	15,141.1	1,949 (9)	426,632.5 (34.0)
茨城県	20	2380.1	0	0	0	0	2	925.8	1	0.4	2	2.7	25	3,309.0
栃木県	8	1331.4	11	408.9	0	0	8	2,200.0	26	7,010.7	5	13.7	58	10,964.6
群馬県	0	0	6	545.8	1	127.0	5	513.9	0	0	1	0.3	13	1,187.0
千葉県	46	2719.4	0	0	0	0	1	542.0	0	0	17	455.2	64	3,716.6
東京都	1	980.7	0	0	0	0	0	0	0	0	1	1.0	2	981.7
神奈川県	0	0	0	0	0	0	0	0	0	0	3	2.9	3	2.9
新潟県	0	0	3	942.2	0	0	0	0	0	0	0	0	3	942.2
合計	1,551	40,7796.8	61	4,895.1	12	711.1	126	12,258.6	31	9285.5	350	15618.7	2,131	450.565.7

※：福島県の合計の括弧書き９件・34ｔについては、事業者・自治体に保管されている指定廃棄物を表している（事業者・自治体等の申請等に基づき指定された指定廃棄物1,629件・189,253ｔのうち、1,620件・189,219ｔの指定廃棄物は焼却処理・埋立処分等するため搬出されている）。

出典　環境省「放射性物質汚染廃棄物処理情報サイト」（http://shiteihaiki.env.go.jp/radiological_contaminated_waste/designated_waste/、2024年５月１日閲覧）

含まれることもなかった。

なぜ、放射能濃度の高い廃棄物であるにもかかわらず、指定廃棄物と指定されない事態が発生しているのか。指定廃棄物は、放射性物質汚染対処特措法に従って、焼却施設や上下水施設等の管理者または設置者（自治体や産業廃棄物処理業者等）からの調査・申請に基づいて調査を行い、最終的に環境大臣によって指定される（第17条と18条）。そのため、管理者または設置者からの環境省への申請がない場合、「指定廃棄物」として指定されることはない。

制度上、自治体は申請を行わないことで、地域内に指定廃棄物が発生していても、環境省の指定廃棄物の推計に含まれず、その実態が表面に現れないようにできる仕組みになっている。自治体側としては、指定を受けることで風評被害や保管の負担を背負うことになるため、「申請を行わない」という隠された選択肢を採っているのである。要するに、放射性物質汚染対処特措法における上記の条文規定は、指定廃棄物の量を測る義務が国にも自治体にも明確に課せられておらず、指定廃棄物の測量のための器は底が抜けた状況である。

その上、上述した通り放射性物質に汚染された廃棄物に対処するため制定された法律における8,000Bq／kgの境界線は便宜のためのものであって、焼却等の中間処理の過程で8,000Bq／kgを上回ることがあれば、他の一般廃棄物を、放射性物質に汚染された廃棄物に混ぜて希釈して処理することで、指定廃棄物も一般廃棄物として処理可能になる場合もある[(168)]。東日本大震災による福島第一原発事故は、放射性物質に汚染された廃棄物とそうでない廃棄物との境目をなくしてしまった。

（４）地域住民の日常生活の場に迫る放射性廃棄物：特定一般廃棄物・特定産業廃棄物

放射性物質汚染対処特措法は、指定廃棄物より比較的放射能濃度の低いとされる8,000Bq／kg以下の特定一般廃棄物と特定産業廃棄物の処理について、環境省令で定める基準に従って処理することと定めている。特定一般廃棄物の処理主体としては明確に自治体等に処理責任を負わせている。同法は、福島第一原発事故という非常時に発生した放射性物質に汚染された廃棄物に対処するために制定されたとされているが、その処理は結局、平時の自治体による処理システムに丸ごと投げこまれているのである（**図表６－３**）。

放射性物質汚染対処特措法（第22条～24条）と施行規則（第28条、第30条）によると、放射能濃度が8,000Bq／kg以下の特定一般廃棄物は市町村、特定産業廃棄物は事業者が、廃棄物処理法の下で各々処理責任を負う。これらの廃棄物の処理の際には、廃棄物処理法に基づく通常の処理基準と維持管理基準に加え、特別措置法の施行規則で定める上乗せ基準（特別処理基準と

(168)　毎日新聞「見て見ぬふりの放射能汚染、12都県の放射性廃棄物、処理されず放置」（2014年11月23日付）

図表６－３　廃棄物の定義（傍点、引用者）

法　　律	廃　棄　物　の　定　義
廃　棄　物　処　理　法	ごみ、粗大ごみ、燃え殻、汚泥、ふん尿、廃油、廃酸、廃アルカリ、動物の死体その他の汚物又は不要物であって、固形状又は液状のもの（放射性物質及びこれによって汚染された物を除く。）をいう。（第２条１項）
放射性物質汚染対処特措法	ごみ、粗大ごみ、燃え殻、汚泥、ふん尿、廃油、廃酸、廃アルカリ、動物の死体その他の汚物又は不要物であって、固形状又は液状のもの（土壌を除く。）をいう。（第２条２項）

特別維持管理基準、第29条～35条）に従わなければならないとされる。

しかし、特定一般廃棄物・特定産業廃棄物の放射能濃度の基準である「8,000Bq／kg以下」はその範囲が広い。指定廃棄物の最終処分場の基準の場合、生活環境保全の観点とともに一般公衆の放射線被ばく管理の観点から、廃棄物処理法と比較して厳格な基準が定められたが、上記の特定一般廃棄物・特定産業廃棄物については、積替保管施設の掲示、焼却、最終処分について通常の廃棄物の処理基準が厳格化されているにとどまっている（大塚2013：122-123)。

この指摘に対し、環境省は、廃棄物処理施設における焼却処理について高性能のバグフィルターが完備されていること、放射性物質に汚染されている廃棄物と汚染されていない廃棄物とを混ぜて焼却することで放射能濃度を調整できるので、安全上の問題は生じないとしている[(169)]。しかし、現在の市区町村の廃棄物焼却施設はもっぱら一般廃棄物を焼却するためのものである。その上、東日本大震災前に建てられた市区町村の廃棄物焼却施設のバグフィルターは、ダイオキシン対策のためのものであり、そもそも廃棄物処理法で適用除外としていた放射性物質の対策のためつけられたものではない（熊本・辻2012：41-43)。

このような施設で放射性物質に汚染された廃棄物を焼却することは、高い

(169)　環境省　放射性物質汚染廃棄物処理情報サイト（http://shiteihaiki.env.go.jp/radiological_contaminated_waste/designated_waste/step_disposal/flow_of_incineration_process.html、2019年３月６日閲覧）

リスクがある試みと言わざるを得ない。また、バグフィルターの取り換え作業に係る市区町村の廃棄物焼却施設の現場対応についても、現場の職員の健康被害に注意する必要がある（津川2015、2016）。さらに、廃棄物焼却施設の放射能濃度については、地域住民が安全に暮らせる環境保存のためにも一般公衆の放射線被ばく管理の観点からも監視のための装置が必要である。

加えて、放射性物質汚染対処特措法は、廃棄物焼却施設から発生する焼却灰について、管理型処分場で埋立・管理すると規定されている。しかし、8,000Bq／kg程度のものの場合、東日本大震災以前の埋立処理基準である100Bq／kgまで濃度が低減するためには約200年を要するともいわれる[(170)]。管理型処分場で敷かれるビニールシートの耐用年数が限られているなか、いつまで「安全」に管理できるのか、管理技術や管理体制面での問題も残る。管理型処分場近隣の住民や自治体は放射性物質による環境汚染というリスクに直面することとなる。この動きは、住民との信頼の上に立ち、安心で安全な処理をモットーとしてきた自治体の廃棄物行政に「未知への対応[(171)]」が強いられていることを意味する。

（5）小括：指定廃棄物の処理スキームの限界性

放射性物質汚染対処特措法における特定一般廃棄物・特定産業廃棄物についての規定は、放射性物質に汚染された廃棄物の処理をめぐる廃棄物処理法の適用を認める趣旨であり、放射性物質を適用除外としていた廃棄物処理法における廃棄物の定義を広げ、実質的には廃棄物処理法を改正している（大塚2013：122)。では、なぜ国の指定廃棄物の処理スキームが機能しないのか。

---

(170)　日本弁護士連絡会「放射性汚染物質対処特措法施行に当たっての会長声明」(2011年9月20日)

(171)　これまでの環境省はそれなりに制御可能な現状に対応すべく、様々な基本的考え方に基づいて仕組みを構築してきたが、東日本大震災は環境法にとっても未知の領域で、廃棄物分野における2つの特措法は環境法学上にも課題を残した「未知への対応」に追われることになった（北村2012：56-57)。この環境法に基づいて実際廃棄物処理を行っている自治体もまた現場における「未知への対応」を負わされているのである。

排出者責任と処理責任、そして処理能力から考察してみよう。

(i) 排出者責任の所在

図表6－4は、一般廃棄物と指定廃棄物の排出者責任とその処理責任のスキームを表している。平時における廃棄物の処理は、廃棄物処理法に基づき行われ、一般廃棄物については市町村、産業廃棄物については事業者に、各々処理責任があるとされる。市町村に処理責任があるとされる一般廃棄物については、第一部で述べた通り当該市町村の行政区域を範囲とする「自区内処理の原則」が根付いている。

市町村において廃棄物は、地域住民の廃棄物発生者としての原責任と当該市町村の処理責任という住民自治のルールによって処理されているのである。これを可能としているのは、排出者住民と処理者市町村の間における信託関係（A）があるからである。市町村は住民と信託を通じて当然に一体であり、だからこそ当該市町村の一般廃棄物を他の自治体に対して一方的に処理負担を押しつけることなく、自己責任に基づいて適正に処理すべきであり、またそうしなければならないという仕組みが構築されている。

図表6－4　廃棄物の排出と処理の責任スキーム

a. 一般廃棄物

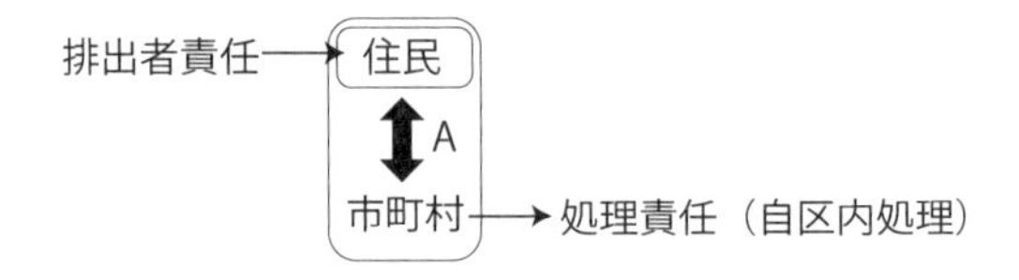

b. 指定廃棄物

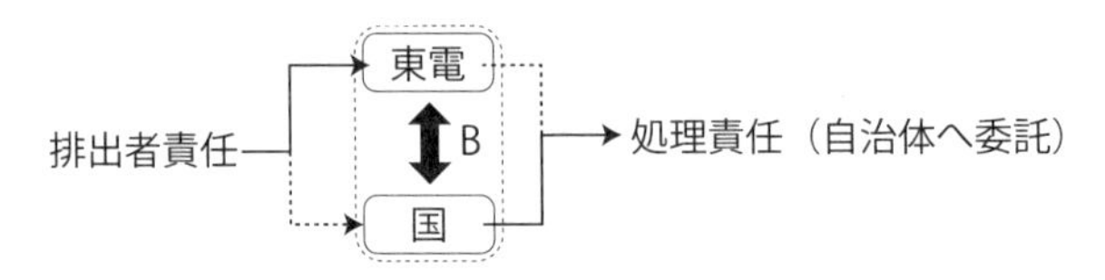

この仕組みの中で、「自区内処理の原則」を中心とした従来の市町村の廃棄物行政は、ごみの分別、収集・運搬、処理の全過程において、住民との協働によって行われてきた。地域住民は、対立と合意の試行錯誤を経験しながら、ごみ問題を自らの地域の課題として、地域における自治のプロセスを構築してきたのである。このような市町村の廃棄物処理体制からすると、後述するように指定廃棄物の処理を国の責任で行うと宣言されても、8,000Bq／kgを超える指定廃棄物の最終処分場の建設問題を抱えることになる市町村にとってみれば、地域住民との合意形成が不可欠となる。地域住民の健康と生活環境を守るのが市町村の存在理由でもあるため廃棄物行政は「住民自治のテリトリー」である。

ところで、放射性物質汚染対処特措法は、指定廃棄物の処理を国の責務と定めている。国は、指定廃棄物が大量に発生している５つの県内に各々の最終処分場の設置を目指すこととした。この方針は責務のとらえ方として、上述の一般廃棄物をめぐる市町村の「自区内処理の原則」を、都道府県レベルに拡大する形でいわゆる「自県内処理の原則」として適用しているものといえるだろう。だが、指定廃棄物は県民に排出者責任がない。指定廃棄物は福島第一原発事故による飛散が原因であり、排出者責任は、本来原発事故に備える対策を取るべき原因企業である東京電力に帰する。[172]

国が、原責任を住民に置く一般廃棄物の処理原則に、原発事故由来の指定廃棄物の処理を当てはめようとしたため歪みが生じているのである。この構図の上で原責任者の東京電力と処理を実際に担う市町村との間に信託や紐帯

(172)　放射性物質に汚染された廃棄物が産業廃棄物かどうかについては、新潟県と東京電力とのやり取りから読み取ることができる。新潟県は、福島第一原発事故による放射性セシウム含有の汚泥（６万ｔ）について、東京電力に引き取りを求めてきた。しかし、東京電力は産業廃棄物を処理する許可がないなどの理由で引き取りに応じなかった。この一連の動きから、東京電力側は、原発事故による廃棄物を産業廃棄物として認識、排出者責任があることを認めながら、産業廃棄物処理許可を得ていないことを理由に引き取り（処理）を拒否していることが読み取れる。事業者としての責任意識の低さと不履行に関する取り締まりに関する制度の不備を指摘せざるを得ない。共同通信社（2018年12月27日付）

は存在しない。もちろん、現在指定廃棄物が発生している地域の住民に処理責任を問うこともできず、したがって指定廃棄物が発生している当該自治体にもその処理責任を負わせることもできない。

自治のテリトリーから見た場合、その紐帯（B）の先は、結果的に原因企業である東京電力とともに原子力政策を推進し、「専管事項」としてきた国に向く。処理責任を負うことになるのは国だということになろう。だが処理責任はなぜか国から自治体へ向けて下ろされている。最終処分場のない日本の原子力政策はトイレのないマンションに例えられることがあるが、国は自治体というトイレを見つけたつもりである。ここまでの関係は**図表 6 － 4** に見いだすことができる。

（ii）処理能力の所在

指定廃棄物の処理能力に関しては主従のベクトルが逆転する。

国は、全面的に責任を負うとしているが、**図表 6 － 5** のように具体的な処理能力を持たないので、指定廃棄物の処理をめぐっては政策立案の主体または費用負担の主体にしかなりえないのである。例えば、東日本大震災を受け、国は環境省の出先機関である東北地方環境事務所にその役割を期待したが、

図表 6 － 5　排出者責任の所在と処理能力の逆補完

	排出者責任	処理能力
国	○ 東電と共同 ↑	× ない ↓
都道府県	× ない ↑	× ない ↓
市町村	× ない	？ 施設・人員

指定廃棄物
特定一般廃棄物

災害廃棄物の処理をめぐる行政リソースの提供の限界が明らかで、廃棄物処理の現場を持たない国の出先機関は直接的な実働部隊としては実力に乏しいものと指摘されている（北村2013：130）。

結局、国は県を通じ市町村に頼り指定廃棄物を受け入れてもらい、これを処理するスキームを採用せざるをえないため、排出者との紐帯（B）のない市町村が自らの行政リソースを提供する処理主体となる（**図表6－4**）。道理にかなわなくとも、処理をめぐる負担は市町村に転嫁せざるを得ない。現場を持たない国の政策は市町村によって逆補完されていると指摘される（金井2012：10-12）が、廃棄物処理もその例の一つであることがわかる。だが自治の道理なきスキームを機能させるのは、信頼と合意の構築物である廃棄物行政にとって容易ではない。排出者と処理の主体が断絶しているため、震災から10年以上経過しても、指定廃棄物の最終処分場の候補地選定過程における合意形成が難航する構造に陥っている。

従来の市町村の廃棄物処理体制から考えると、放射能物質に汚染された廃棄物について住民に十分に説明し、合意を形成するのに、どのような手立てがあるだろうか。環境省は審議会などの専門的知見を借りて科学的に問題ないとするが、市町村の廃棄物処理体制は科学的安全性ももちろんだが、何よりも住民の納得による合意を重視してきた。これまで、廃棄物の処理をめぐり多くの市町村は長年の間その合意形成にこそ時間をかけてきたのである。はたして国は指定廃棄物処理の合意形成をめぐって各々の市町村が払ってきたこの民主主義のためのコスト負担と責任を果たしているだろうか。さらには市町村と同じく自治体である都道府県の役割はどのように定めるべきか。放射性廃棄物については、その定義、処理方法、政府間における役割と処理責任等々、定めるべき課題が山積したままである。

ここから先は、指定廃棄物の最終処分場建設をめぐって生じた具体的な事例に即して、自治のテリトリーにおける顚末を詳細に見ながら、自治体はこの課題についてどう対処すべきか考えていきたい。

3．廃棄物処理体制からみる指定廃棄物の最終処分場建設

本章執筆時点で、福島第一原発事故で発生した指定廃棄物の最終処分場[(173)]の建設候補地は、5つの県すべてにおいて、未定のままである。なぜ指定廃棄物は処理が進まないのか、自治体の廃棄物処理体制から考察してみよう。

（1）指定廃棄物の最終処分場候補地の選定をめぐる初期対応

まず、国が指定廃棄物の最終処分場候補地の選定をどのように進めてきたのかを見てみる必要がある（以下、図表6－6参照）。

指定廃棄物の県内処理方針が定められたのは民主党政権時である。2012年3月30日、環境省は「指定廃棄物の今後の処理の方針」を公表し、指定廃棄物の発生量が多く保管場所が逼迫している都道府県に対して、2015年度末を目途に当該都道府県内に最終処分場を確保することとした。この方針に基づき、新たに最終処分場を建設する必要がある場合は、国が候補地を抽出・決定するとした。また、同省は、8,000Bq／kgを超える廃棄物の発生量が多く、保管場所が逼迫している宮城県、茨城県、栃木県、群馬県、千葉県に対して、候補地選定への協力を要請した。その後、関係市町村担当課長会議を開催し、選定手順、評価基準、提示方法について説明を行った[(174)]。

環境省は、2012年8月20日に開かれた災害廃棄物安全評価検討会において、指定廃棄物の最終処分場の構造・候補地の選定手順等を説明した。その後、指定廃棄物最終処分場候補地として、栃木県に対して矢板市の「塩田大石久保の国有林野」（9月3日）を、茨城県に対して高萩市「上君田竪石地内の国有林野」（9月27日）を、それぞれの県内における指定廃棄物の最終

---

(173)　環境省は2015年4月13日に開催された指定廃棄物処分等有識者会議で、「最終処分場」から「長期管理施設」に名称変更している。本章では、「最終処分場」「長期管理施設」いずれにしても、国の方針内容に変更はなく、地域に与える影響に変わりはないことから、最終処分場の語をそのまま用いている。

(174)　環境省は、この過程における市町村からの特段の意見はなかったと述べ、候補地の選定過程に問題はなかったと説明している。指定廃棄物有識者会議第1回資料3（2013年3月16日）

処分場の候補地として提示した。この選定について、矢板市と高萩市の市長は、自治体の意思を無視した国の一方的なやり方であり到底受け入れられないと直ちに反対の姿勢を見せた。また、市民レベルにおいても、指定廃棄物最終処分場候補地の白紙撤回を求める矢板市民同盟と高萩市民同盟が中心となり、住民運動を展開した。

そんな中、2012年12月には民主党から自民党への政権交代があり、自民党は前政権での取組を検証する姿勢を示した。2013年２月25日に、環境省は矢板市と高萩市の候補地選定を一旦取り下げ、これまでの選定プロセスを見直すこととした。指定廃棄物の最終処分場建設が進まない理由は前政権の進め方に問題があったとして、「国の一方的なやり方」という批判を払拭するための新しい選定プロセスが導入された。すなわち、最終処分場の安全性や選定手法等に関する有識者会議を開催するとともに、５つの県において各々知事と市町村長らとの会議を開催することとしたのである。前者には、環境省の政策にいわば専門家によるお墨付きをもらう意味があり、後者を用いることには、市町村の意見を収斂して、指定廃棄物の最終処分場の立地選定作業に着手することで、地域の批判・反発を抑える狙いがあったであろう。

そして、2013年３月28日に開かれた宮城県の第２回市町村長会議(175)を皮切りに、栃木県、千葉県、茨城県、群馬県まで次々と市町村会議が開かれている。2013年12月24日に開かれた「第４回栃木県指定廃棄物処理促進市町村長会議(176)」で新たに塩谷町（上寺島の寺島入国有林の一部）が栃木県指定廃棄物最終処分場の候補地として示された。また、宮城県については、2014年１月20日に開催された「第５回宮城県指定廃棄物処理促進市町村長会議(177)」におい

---

(175)　図表６－６における宮城県第１回市町村長会議（2012年10月25日）は、国ではなく民主党政権当時の県主催の会議であった。

(176)　環境省の検討と併行して、栃木県も2013年４月から12月まで計４回の市町村長会議を開き選定作業を行っている。環境省「栃木県における指定廃棄物の処分場候補地の選定手法・提示方法等について」（2013年12月24日）

(177)　宮城県市町村長会議は2013年10月から翌年１月まで約３か月の間、計５回の会議を開いている。環境省「宮城県における指定廃棄物の処分場の候補地選定手法に基づく詳細調査候補地の設定結果について」（2014年１月20日）

て、加美町（箕ノ輪山の田代岳国有地）、栗原市（深山嶽国有地）、そして大和町（下原国有地）の３ヶ所が宮城県における指定廃棄物の候補地として選定された。続いて、千葉県の指定廃棄物の最終処分場をめぐっては、2015年４月24日に、環境副大臣が千葉市長に対して同市内の東京電力千葉火力発電所用地の一部を候補地にしたと報告している。一方で、群馬県と茨城県については候補地すら決められなかった。

だが、候補地を挙げられた上記の３つの県においても、国と候補地として提示された市町との間で対立があり、膠着状況に陥った。特に、栃木県の場合、塩谷町の住民等は「塩谷町指定廃棄物最終処分場反対同盟会」（以下、反対同盟会）を2014年８月に設立するなど、候補地選定結果に強く反発した。[178]この反対同盟会には町内の全54行政区長を中心に商工会や農協、医師会など約40団体、町民等約200人が参加している。また、署名活動を行い、町内人口約１万２千人を遥かに超える17万以上の署名を町内外から集め、環境省に提出している。さらに、塩谷町と加美町は、最終処分場の建設を避けるため、それぞれ条例を制定している。塩谷町の議会では2014年９月19日に、「塩谷町高原山・尚仁沢湧水保全条例」が全会一致で可決し、条例は即日施行されている。加美町でも「加美町自然環境を放射能による汚染等から守る条例」が９月25日から施行された。

（２）指定廃棄物最終処分場立地選定プロセスにおける５つの県の動き

指定廃棄物の処理をめぐっては、５つの県それぞれに最終処分場を建設することにされているが、計画上、責任は国にあると位置づけられている。この指定廃棄物の最終処分場をめぐる候補地選定過程で浮き彫りになった課題

(178)　2014年３月31日現在、栃木県内には1,000ｔ以上の指定廃棄物を保管している自治体が４つあり、塩谷町は22.8ｔの指定廃棄物を保管している。塩谷町のこれまでの詳細な動きについては、塩谷町ホームページ「指定廃棄物最終処分場候補地選定までの経緯と現状」を参照。
（https://www.town.shioya.tochigi.jp/forms/info/info.aspx?info_id=34321、2019年６月１日閲覧）

の一つは、広域自治体である5つの県の役割である。候補地選定が難航する中、県は市町村と国との間に板挟み状況になっている。[179]

指定廃棄物の最終処分場建設候補地の選定過程においては、5つの県の中でも、宮城県が数回にわたって国とは別に県内の市町村との会合を開いている。また栃木県は、独自に候補地選定過程を検証する指定廃棄物処分等有識者会議を設置した。この有識者会議は全4回の会合の上、指定廃棄物の最終処分場候補地を塩谷町とする選定結果を適切であると取りまとめている。しかし、環境省と栃木県が有識者による専門的知見に基づいて選定したという候補地が、2015月9月の豪雨で冠水したことから、選定への塩谷町の不信をさらに深めることにつながり、候補地受け入れ拒否の姿勢を強めることになった。

そして、2017年7月10日に開かれた「栃木県における指定廃棄物の保存農家の負担軽減策に関する市町長会議」(日光市、大田原市、矢板市、那須塩原市、那須町、那珂川町の6市町参加)で、環境省は一時保管が長期化する農家の負担を軽減するため市町単位で廃棄物を集約する中間集約案を示した。翌年11月に6市町は環境省の提案に合意し、自区内の指定廃棄物を各市町につき1ヶ所または複数ヶ所に集約して保管することになった。[180]

一方、宮城県の場合、環境省が指定廃棄物の最終処分場候補地を1ヶ所に絞るため、地質や地盤などの現地調査を3市町(加美町・栗原市・大和町)に求めたが、加美町は詳細調査の受入に強固に反対する姿勢で、栗原市と大和町は「3市町そろって」という条件付きで受け入れる意向を示した。2014

(179)　栃木県の担当職員は、国が責任を負うことになっているため、県が市町村の調整を行う役割を果たすことはできず、国に積極的な説明責任を果たすように促すことしかできないと、県の状況について述べていた。栃木県の担当職員へのヒアリング調査(2018年7月9日)による。

(180)　環境省は、栃木県内の市町単位で中間集約している指定廃棄物について、塩谷町で最終処分する方針を撤回していない。なお「指定廃棄物の集約作業は国が主体となって行うとともに、指定解除後廃棄物の処分に当たっては国が責任を持って財政的・技術的支援を行う」としている(環境省「農家保管の指定廃棄物に係る暫定集約に関する御協力のお願い」令和3年6月2日)

年10月８日、環境省は３市町の候補地に現地調査を行っているが、条件付きで受け入れを表明していた栗原市と大和町に調査実施の事前連絡をしたものの、強く反発していた加美町に対しては連絡しなかったことが明らかになった。

最終候補地選定作業と調査作業をめぐる環境省の動きは、地元の理解を得ながら調査するとしていた自民党政権の当初の方針と大きく異なる。地域住民の強い反発に直面し続けた環境大臣は、2014年11月18日、積雪の影響を理由に、宮城県における年内の調査を断念すると発表した。この結果、栗原市

図表６－６　指定廃棄物最終処分場建設候補地をめぐる関係５つの県の検討プロセス

県	会議などの開催状況（指定廃棄物最終処分場建設候補地の検討プロセス）
宮城県	①　市町村長会議 （計14回開催：2012年10月25日第１回～2017年７月15日第14回、県主催７回と環境省主催７回） ②　国・宮城県・３市町の会談 （計４回開催：2014年５月26日第１回～2014年６月30日第４回、第５回市町村長会議の詳細調査候補地として提示された３ヶ所栗原市、大和町、加美町の３市町と国、宮城県との会談）
栃木県	①　市町村長会議 （計８回開催：2013年４月５日第１回～2016年10月17日第８回） ②　栃木県指定廃棄物処分等有識者会議 （計４回開催：2014年８月20日第１回～2015年７月８日第４回） ③　栃木県における指定廃棄物の保存農家の負担軽減策に関する市町長会議（2017年７月10日）
千葉県	①　市町村長会議 （計４回開催：2013年４月10日第１回～2014年４月17日第４回） ②　部課長説明会 （計２回開催：2013年４月24日第１回、2013年11月20日第２回）
茨城県	①　市町村長会議 （計４回開催：2013年４月12日第１回～2015年１月28日第４回） ②　指定廃棄物一時保管市町長会議 （計２回開催：2015年４月６日第１回、2016年２月４日）
群馬県	①　市町村長会議 （計３回開催：2013年４月19日第１回～2016年12月26日第３回） ②　市町村担当課長会議 （第１回開催のみ、2013年４月９日）

出典　環境省　放射性物質汚染廃棄物処理情報サイト（http://shiteihaiki.env.go.jp/）と５つの県のホームページを参照して作成

と大和町も態度を硬化させ、2015年12月に開かれた第8回市町村長会議で、候補地3市町がそろって候補地の返上を求めることになった。

以上のように、国が指定廃棄物最終処分場の候補地として取り上げた塩谷町（栃木県）、加美町・栗原市・大和町（宮城県）、そして後述する千葉市（千葉県）のすべての自治体は、指定廃棄物の最終処分場候補地選定結果に反対の姿勢を示している。一方で、放射性物質汚染対処特措法附則第5条は法の施行3年後に法律の施行の状況について検討をするように規定されている。そこで同附則に基づく施行状況を検討することを目的に、環境省は2015年と2018年の2度にわたって「放射性物質汚染対処特措法施行状況検討会」を設置しているが、結論は現行の処理枠組みが妥当であるということであった。

2024年現在も、指定廃棄物は各地で仮保管中の状況が続いている。そして責任を負うべき国や東京電力ではなく、指定廃棄物を保管している市町村と地域住民に、この処理枠組みのしわ寄せがきている。

4．千葉県における指定廃棄物の最終処分場候補地の選定過程

指定廃棄物の最終処分場候補地の選定については国と市町村だけではなく県が問題解決のために動いた事例があり、千葉県もその事例の一つである。千葉県における指定廃棄物をめぐる議論[(181)]は、手賀沼流域下水道終末処理場をめぐる議論と東京電力千葉火力発電敷地をめぐる議論、の大きく二つに分けられる。

以下、千葉県を事例に、なぜ指定廃棄物の最終処分場選定が膠着状況に陥っているのか、その原因を千葉県における指定廃棄物をめぐる主要アクターの動きを中心に時系列で整理しながら、一般廃棄物に準じた場合の指定廃棄

(181)　手賀沼流域下水道終末処理場における指定廃棄物の一時保管をめぐる動きは、千葉日報2011年8月～2018年8月記事、津川敬の一連のレポート（津川2014-2015、津川2015、津川2016）、千葉県と我孫子市のホームページや千葉市担当者ヒアリング調査（2018年7月25日）などを用いて過程追跡した。

物処理スキームが「自区内処理の原則」に基づく住民自治のプロセスでどのように動いたのかの検証を行ってみたい。

（１）千葉県内における指定廃棄物の状況

環境省は千葉県の指定廃棄物の状況について、安全に管理できるように指定廃棄物の最終処分場候補地を県内に１ヶ所設置する、そこに他県からの指定廃棄物を持ち込むことはないと方針を示した。千葉県は、福島県、栃木県に次ぐ３番目に多くの量を保管していて（**図表６－２参照**）、しかも一時保管場所が逼迫していることが同県における最終処分場建設の理由である。また、国による処理体制が整うまでの間は、ごみ焼却施設や浄水施設、下水処理施設、農林業施設の施設管理者などに一時的な保管をお願いせざるを得ない状況であると説明を加えた。

では千葉県における指定廃棄物の市町村別の保管状況（2015年現在）を見てみよう。**図表６－７**から分かるように、千葉県の54の市町村（37市16町

図表６－７　千葉県における指定廃棄物の市町村別の保管量と濃度分布

（2015年３月31日時点）

市町村	指定廃棄物の保管量（ｔ）	濃　度（Bq／kg）				
		8,000〜10,000	10,000〜30,000	30,000〜50,000	50,000〜100,000	100,000〜
千葉市	7.7	7.7				
市川市	145.6		145.6			
松戸市	944.9	58.6	886.3			
野田市	38.5	38.5				
東金市	162.0	12.0	20.0	130.0		
柏　市	1,063.9	249.2	332.0	194.7	288.0	
流山市	581.9	177.9	404.0			
八千代市	70.5	26.1	44.4			
我孫子市	542.0		542.0			
印西市	130.0		130.0			

出典　環境省「千葉県における指定廃棄物の市町村別の保管量と濃度分布」より作成
（http://shiteihaiki.env.go.jp/initiatives_other/chiba/pdf/forum_chiba_150720_bunpu.pdf、2019年３月６日閲覧）

1村）のうち、10の市に指定廃棄物が保管され、柏市（1,063.9ｔ）、松戸市（944.9ｔ）、流山市（581.9ｔ）などの比較的人口が多く都市化された地域に集中している。この3市の合計保管量は、県内全体数量の約8割に当たる。特に、柏市はその保管量が県内で一番多い上さらに、放射能濃度が高い指定廃棄物（50,000Bq／kg超）が保管されている。

（2）手賀沼流域下水道終末処理場における一時保管をめぐる動き：千葉県と印西市・我孫子市のやり取りから

千葉県における指定廃棄物の問題への対応の嚆矢となったのは、福島第一原発事故から3か月後に行われた東京都の一般廃棄物処理施設における焼却灰等の放射能濃度等測定で、高濃度の放射能が検出されたことにあった[(182)]。千葉県の東葛各市でも汚染状況を把握するためのごみ焼却灰中の放射性セシウム濃度を測定した結果、放射能濃度70,000Bq／kgを超えるものが検出された柏市をはじめ、松戸市、我孫子市、流山市などでも次々と高濃度の指定廃棄物相当の値が検出された。

（ⅰ）一時保管場所の選定過程をめぐる攻防

この結果を受けた松戸市、柏市、流山市、我孫子市及び印西地区環境整備事業組合（印西市、白井市、栄町で構成）は、2011年8月31日に、千葉県知事に対し放射性物質に汚染された焼却灰の一時保管場所の確保を要望した。

その2か月後、千葉県は、手賀沼流域下水道終末処理場を放射性物質に汚染された焼却灰等の一時保管場所として提示した。県は、緊急要望を出した自治体の全体人口は約136万人で、これらの自治体が保管している放射性物質が検出された焼却灰は約5,112ｔ（その内8,000Bq／kg以下約1,541ｔ）、そ

（182）　東京二十三区清掃一部事務組合「放射能測定結果及び焼却飛灰の一時保管について」
（http://www.union.tokyo23-seisou.lg.jp/gijutsu/kankyo/kumiai/oshirase/hoshano/documents/oshirase230627.pdf、2019年6月1日閲覧）

の他に剪定枝の保管量も約9,992ｔに達している状況を重く受け止め、県有地の手賀沼流域下水道終末処理場の敷地内（約２万㎡）に仮設倉庫を15棟設置して約2,500ｔの指定廃棄物を３年間保管する計画を立てた。千葉県知事は、国の処理体制が整うまでは、各市町村における施設管理者が一時保管すべきであるが、人口密度が高い都市部地域に指定廃棄物が集中している現状を踏まえ、県がこれらの市の肩代わりをするためこの計画を策定したと経緯を説明した。[(183)]

県の計画に対し、一時保管場所の所在地でもある印西市と我孫子市は、林野庁から示された国有林を無償貸与するとの方針を踏まえ、焼却灰等の一時保管場所として県下の国有林の活用について検討することを千葉県に要望した。千葉県側は、県内の国有林は南房総地区のみであり、我孫子市、印西市には国有林はないこと等から国有林の活用は困難であると答えた。県の回答を受けた印西市と我孫子市は、県が主体となり国有林を所在する自治体と事前協議することを要望し、手賀沼流域下水道終末処理場の選定理由及び経過についての説明を再び求めた。

千葉県は、両市からの県内における国有林の活用提案について、事前協議に加え、造成工事が必要となり、焼却灰等を搬出する自治体と国有林が所在する自治体同士における協議が原則であり、約２万㎡以上の敷地面積を有する県有地には学校施設があることや土地区画整理事業地区内であることから困難であると説明している。また、選定理由及び経緯については、４市１組合からの要望を受け、県としても緊急的な対応を図る必要があると判断した。そして、「庁内横断的に検討を進めてきた結果、自区域内での保管が原則であることから、それが困難な場合であっても、①運搬距離、利用団体職員による管理・監督のしやすさ等の観点から、焼却灰が発生する市町村等の近隣

(183)　千葉県は、「8000～10万ベクレルの放射性物質に汚染された焼却灰等について、国が提示した処分方法に従い処分するまでの間、各自治体の区域内に一時保管することを原則としつつ、それが困難な場合は、緊急的に手賀沼流域下水道終末処理場を一時保管場所として利用する」と基本的な考え方を示した（土地の利用期間は2014年度末まで、使用料は無料）。千葉県知事記者会見（2012年６月18日）

の地域内の場所であることを最優先とし、②現在も高濃度の放射性物質が検出されている団体の焼却灰の発生量を勘案し、一定面積を確保できること、③県が総括的な管理責任を果たすことができる場所であることを重視し、候補地として決定した」と答えている（傍点、引用者）。

（ⅱ）「自区域内での保管」についての関係自治体首長らの議論

上述の千葉県が説明の際に用いた「自区域内での保管」の原則をめぐっては、県と印西市・我孫子市との間で認識ずれが生じていることが分かる。

千葉県は、「自区域内」を緊急要望してきた４市１組合の領域内として捉えている。一方で、印西と我孫子の市長らは、高濃度の放射性物質が検出されている焼却灰等は各々の自治体の自区内での保管が原則であることから、手賀沼流域下水道終末処理場で、４市１組合のすべての焼却灰等を受け入れることは市民感情から考えて受け入れ難く、印西市と我孫子市のみの焼却灰等の一時保管場所とし、他の３市の一時保管場所は他候補地（旧松戸矢切高等学校用地）を選定してほしいと再び県に要望をしている。この要望について、県側は、４市１組合の要望を受け、広域的見地から県として保管場所を検討・提示したものであり、４市１組合で改めて県の提案について話し合うことを両市の市長に提案している。

我孫子市は、2012年１月５日に開かれた副市長会議で、松戸市、柏市、流山市に国有地・私有地等を含め一時保管場所候補地の選定を要請した。だが、松戸・柏・流山の３市は、各市内には候補地がないと回答している。２月に開かれた市長会議では、千葉県は地元及び市議会への説明会を提案し、４月に印西市議会議員に対して説明会を、６月に一時保管計画地域近隣住民を対象に住民説明会を開催した。そして、６月19日に、千葉県知事は臨時会見を開き、放射能の問題は国が責任を持って対応すべきことだが、今は緊急時であることから、広域的自治体である県として手賀沼流域下水道終末処理場に放射性物質を含むごみ焼却灰に係る一次保管場所を設置することを決めていると経緯を説明し、我孫子市と印西市の理解を求めている。

千葉県知事の会見を受けた我孫子市は、県に対し、これまでの「自区内処理の原則」を踏まえ、複数の保管場所の確保を強く要求すると同時に、地区を限定した一部の自治会の住民に対する説明会を１回開催しただけで建設の決定を宣言した県知事に対して抗議文を送っている。また、我孫子市長は、一時保管施設建設のための都市計画法上の許可権は、印西市長にあることから、８月７日に、新たに当選した印西市長との会談を申し入れた。両市長の会談で、印西市長からは「県による一時保管施設の設置に向けた準備工事の入札が間近で、状況が切迫しているので、市民の安全を優先に考え、地元の要望を伝えることも含めて県と協議し、その後判断したい」との意向が示された。また千葉県に対しては、県の工事発注は強行実施であるとして県に対する遺憾表明を行うとともに、一時保管場所を恒久的な保管場所としないことの確約を県に要請することにした。千葉県は印西市の要請を受け、９月18日に２回目の住民説明会を開いた。前回の２自治会から６自治会へと対象範囲を拡大し、約140人の住民が参加している。

この住民説明会から３か月後である12月20日に、千葉県は「松戸市、柏市、流山市の焼却灰の一時保管施設への搬入を開始する」と報道発表した。その翌日、手賀沼流域下水道終末処理場近隣地域の住民の搬入反対の声が飛び交う中、柏市と松戸市の焼却灰の一部が施設に搬入された。この一連の動きから「自区内処理の原則」は一般廃棄物だけではなく、指定廃棄物の問題においても責任主体と区域との掛け合いの議論が行われ、廃棄物処理における現場の規範として作用していることが確認できる。

本書第３章で、下流施設は一度地域で引き受けると、これらの施設が集中する傾向があり、施設近隣地元住民への受苦が顕在化すると指摘したが、手賀沼流域下水道終末処理場における指定廃棄物の保管についても同じことが言えよう。

（iii）市議会と地元住民の反発：「広域近隣住民連合会」の活動を中心に

手賀沼流域下水道終末処理場における指定廃棄物の一時保管をめぐる攻防

戦には、我孫子市議会と地域住民も加わってきた。

我孫子市議会が、同施設をめぐる県の動きに関する行政側の説明を受けたのは4市1組合が県に要望してから4か月後である2011年12月のことであった。説明を受けた我孫子市議会は、2011年12月22日に「県提案の候補地を焼却灰一時保管場所とすることについて、受け入れ拒否を表明する決議」を全会一致で可決し、その3か月後には「県提案の焼却灰の一時保管場所について白紙撤回を求める決議」を全会一致で可決するとともに、市民からの陳情も全会一致で採択することで、県の計画について反対の姿勢を明らかにした。

我孫子市の行政側と議会の反対意思の表明にもかかわらず、先述した通り、千葉県は2012年9月21日に、放射性物質を含む焼却灰の一時保管施設（手賀沼流域下水道終末処理場）に係る工事に着手することを報道発表し、翌日には搬入が始まった。地元住民への十分な説明もなく、一方的な決定を下した千葉県に対し、手賀沼流域下水道終末処理場周辺の我孫子市・柏市・印西市の住民は2012年9月25日に「広域近隣住民連合会」を結成して対抗する姿勢を見せた。また、同年12月13日に、我孫子市・柏市・印西市在住の住民ら46人が申請人になって、国の公害等調整委員会（総務省）に対し、同施設の安全性が確保されるまでの搬入停止を求める「調停」を申請した。

2012年の12月申請から1年間にわたる計5回の調停過程において、広域近隣住民連合会側が「施設は簡易なテント構造で、強風で破れれば廃棄物が拡散する」などと危機管理の見直し対策を求めたのに対し、県側は「安全性は担保されている」と主張し続けた。その結果、2013年12月19日に、公害等調整委員会は調停成立の見込みがないとして、調停不成立の決定を下した。[(184)]

しかし、広域近隣住民連合会はこの決定に屈することなく、2014年1月7日、千葉地方裁判所松戸支部に千葉県を提訴した。国は2015年3月まで千葉県を含む5つの県に指定廃棄物の最終処分場を建設する方針を示したが、千

(184)　東京新聞「放射性廃棄灰保管施設　調停打ち切り」（2013年12月20日付）、朝日新聞「汚染灰撤去求める調停不調」（2013年12月20日付）、読売新聞「焼却灰保管で調停不成立」（2013年12月20日付）

葉県においては候補地すら選定されない中、地域住民は一時保管といえども、一度これを受け入れると一時保管場所から最終処分場になってしまうという不安があった。また、そこに千葉県側の十分な地元住民説明もなしに工事に着手した経緯も、民事訴訟提起の原因の一つであろう。

結局、千葉県が当初予定していた指定廃棄物の保管量2,500ｔの計画は、広域近隣住民連合会の実力による搬入阻止と監視活動によって、計画の２割程度に当たる526ｔを手賀沼流域下水道終末処理場に保管するにとどまった。そして、公害等調整委員会と民事訴訟という強い住民運動の波に直面し続けた千葉県は、2014年８月に松戸・柏・流山３市に対し、協定通り焼却灰の持ち帰りを要望し、その２か月後には要望を指示に変えた。

2011年８月からはじまった手賀沼流域下水道終末処理場の指定廃棄物の一時保管をめぐる攻防戦は、2015年３月24日に柏市が自市の指定廃棄物を持ち帰ったことを最後に決着している。この問題に立ち向かっていた広域近隣住民連合会は、他市から搬入された指定廃棄物及び保管施設の撤去が実現されたことをもって、千葉県を相手として起こした訴訟を取り下げ、同年６月24日に解散している。

（３）東京電力千葉火力発電敷地をめぐる「自区内処理の原則」の攻防

松戸市・流山市・柏市の３市ともに指定廃棄物を自らの行政区域に持ち帰ることにはなったものの、指定廃棄物の最終処分場の候補地の問題は依然千葉県全体の課題であることに変わりはない。ここからは３市持ち帰り後の千葉県内における指定廃棄物の最終処分場候補地をめぐっての動きに焦点を当ててみたい。そこには、当該自治体の地元住民、地域住民団体、行政、議会に加え、環境省、千葉県、そして近隣の市町村が、政策形成過程におけるアクターとして動いた。

以下、千葉県の指定廃棄物の最終処分場候補地として選定された千葉市をめぐるアクターの動きに焦点を当て、考察することにする。

(ⅰ) 環境省、千葉県、千葉市、そして千葉市議会

手賀沼流域下水道終末処理場の一時保管問題が収まった1か月後の2015年4月24日、環境省は、千葉県内の指定廃棄物の最終処分場建設の候補地として、千葉市中央区蘇我の東京電力千葉火力発電所敷地内（以下、東電火力発電所の敷地）を選定した。しかし、この選定は、環境省が千葉市に伝達する前に、マスコミに報道され、地元住民の環境省への不信感をあおる結果となった。

環境省の決定に対し、千葉市の熊谷俊人市長は「現時点で判断できる状況ではない」と判断保留の姿勢を見せた。記者会見においては、「最終処分場を県内1ヶ所とする市町村長会議の合意があり、十分な検証をせず、自分のところ（市）だけは嫌だとはいえない」と見解を述べた。また、千葉県知事は、「今回の決定は国の綿密な選定作業の結果であり、重く受け止めている」と述べ国の決定に従う姿勢を見せた。千葉市長に対しても「苦しい立場だろうがそのような判断をしなければいけない時もある」と述べている[(185)]。

環境省の決定について、反対の姿勢を明らかにしたのは、千葉市議会であった。環境省の最終処分場候補地選定は、統一地方選の市議選から1週間も経っていない時期の出来事だった。市議会は、2回にわたって環境省側の説明を受けた。5月8日に開かれた1回目の市議会全員協議会では、選定過程に関する情報開示の要求、全国の指定廃棄物を福島県（東電原発敷地）に集約することを提案する声が出るなど、環境省の決定に対する反対の声が強かった。2回目の説明会では、環境省は千葉県内の候補地選定について、①生活空間からの距離、②水源からの距離、③自然の豊かさ、④指定廃棄物の保管量の4項目についてそれぞれ5点満点で点数付けし、その結果683ヶ所から16点で最高点になった東電火力発電所の敷地が候補地となったと評価結果を説明した。

説明会に出席した市議からはこの総合評価に対する不備を指摘する声が相

(185)　千葉日報「国、詳細調査の意向　環境副大臣『東電火力』伝達　千葉市長は判断留保」（2015年4月25日付）

次いだ。例えば、市町村長会議そのものが環境省・千葉県のシナリオ通り進められ、シナリオに異を唱える市町村長の意見は採用されなかった、県側の提案で廃棄物処理施設の設置基準を準用することになったが、県の廃棄物関連基準は放射性物質を含む指定廃棄物のためのものではない、そして環境省の情報公開や有識者会議の指標にも不備がある、などの厳しい指摘が出された。また、採点においても、千葉市の２ヶ所が16点となっているが、柏市の23ヶ所が15点、松戸市などの22ヶ所が14点で、これらの点数が僅差であることが明らかになった。環境省から提示された資料は市町村名のみ記載され正確な所在地が確定できない、など選定過程の曖昧さにも疑問の声が出た（あみなか2016：22-28）。

そして、千葉市議会は、６月８日に自民党、公明党、未来民主ちば共同で、「千葉市内での指定廃棄物処分場・建設候補地・選定について再協議を求める決議」を採択した[(186)]。その内容は、今後約30年以内に震度６弱以上の地震が高い確率で起こる、発生時には液状化現状や津波による被害が発生する恐れがある、住宅地に近接している、風評被害の恐れがある、候補地選定過程が不透明で正確な情報公開がない、というものであった。その上、千葉県内各市で保管している指定廃棄物は「それぞれの排出自治体内での保管を行うための再協議を強く求める」と加えている（傍点、引用者）。

決議の内容からして、再協議を求めると述べられてはいるが、それは国の候補地選定結果に明確な反対の意思を表すものであった。また、「それぞれの排出自治体内での保管」を求めていることから、道理なくほかの自治体の廃棄物を受け入れない従来の「自区内処理の原則」がここにも現れていることが確認できる。反対の意見を明らかにした市議会の動きを受けて、それまで立場保留の姿勢を見せていた千葉市長も、環境省に再協議を求める申し入れを行った。市長の態度変化について、市長自身は「議会は二元代表制の一

(186)　当時、千葉市議会の定数は50で、自民党（17）、未来民主ちば（12）、公明党（８）、共産党（７）、そして無党派議員でつくる未来創造ちば（６）となっている（括弧内は各党の議席数）。

翼で、直近（2015年4月執行の選挙）の民意の代表者だ。議会の意見表明があればそれを尊重する」と語っている。[(187)]

本来、合議制をとっている議会より、独任制である首長は自らの姿勢を表明しやすい。指定廃棄物の最終処分場選定は自治体にとって非常に重要な問題である。市長自身も議会同様住民によって選ばれた代表であり、議会のように自らの意見を明確に示す必要があるのではないか。市長は環境省や千葉県、他の市町村長の意見を尊重する、今度は市議会の意見を尊重すると語っているが、それ以前の問題として、地域住民の健康と暮らしの安全を守るべき市長自らが意見を明らかにしなかったため、けん制と均衡で成り立つ二元代表制の一翼の役割に懸念が残る結果となった。

（ⅱ）地元住民や地域住民団体の動き

千葉市町内自治会連絡協議会のみならず地元住民や様々な地域住民団体も、候補地選定を白紙に戻し、再協議を行うべきであると一斉に反対の声を上げた。千葉県内で活動している地域団体が集まって結成した「千葉県放射性廃棄物を考える住民連絡会」はいち早く千葉市長と千葉県知事及び環境省担当部局あてに申入書を提出している。また、漁業関係者、JA千葉中央会などの反対の声に加え、最終処分場建設反対を掲げる地元住民や地域住民団体による集会が開かれた。千葉市当局側は、環境省の候補地選定結果に対する地元住民または地域住民団体からの問い合わせに追われた。[(188)]さらに、市議会においても、地元住民からの陳情・請願4件のうち再協議を求める陳情2件が採択されている。

この事態を受け、千葉市と市議会は環境省に対し住民説明会を開くことを要求した。環境省は、6月29日に市内自治会、7月7日に地元蘇我地区自治

(187)　千葉市議会、第2回定例議会での市長発言（2015年6月16日）

(188)　環境省の発表から、千葉市への問合せ件数は約1年間で300件（電話による問い合わせ164件、市長への手紙116件、申入書・要望書25件、合計305件）を超え、団体・政党等からの申入書・要望書が25件であったという。千葉市担当者ヒアリング（2018年7月25日）による。

会、7月13日にJR内房線沿線の自治会、そして7月20日に千葉市民対象の全体説明会、計4回の住民説明会を開いた。環境省は、東電火力発電所の敷地が候補地になった経緯について、大きく3点に分けて説明している。1点目に、指定廃棄物処分等有識者会議を設置し、指定廃棄物最終処分場建設をめぐる評価基準などを8回にわたって議論してきた。2点目に、2014年4月に開かれた第4回市町村長会議で県内の指定廃棄物を1ヶ所に集約保管する、民有地も候補の対象とする、千葉県の廃棄物処理施設の立地等に関する基準を準用することなどの千葉県独自の方針が定まっていた。3点目に、千葉県内で指定廃棄物を保管している県内多くの自治体が千葉市での集中保管を求めている——という説明であった。[(189)]

しかし、環境省が選定理由として挙げていた第4回市町村長会議の議事録によると、環境省が提案した県内1ヶ所での処理については、出席した首長らから異論が出ていた。また、千葉市の参加者も、液状化などの危険性がある場所は、あらかじめ候補地から外すべきであると提案したという。[(190)]これらの意見が候補地選定結果にどのように影響したのか、上記の環境省の説明だけでは不十分なままである。さらに住民説明会も非公開で開こうとする環境省への批判の声が高まったため、公開することに転換したことや、説明内容に対しても東電火力発電所の敷地の選定過程を説明するものではなく、選定に対する住民の同意を求める内容になっていたことなどから、住民説明会開催後に環境省への批判の声がさらに高まる逆効果をもたらした。

（4）仮置きの維持と指定廃棄物の解除プロセス

指定廃棄物の最終処分場候補地の選定が難航する中、2016年2月4日に茨城県では、環境省、茨城県、そして指定廃棄物を保管している14市町が「指

---

(189)　千葉市「指定廃棄物長期管理施設の詳細調査候補地選定にかかる再協議結果（2015年12月14日）」別表1意見聴取結果（環境省資料）（https://www.city.chiba.jp/kankyo/junkan/haikibutsu/siteihaikibutu_saikyougi_kaitou.html、2019年6月1日閲覧）

(190)　千葉市担当者のヒアリング（2018年7月25日）による。

定廃棄物一時保管市町長会議」を開いた。この会議の中で、環境省と茨城県内の自治体は、県内における指定廃棄物等の放射能濃度が低下（**図表６－８**）していて、茨城県内関連自治体の半数がこれまで通り分散保管継続・指定解除を望んだということで、１ヶ所集約を事実上放棄し、県内における分散保管を維持することに合意している[191]。群馬県においても、2016月12月26日に開かれた第３回市町村長会議で、現状のまま分散保管をしつつ長期的には１ヶ所へ集約する案が環境省から提案され、関係自治体が了承した。

環境省は、指定廃棄物の解除のため、省令の改正[192]も行った。改正の趣旨について、放射性物質汚染対処特措法では、これまで指定廃棄物の指定解除（指定廃棄物の指定を取り消すことをいう）の要件や手続きが規定されていなかったことから、同法58条（施行に関し必要な事項の環境省令への委任）の規定に基づき一部改正を行うと説明している[193]。主な改定内容は、放射能の減衰により8,000Bq／kg以下となった廃棄物は、通常の処理方法でも技術的に安全に処理することが可能であると規定している。また、その根拠として、「指定廃棄物の指定基準（8,000Bq／kg）を定める際に、環境省の災害廃棄物安全評価検討会で議論を行ったほか、環境大臣から放射線審議会にも諮問を行い、妥当である旨の答申を得ている。さらに、指定廃棄物処分等有識者会議（第９回）においても、改めて妥当とされた」ことを挙げている。

指定廃棄物の指定解除手続きは、指定廃棄物が8,000Bq／kg以下となった場合、環境大臣が一時保管者や解除後の処理責任者と協議した上で、指定を

---

(191)　環境省「茨城県における指定廃棄物の安全・安心な処理方法について」(http://shiteihaiki.env.go.jp/initiatives_other/conference/pdf/conference_09_06.pdf、2019年３月31日閲覧）

(192)　「平成二十三年三月十一日に発生した東北地方太平洋沖地震に伴う原子力発電所の原発事故により放出された放射性物質による環境の汚染への対処に関する特別措置法施行法則の一部を改正する省令」（平成28年環境省令第９号、2016年４月28日公布及び施行）

(193)　環境省「平成二十三年三月十一日に発生した東北地方太平洋沖地震に伴う原子力発電所の原発事故により放出された放射性物質による環境の汚染への対処に関する特別措置法施行規則の一部を改正する省令の施行について（通知）」（環境対発第1604281号、環廃産発第1604281号、平成28年４月28日）

解除することができるようになる。指定解除後は、廃棄物処理法の処理基準等に基づき、特定一般廃棄物は市町村、特定産業廃棄物は排出事業者の処理責任の下で必要な保管・処分を行う。国は、指定解除後の廃棄物の処理が円滑に進むよう、処理業者、周辺住民等の関係者に対する処理の安全性の説明等の技術的支援と財政的支援を行うとつけ加えている[(194)]。

図表６－８は、指定廃棄物の指定解除を説明する資料として使われたものである。この表から分かるように、５県における指定廃棄物の放射能濃度は今後も時間の経過とともに低下するであろう。しかし、国は、茨城県の事例のように分散保管継続を容認し、指定解除の手続きを設け、放射性物質に汚染された廃棄物の焼却や再生利用まで計画・実行することで、結果的に、福島第一原発事故後10年間以上にわたって仮保管している市町村に国の負うべき責任を転嫁する道筋を作ってきたとも言えよう。

ところで、環境省によって用意された指定廃棄物の指定解除の手続きに真

図表６－８　５県の指定廃棄物等の放射能濃度に関する将来推計

指定廃棄物の数量（t）		指定廃棄物のうち、8,000Bq／kgを超えるもの		
		現在（2016.1.1）	５年後（2021.1.1）	10年後（2026.1.1）
宮城県	3,404.1	1,090（32）	238（7）	194（6）
茨城県	3,643	1,030（28）	78（2）	0.6（0.02）
栃木県	13,533.1	9,680（72）	6,750（50）	4,250（31）
群馬県	1,186.7	538（45）	323（27）	269（23）
千葉県	3,690.2	2,500（68）	1,760（48）	1,510（41）
合計	25,457.1	14,838（58）	9,149（36）	6,223.6（24）

※（　）の値は、指定廃棄物の数量を100とした場合の値

出典　環境省の「５県の指定廃棄物等の放射能濃度に関する将来推計」（http://shiteihaiki.env.go.jp/initiatives_other/miyagi/pdf/conference_miyagi_09_04.pdf）を参考に作成

（194）関連する燃焼実験として、宮城県の仙南地域広域行政事務組合は、2018年３月20日に、原発事故による放射性物質を含む国の基準値（8,000Bq／kg）以下の汚染廃棄物の試験焼却を、同県角田市の「仙南クリーンセンター」で開始し、一般廃棄物と放射性汚染廃棄物を混ぜて焼却を行った。指定廃棄物の指定解除と焼却実験に加え、環境省は、放射性物質で汚染された土壌の再利用まで議論を進めた。環境省の「中間貯蔵除去土壌等の減容・再生利用技術開発戦略検討会」（第３回会合、2016年３月30日）においては、8,000Bq／kg以下の除染土を公共事業での再利用可能という方針を出し、用途として道路・鉄道盛り土、防潮堤などが想定されている。

っ先に反応し、動き出したのは千葉市だった。同市は６月28日、市内に保管する指定廃棄物の指定解除を環境省に申請した。市が保管している指定廃棄物の放射能濃度を再測定した結果、指定基準より下がっていたためであるという。千葉県内には、10市に約3,700ｔの指定廃棄物があり、そのうち千葉市は全体の0.2%（7.7ｔ）を保管していた（**図表６－７**）。千葉市から指定廃棄物の解除申請を受けた環境省は、７月22日に千葉市が保管している指定廃棄物の全量について、23日付で指定解除すると市に通知した。

これで、千葉市内の指定廃棄物はゼロになり、環境省が千葉県内の候補地選定の基準としていた項目の一つである「指定廃棄物の保管量」も０点となった。とりわけ「自区内処理の原則」という観点からすると、指定廃棄物を自区内に保管していない千葉市内に他の自治体の指定廃棄物を持ち込むことはできないという千葉市の防衛ロジックが出来上がり、指定廃棄物最終処分場候補地の返上への道を固めたといえよう。

（５）小括：「自区内処理の原則」をめぐる国と自治体の認識の隔たり

ここまで千葉県を中心とした一連の指定廃棄物最終処分場立地選定プロセスの破綻について見てきた。この内容から得られる知見をまとめてみよう。

国は、有識者会議の権威を利用して指定廃棄物最終処分場の安全性に関する科学的・専門的知見を盾に指定廃棄物の処理をめぐる政策を進めようとした。しかし、有識者会議の議論に基づく環境省資料の誤りが市町村長会議や千葉市議会での説明の場で指摘されることもあった[195]。また、当初環境省は、有識者会議を非公開としたり、住民説明会に様々な制限をかけたり、千葉県の指定廃棄物最終処分場の候補地をめぐる総合評価結果の情報公開を拒むなど、不透明な政策プロセスをたどろうとした。千葉市・市議会・地域住民団体などの批判を受け、環境省は、住民説明会の公開やその回数の増加、総合評価結果一覧表を公開したものの、合意形成のため必要とされる透明性の確

(195)　例えば、栃木県の候補地選定に環境省が使用した国立公園等のデータに欠落等があり、千葉県の候補地選定においても千葉市議会に提出した資料にも誤りがあった。

保と信頼の回復にはつながらなかった。

千葉県における議論内容や動きを踏まえると、指定廃棄物の処理をめぐる国と自治体の合意形成の進め方には根本的な隔たりがある。とりわけ国は自治体における廃棄物関連政策をめぐる「自区内処理の原則」がどのように働いてきたのか、その自治の重みを理解していないことが致命的である。「自区内処理の原則」は、本書で重ねて述べているように、一般廃棄物を排出する地域住民自らの責任意識に基づき、自らの地区に本音では反対でありながら、時には廃棄物処理関連施設を受け入れてきた歴史がある。そこには対立と合意をめぐる地域住民と行政・議会との駆け引きが行われてきた。この歴史を踏まえ、指定廃棄物の処理について国は最終処分場候補地地元の住民と信頼関係を築かねばならなかったのである。たとえ国会議員が納得しても、大臣が承認しても、そこで生活する住民の合意がなければ前進などあり得ない。[(196)]

廃棄物処理関連施設の合意形成過程において、「自区内処理の原則」の役割は、二つの役割――第一は地域住民の説得資料としての役割、第二は地域間外交のルール（他の自治体のごみを持ち込ませない）としての役割――を果たしてきた。さらに今回の指定廃棄物の処理をめぐる議論から分かるように、「自区内処理の原則」は、自治の領域内における国の身勝手な押しつけを押しとどめる道理としての機能も果たしていることに注目すべきである。

（196）　超党派の議連「原発ゼロの会」が企画した除染土再利用の実証事業に関する意見聴取会で、出席した田中俊一・初代原子力規制委員会委員長は「国会議員が（再利用の推進に）責任を持つ必要がある。市民に意見を聞くということではなくて」と述べ、聴取会の最後に再度「皆さん、放射能は特別のリスクがあるみたいに言うが、リスクがゼロのものは科学技術にはない。もっと正しく勉強していただかないと。」等と発言し、被災地の議員に反発される場面があったという（東京新聞2019年５月20日付）。しかし、指定廃棄物処理をはじめ放射性廃棄物の議論は、特定の市町村に過度なリスクを背負わせる結果になることから廃棄物と住民自治の関係とその歴史をもっと正しく理解することが前提でなければならない。

5．この章のまとめ――「予防の原則」から住民自治を貫く

廃棄物処理法において市町村は、平時における一般廃棄物の処理に関する責任を負っている。しかし、福島第一原発事故によって制定された放射性物質汚染対処特措法とそれに基づく政府の方針は、これらの非常時のルールを市町村の廃棄物行政に投げ入れ、放射性物質に汚染された廃棄物の処理を市町村に負わせている。しかも原発事故後10年以上経つ中で、非常時に限るべき対処の基準を緩和することで、これらの廃棄物処理を平時の廃棄物処理体制に組み込み、新たな廃棄物処理体制としようとしている。

例えば、環境省は農家が保管している指定廃棄物について、放射能濃度が8,000Bq／kg以下の廃棄物の処理について、「集約」と「減容化」を進める方針を定めている[(197)]。これは従来の一般廃棄物の処理で使われた方針であり、危険性が高い指定廃棄物について集約による地下水への影響、そして焼却による減容化よる影響などが十分考慮されているとは言えず、自治体・住民への国の説明責任は十分に果たされているとも言えない。住民の生活や安全を置き去りにし、放射性廃棄物の処理を含める原子力政策のあり方をめぐる社会的合意形成を後回しにする国の姿勢が映し出されている。

福島第一原発事故は「史上最大最悪のストック公害」をもたらしている(宮本2014：716)。一方で、福島第一原発事故による放射性物質に汚染された廃棄物を処理する事務を主管することになった環境省にとっても放射性物質は未知の領域で、本章で取り上げている指定廃棄物の最終処分場建設の事例からも分かるように多くの課題が山積している。また、廃棄物処理法に基づいて一般廃棄物の処理を行っている市町村においても、指定廃棄物の保管と放射性物質に汚染された廃棄物の焼却という「未知への対応」が強いられている。

---

(197)　環境省（2020)「栃木県における指定廃棄物の保管農家の負担軽減策に関する今後の進め方について（案)」(http://shiteihaiki.env.go.jp/initiatives_other/tochigi/pdf/conference_tochigi_200626_03.pdf、2022年10月21日閲覧)

本章では、東日本大震災がもたらした被害のなかでも、指定廃棄物の処理問題が、従来の市町村における廃棄物行政とそれを支えてきた地方自治（とりわけ、住民自治）にどのような影響を与えたのかに焦点を当て、その合意形成プロセスを詳述するなかでその課題について考察してきた。廃棄物行政が合意に基づいてしか成立し得ないことは本書で繰り返し見てきたところであるが、放射性廃棄物を廃棄物行政のシステムに投げ入れようとしても放射性廃棄物はどのような合意も不可能な特質である。自治に基づく一般廃棄物の処理と福島第一原発事故による放射性物質に汚染された廃棄物の対処をめぐり、非常時に形成された政策がいかに不適合なものかという点は明らかである。

本章で述べている通り、非常時向けの枠組みが、従来の廃棄物体制を浸蝕し、平時における政策へと転化されようとしている。指定廃棄物の最終処分場候補地の選定が難航する中、茨城県の事例から見られる指定廃棄物の仮置き場における保管の継続、指定廃棄物の指定解除手続きと農家保管の指定廃棄物の集約と減容化、宮城県における放射性物質に汚染された廃棄物の焼却実験、福島県における放射性物質に汚染された土壌の再生利用をめぐる議論などのようなプロセスの転換は、いままで培ってきた汚染を防ぐための環境政策が積み上げた諸価値・諸原則のうち、特に、「予防の原則」を蔑ろにし、自治体が地域住民の健康と安全な暮らしを守ってきた自治の歴史を脅かすものである。

では、放射性物質による環境汚染を未然に防ぐためにはどのような政策が必要であろうか。最も重要なポイントは、社会システムにおいて、廃棄物行政は単に下流に置かれるべきものではないということである。原子力関連施設から出る放射性廃棄物の処理を考えると、生産から廃棄までという上下流の全行程を想定して、それらの過程に直接的・間接的にかかわることになるすべての市町村を政策形成の主体として受け入れる枠組みを形成しなくてはならない。これまで原子力政策は国の専管事項とされてきたが、放射性廃棄物の処理を考えれば、これを自明視することはもはや許されない。市町村は地域住民の合意に基づき議論に参加すべきことは言うまでもない。そうして地域が「予防の原則」を手にしてはじめて市町村と住民に対して国は処理責任を負わせることが可能となるのである。だが国は、指定廃棄物の最終処分場候補地の選定過程から分かるように、有識者会議（審議会）の科学的な知見・専門性だけを強調して、自治体・地域住民を説得しようとし、すべて失敗に終わっている。このことは国が、地方の政治、自治体の廃棄物行政の歴史と実態を理解していない証であり、国が地方自治の現場に土足で踏み入った結果でもある。

このような結果を踏まえると、より上流にさかのぼり、原子力の生産から放射性廃棄物の処理をめぐる原子力発電の全工程を考慮に入れて、社会的な合意形成が先に行われなければならない。原子力発電のコストについては、長い間ほかの電源に比べ割安とされてきたが、福島原発事故による様々な損害賠償と集団訴訟やそれによって発生した放射性廃棄物の処理費用、そして被災者の救済等まで含めると、そのコストが決して安くないことが分かってきて、エネルギー政策の転換が求められているのである（大島2011、吉村ほか2018、除本2021：98-104）。今後は、放射性廃棄物の処理まで含む発電コストの議論は欠かせない。東京電力の責任の問われ方をはじめ、国と東京電力の関係を明確にしておくべきであろう。事故が起きた後、国策に対する厳しい批判を取り繕うため、国は原発事故由来の指定廃棄物の処理を「国の責任で」「スピード感をもって」「加速化」する等と自らの全能を喧伝してきた。また、国は、従来の自治体の廃棄物処理に定着されてきた「自区内処理の原則」を「自県内処理の原則」に拡大して、指定廃棄物の処理に転用しようとした。

しかし、原因企業たる東京電力は国有化されていないため、住民と自治体のような一体性は、東電と国との間には認められない。第一義的責任は当然東京電力にあるものの、国には原子力政策を推進してきた社会的責任があるので、共に責任を負う、という関係に過ぎない。このことが両者における責任を主体性の欠けるものにしている。原発事故の後処理において国は温情や慈悲にすがる市町村に対する恩寵を与える存在ではない。放射性物質の性質上、領土・領域を持たない主体に放射性廃棄物を処理させることはできない。

こうした関係は、前掲図表６－４のように整理できる。廃棄物体制の枠組みに照らした場合、国が主体的な指定廃棄物及び原発政策・原発災害に取り組むためには、東京電力と国の間の関係（図表６－４のＢ）を問い直す必要がある。原子力政策の議論の再構築が必要とされる所以でもある。指定廃棄物に関する処理スキームは、国の責任が強調され、自治体は後回しにされている。すでに述べた通り自治体に責任が及ぶことは必定であるのだから、このスキームに自治体を登場させる必要がある。すなわち、原子力政策の「上流部」への自治体の参画と、処理まで含めた各主体の責任の明確化である。ただしその場合、自治体と一体としての住民もスキームに当然に位置づけられることになる。

最後にもう一度強調しておく。原子力政策においては、上下流一体で管理する観点から、住民自治が介在することへの転換が求められる。現況のような、放射性物質に汚染された廃棄物の長年にわたる仮置き場での保管、候補地選定過程の頓挫による焼却と再利用という住民の健康と暮らしの安全を道連れにした未知の領域への突入を防ぐためにも、地方自治・住民自治を基にする社会的合意形成は喫緊の課題である。原子力政策の自治体問題としての側面に焦点を当てていく研究は今後も継続させる必要がある。放射性廃棄物の処理まで考えると、原子力政策は国の専管事項などではありえない。

終　章　縮減する社会における循環型社会構築と廃棄物行政の自治

本書では自治を軸とする様々なごみ問題を取り上げてきたが、明らかなことは、資源においても環境においても有限性が自明となるなかで従来のように拡大一辺倒の生産・消費・廃棄の生活を続けることは限界にきているということであろう。我々は、循環型社会の構築が自治体や国家の枠を超え、グローバルな課題になっている時代を生きている。

この資源循環社会の構築とともに、日本がいま直面しているもう一つの課題は、人口減少による経済社会システムへの影響に関する懸念が高まっていることに起因する。そこで登場したのが縮減社会という概念である。金井（2019：11-12）は、戦後日本の「人口増加・経済拡大社会」と対比する形で、「人口減少・経済縮小社会」と論じた。「縮減社会」では、人口・経済の両面の減少・縮小が生じる。このような空間利用と活動の過小化による弊害に対応するにあたっては、区域における様々な合意形成上の課題が生じることが焦点となると位置づける。

ごみ問題においても、経済活動が縮小することでごみの総量が減少することが予測される。このことから、拡大型の消費社会の終末装置として形成してきた廃棄物政策については、一定の成果を得たとともにこれ以上の住民やコミュニティによる管理を必要としなくなった遺物となったのではないかとの考えを持つ者もいるかもしれない。だが、序章で述べたことから変更はない。縮減社会においても住民自治が重要であることについては変わりがないばかりか、一層必要性が増していると言い得る。

終章では、ごみ問題における変化を概観し、現在進行中である縮減社会がごみ問題や循環型社会の構築にどのような変化をもたらすか、またそのなかで自治はどう位置付けられるべきなのかについて考えてみたい。

1．ごみ削減の努力と成果、そして限界

（1）法制度による削減効果

ごみ問題についての状況をみると、1980年代と1990年代にはごみが増え続けたため、各地では埋立地不足問題が深刻化して人々の環境問題への関心の高まりへとつながった。人々の環境意識の向上は法整備をもたらし、1993年には環境基本法、2000年には循環型社会形成推進基本法が制定された。また、1995年に制定された容器包装リサイクル法を皮切りに６つのリサイクル関連法[(198)]が次々と制定され、大量生産・大量消費・大量廃棄社会から循環型社会へのシフトが促された。

図表７－１は、1985年度から2020年度までのごみ総排出量と１人１日当たりのごみ排出量の推移を示したものである。図の通り、最もごみ総排出量が

図表７－１　ごみ総排出量と１人１日当たりのごみ排出量の推移（2020年度実績）

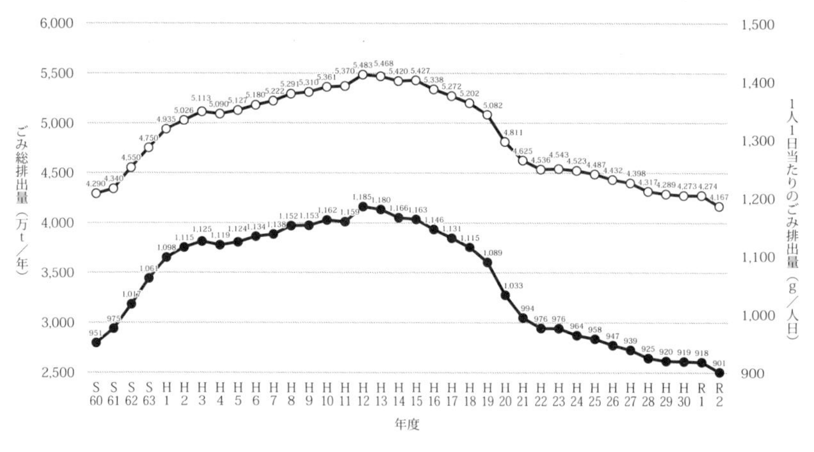

出典　環境省（2022）「日本の廃棄物処理」

（198）　６つのリサイクル関連法とは、容器包装リサイクル法の他に、家電リサイクル法（1998年）、食品リサイクル法（2000年）、建設リサイクル法（2000年）、自動車リサイクル法（2002年）、小型家電リサイクル法（2012年）の個別物品の特性に応じて制定された個々のリサイクル法を指す。

多かったのは、2000年度の5,483万ｔであった。その後、上記の人々の関心と法整備との相乗効果により、2020年現在のごみ総排出量は4,167万ｔでピーク時から約1,300万ｔ／年以上削減され、また１人１日当たりのごみ排出量も300ｇ弱減少した。

（２）市町村の取組みの効果

（ⅰ）分別によってごみは減少する

法の整備は人々のごみ問題に対する意識を大きく高めたが、かつてからの市町村の取組みがごみの減量に大きく貢献してきたこともまた重要な事実である。清掃事業は自治事務であり、個々の市町村はその区域内のごみの分別種類を自ら決めることができる。そして、個々の市町村は住民との合意形成過程を経て、地域の事情に合わせながらごみの分別を行っている。

例えば**図表７－２**が示すように、ごみを２種類にしか分別しない市町村もあれば、26種類以上分別する自治体もあるなど、ごみの分別は市町村によって大きく異なる。分別状況としては11～15種類に分別する市町村が646団体で最も多く、続けて16～20種類にごみ分別を行っている市町村が418団体であった。一方で、１人１日当たりのごみ排出量はごみを21～25種類に分別する市町村が860ｇで最も少なく、ごみを３種類に分別している市町村のそれが1,300ｇで最も多い。このように、ごみの分別種類と住民によるごみ分別への協力をみても、こうした市町村の営為はごみ排出量の減少につながっている。

図表７－２　ごみの分別の状況（2020年度実績）

分別数	分別なし	２種類	３種類	４種類	５種類	６種類	７種類	８種類	９種類	10種類	11～15種類	16～20種類	21～25種類	26種類以上
市町村数	0	7	8	11	33	67	58	92	97	113	646	418	137	32
１人１日当たり排出量（g／人日）	0	867	1,300	1,057	934	1,069	1,021	921	924	912	904	906	860	872

注）・１人１日当たりの排出量は各市町村の１人１日当たりの排出量の単純平均値
・東京都23区は１市とし、分別数の最も多い種類で集計。

出典　環境省（2022）「日本の廃棄物処理」

（ii）有料化によってごみは減少する

多くの市町村がごみ減量のツールとして用いているのがごみ有料化制度である。一方で、ごみ有料化制度の導入に際しては税金の二重取り[199]であるという批判も根強い。

国レベルにおいては一般廃棄物の有料化を推進しており、2016年1月に、廃棄物処理法第5条の2第1項の規定に基づく「廃棄物の減量その他その適正な処理に関する施策の総合的かつ計画的な推進を図るための基本的な方針」が改正された。この方針により、市町村の役割としては「経済的インセンティブを活用した一般廃棄物の排出抑制や再生利用の推進、排出量に応じた負担の公平化及び住民の意識改革を進めるため、一般廃棄物処理の有料化の推進を図るべきである」（傍点、引用者）としている。ただし、国がいう負担の公平化は住民同士で分担されることを所与としており、いずれ廃棄物になるものを生産・流通している生産者・事業者と排出者住民・市町村との間の負担の公平化は意識の外に置かれていることは一考を要する。

生活系ごみの場合、1,741の市区町村のうち、8割以上の自治体（1,419市区町村、2021年度）がすでに有料制度を導入している。特に、第3章で取り上げた東京の多摩地域の場合、2023年現在、30自治体のうち29の自治体がごみ有料制度を導入し、ごみ減量に取り組んでいる。1人1日当たりのごみ量をみると、多摩地域の住民1人あたりごみ量は平均721ｇであるが、全国平均890ｇ、東京都区部886ｇあることと比べても、多摩地域の自治体における

（199）　例えば、2024年度からごみ有料化制度の導入のため、浜松市は2023年定例市議会に条例案を提出する予定だったが、住民から税金の二重取りであるという批判を受け、条例案の提出を先送りした。ごみ処理費用の増加傾向から、自治体の財政難を踏まえた試みであったが、住民の合意形成をすることは容易ではない。浜松市ホームページ（https://www.city.hamamatsu.shizuoka.jp/gomigen/gomi/yuryoka/kentojokyo_iken_0205-0304/iken6.html、2022年10月20日閲覧）

また、清掃事業は主に地方税によって行っていることから、日常的・標準的な一般廃棄物の処理に対して手数料を上乗せして取ることは地方自治法からしても疑義があるという指摘もある（熊本2009）。

住民のごみ減量と環境意識の高さがうかがえた。[200] その背景にあるのは、本書で取りあげてきた通り「自区内処理の原則」に基づく多摩地域の廃棄物行政体系であった。この体系によって、自治体と住民の両者のごみ減量意識とごみ問題における自治を育ててきたのである。

市区町村においては、このようにすでに独自かつ徹底的にごみ分別を行って、しかもごみ有料化制度も導入して、その結果ごみ総排出量と１人１日当たりのごみ排出量ともに減少傾向であることは上述した通りであり、今後も減量努力は続けられることだろう。住民の意識改革は自治体レベルで進められてきた。今後は国が責任を果たし、生産者・事業者負担についての取り組みや規制を設けていかなければならないのはいうまでもない。

（iii）増加するごみ処理費用とごみの「質」をめぐる課題

一方で、多くの市町村とその住民が長年にわたってごみ減量に取り組んでいたにも関わらず、ごみ処理事業経費の推移（図表７－３）にあるように、ここ10年間のごみ処理事業総経費と１人当たりごみ処理事業経費はともに増

図表７－３　ごみ処理事業経費の推移

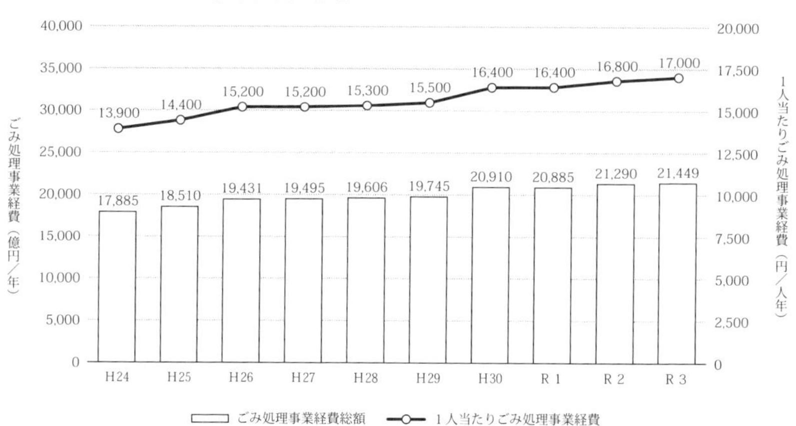

出典　環境省（2023）「日本の廃棄物処理」

（200）　東京市町村自治調査会（2023）『多摩地域ごみ実態調査』

加傾向である。2012年17,885億円だった市区町村及び一部事務組合のごみ処理事業経費は、2021年に21,449億円で、10年間で3,500億円以上も増加した。国民１人当たりのごみ処理事業経費も2012年の13,900円だったのが、2021年に17,000円となっている。この間は経済社会の影響を差し引いても自治体と住民によるごみ減量が清掃事業における費用削減効果に必ずしも結びついていないのではないかとの疑念が生じる事態である。

ごみ処理事業経費は税金によってまかなわれ、自治体が自らの地域の家庭から排出されるごみの処理責任を負うとされている。だがそうした「生活系ごみ」だけでなく、例えば、商店や飲食店などから排出される紙くずや残飯類などの事業活動に伴って排出されるごみであっても一般廃棄物に該当するものを「事業系ごみ」と呼び、自治体が処理している実態がある。事業系ごみについては、無料で収集する自治体もあれば、手数料を取って収集する自治体もあってその対応は様々であるが、上記のごみ処理事業経費の推移からして自治体は事業系ごみ処理費用をめぐる適正な対応も考えなければならない。

ごみ処理費用が高くなるもう一つの理由として、ごみの質の複雑化による処理費用の上昇も看過できない。有害物質によるごみ収集時や焼却時における事故、最終処分場の跡地における土壌汚染と地下水汚染の問題などの危険性や対処費用は近年高まっており、そうした危険の除去のためにもごみの質に関する規制は不可欠である。国は、先に引用した通り「廃棄物の減量その他その適正な処理に関する施策の総合的かつ計画的な推進を図るための基本的な方針」で“ごみの排出量に応じた負担の公平化”を中心にごみ有料化の導入を推進し、もっぱら量的削減に注目している。

しかし、本質的なごみ処理費用の問題を考えるならば「ごみの質の問題」や「生産者側の責任」についても議論せざるを得ないだろう。ごみ問題を量と質の両方の問題として捉えるのであれば、ごみを排出する住民だけではなく、モノの生産過程における企業の取組みと、ごみとなったもののうち有害物質の含有をめぐる負担の公平化に関する議論の必要性が増すことになる。

2．処理方法を巡って見えてくる課題

（1）焼却主義と循環型社会の構築

廃棄物処理のあり方を考えることは、循環型社会構築において不可欠の要素だが、残念ながら原理的にも環境破壊を伴わない廃棄物処理方法は確立されていない。

日本におけるごみ処理の最大の特徴は焼却中心のごみ処理を行っていることであり、本書で論じてきた「自区内処理の原則」が社会的規範として定着したのも焼却施設の立地選定に関する住民意識による部分が大きい。またそこには、国土面積が狭い故に最終処分場を建設する場所が少ないという事情があると言われつづけてきた。ごみ量を減らして衛生的に処理するには、焼却がもっとも適しているとされてきたのである。そのため、1900年に制定された汚物掃除法により当初から日本では公衆衛生のためのごみ処理を目的として焼却処理が推奨された。戦後においては都市への人口集中とそれによる急増するごみ、そして公衆衛生の課題を解決する狙いで清掃法が1957年に制定されると、特に1963年から始まった国庫補助により全国の自治体で一気にごみ焼却施設の建設が進み、1970年代末にはごみ焼却施設数が2,000を超えた。

環境省の調査「日本の廃棄物処理」（2023年）によると、2021年度のごみの総処理量4,095万ｔのうち、８割近くのごみが焼却処理されていて、いまも依然として焼却中心のごみ処理が行われている。また、日本におけるごみ焼却施設の数は、2021年現在で1,028施設であり、最も多かったころに比べると半数近くまで減っているものの、施設は大規模化されていることに注意を払う必要がある。例えば1998年度の100ｔ／日以上の大型施設が全体（1,769施設）の約３割（550施設）であったことに比べ、こうした施設は2021年度に全体（1,028施設）の５割（573施設）以上を占めている。大規模化の要因には、第１章で述べた通り、ダイオキシン削減対策としてごみ処理の広域化計画が推進されたことがある。一方で、2021年度のリサイクル率

は20.4%で、ここ数年間のリサイクル率は横ばい状況がつづいている。また、OECDの都市ごみ処理に関するデータ（2020）によると、他の国々に比べても日本におけるごみ焼却量が最も多く、エネルギー回収を伴う焼却率も74.6%で日本が最も高い。以上のことから廃棄物処理の「焼却主義」は現在進行形であることは明らかである。

資源が乏しい国における焼却中心のごみ処理に対する批判の声は国内外で今も根強い。これに対し、国は自治体におけるエネルギー回収型廃棄物処理施設の建設を促して対応しようとしており、発電設備を有するごみ焼却施設は全体の38.5%に達している。だが、エネルギー回収方式も資源となりうるものを燃やしていることで本質的に変わりはなく、ごみを燃やすことによる二酸化炭素を含む有害物質の排出も無視できるものではない。しかも2021年度の一般廃棄物の焼却施設の発電効率[(201)]は14.22%にすぎない。一般廃棄物がもつエネルギーのうち、85%のエネルギーが変換できず捨てられている状況からしても、また循環型社会形成基本法の第2条が「天然資源の消費が抑制された社会」と言及していることからしても、焼却中心のごみ処理には課題が山積していると指摘されている（橋本2019）。

（2）新たな最終処分場の確保という難題

国土がくまなく自治の領域に組み込まれている日本では、いくら焼却によって圧縮したとしても、ごみの最終処分場の確保はつねに課題であり続ける。1980年代後半から1990年代前半のバブル景気によって、大量生産・大量消費・大量廃棄の社会経済システムが定着してしまって以降、とりわけ多様化・大型化した家電製品の大量生産やペットボトルの普及などにより急増した廃棄物は、最終処分場の不足・逼迫問題をもたらし、マスコミなどでも取り上げられるようになった。なかでも1990年の一般廃棄物最終処分場の残余

---

(201) 「高効率ごみ発電整備マニュアル」によると、ごみ焼却施設における発電効率について、「発電効率＝発電出力／投入エネルギー（ごみ＋外部燃料）」と定義されている。

図表７－４　一般廃棄物最終処分場の残余容量及び残余年数の推移

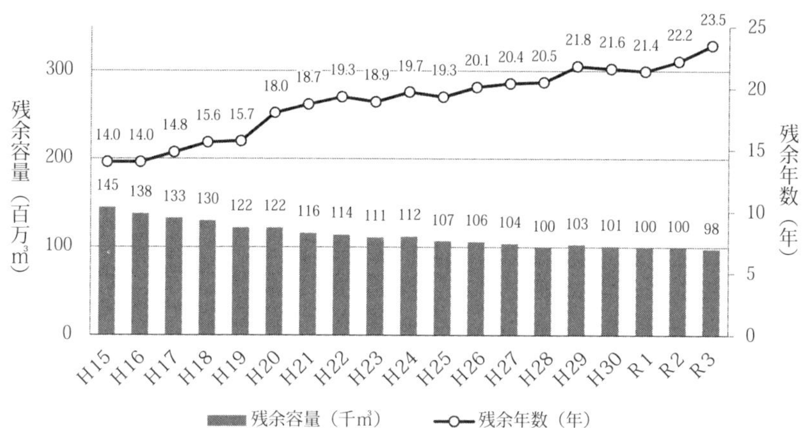

出典　環境省（各年度）「一般廃棄物処理事業実態調査の結果について」より作成

年数は7.6年とされ、ごみ問題の深刻さに世間の注目が集まった。[(202)]

それから30年以上経過したが、いま最終処分場はあふれてしまったのかといえば、必ずしもそうなってはいない。**図表７－４**は、2012年度から2021年度の間の最終処分場の残余容量及び残余年数の推移を表したグラフである。これによれば残余年数はこの間伸び続けており、2003年度に残り14.0年だったものが2021年度には残り23.5年である。だが一般廃棄物最終処分場の施設数は、1995年度に2,361施設であったのに対し、約３分の２まで減少して2021年度には1,572施設となっており、またその残余容量はグラフの通り2003年度と比べて2021年度は約３分の２となっている。

このような一見すると矛盾した推移となっているのは次のようなからくりがある。ここでいう残余年数とは、新規の最終処分場が整備されず、当該年度の最終処分量により埋立てが行われた場合に、埋立て処分が可能な期間（年）をいい、次の式で算出される。

（202）産業廃棄物の場合、1985年の残余年数1.3年、1990年の残余年数1.7年など、この時期の最終処分場の残余年数は１～３年しかないとされ、一般廃棄物の最終処分場より深刻な局面に直面していた。

$$残余年数 = \frac{当該年度末の残余容量}{当該年度の最終処分量 \div 埋立てごみ比重}$$

（埋立てごみ比重は係数で0.8163）

つまり残余年数は、その年の処分量が少なくなれば数字上伸びるわけで、また処分量の削減率次第では残余容量が減ったとしても残余年数は増えることになる。したがってこの間の最終処分場残余年数の増加は、経済活動の鈍化や住民によるごみ削減努力の成果であると言える。

市町村の中では、最終処分場を有していない市町村[(203)]も299（全市区町村の17.2%）ある。また、2021年度に、都道府県外の施設に最終処分を目的として搬出された一般廃棄物は22万t（最終処分量全体の6.4%）である。なかでも、千葉県の5.4万t（24.5%）が最も多く、埼玉県5万t（22.7%）、神奈川県1.7万t（7.9%）が続いていて、関東ブロックにおいてはブロック内での十分な処分先の確保ができていない状況である。このことからも、大都市の廃棄物処理過程における収集運搬・中間処理・最終処分までの一貫した「自区内処理の原則」の実現は難しいことが読み取れる。

最終処分場の施設数について先述した通りこの間新たな施設の開設の動きは鈍化し、施設数は減っており、また残余容量は減り続けている。決して楽観できるような状況ではない。しかも、最終処分場は、施設の稼働中はもちろん閉鎖後においても土壌汚染や地下水汚染などの環境汚染の危険性を持つものである。しかし、その立地からみると、1,572最終処分場の中、約3分の2以上の施設（1,129施設）が山間地にあって、住民の目が届きにくい場所にある。同施設の立地選定をめぐる合意形成過程では、建設をはじめ閉鎖後の管理についても関心を持ちつづける仕組みを構築する必要がある。

人口減少社会においてごみ量は減少していても、ごみ関連施設の立地をめ

---

(203) 環境省調査（2023）によると、「最終処分場を有しない市町村」とは、当該市町村として最終処分場を有しておらず、民間の最終処分場に埋立てを委託している市町村をいう。一方、環境省の調査では、最終処分場を有していない場合であっても、大阪湾フェニックス計画対象地域の市町村及び他の市町村・公社等の公共処分場に埋立している場合は最終処分場を有しているものとして計上されている。

ぐる合意形成は難しい上に、国・地方問わず財政状況の見通しも明るいものとはいえない。今後の縮減する社会においても新たに大規模な一般廃棄物の最終処分場を整備することは困難が予想される。出口である最終処分場の建設という難題の故に、政策的下流中心の従来のごみ政策は、転換が求められている。

3．縮減する社会における自治体の役割

（1）小規模自治体の役割と課題

では、縮減社会において、自治体はごみ問題にどう取り組むべきかを考えてみたい。まず、小規模自治体の役割と課題について見てみよう。周知の通り、地方における人口減少は1960年代半ばから長い年月をかけて徐々に進んできており、すでに「限界集落」、「消滅可能性都市」などの言葉で世間の注目を集めてきた。小規模自治体は、人口減少による税収減の中、政策における費用対効果に関する議論が俎上に載ってくる。人口減少に伴ってごみ減量も進んでいることから、ごみ問題の予測を楽観的に捉えたくもなるが、実態としてごみ処理にかかわる経費は減っていないどころか増えつつあることは先に指摘した通りである。

このように人口減少のなかにあって日本全国の市町村におけるごみ処理費用削減は喫緊の課題となっている。小規模自治体においては、2003年の「ゼロ・ウェイスト宣言」で世間の注目を集めてきた徳島県上勝町の取組みから見られるように、自治体がごみの資源分別に取り組めば取り組むほど、焼却・埋立てを必要とするごみ量は減る。そのためには徹底的なごみ分別を行うことに関する住民への説明責任を果たして合意形成過程を経る必要がある。こういったプロセスは政府が住民に身近であるほど行いやすく、小規模自治体の持ち味が発揮される。しかも、徹底的なごみ分別により上勝町のごみ処理費用は600万円前後である（**図表７－５**）。年間300ｔほど排出されている上勝町のごみをすべて焼却・埋め立てすると約1,500万円の費用がかかるが、８割のリサイクル率がごみ処理費用を抑えている。また、分別された金属や

図表7－5　上勝町のごみ処理費の推移

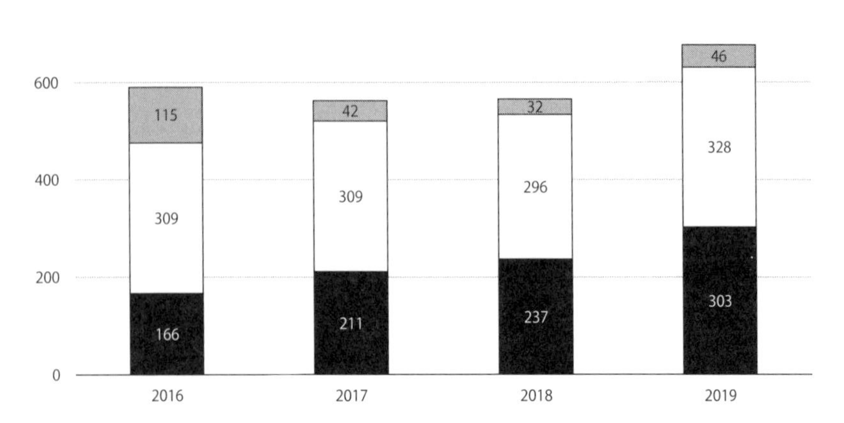

出典　上勝町（2020）『令和2年度版　資源分別ガイドブック』

紙が有価物として引き取られていることも費用削減に影響しているとされる（菅2019）。

環境省の調査「日本の廃棄物処理」（2023）によると、人口10万人未満の小規模自治体のリサイクル取組みの上位3位市町村とリサイクル率は、北海道豊浦町87.1%、鹿児島県大崎町81.6%、徳島県上勝町79.9%で、8割程度はリサイクルをしていることになる。また、上位10位の市町村のリサイクル率は5割を超えている。一方で、人口50万人以上の上位3位を見ると、千葉県千葉市、東京都八王子市、愛知県名古屋市がランクインしていて、それらのリサイクル率は各々33.3%、27.3%、26.7%となっている。すなわち、リサイクル率をみると、人口10万人未満の小規模自治体と人口50万人以上の大規模自治体とでは約3倍の隔たりがある。平成合併推進の際、「規模の経済」が国によって唱えられたが、リサイクル率には必ずしも当てはまらない。

ごみ排出量が少なく集落が広域に点在する小規模自治体において単独で焼却施設を維持管理することは難しいのだから、数百億円もかかる焼却施設を建設せずに、しかも資源分別によるごみ減量で環境に配慮した循環型社会を形成できるのであれば、これ以上の環境対策はあるまい。このような小規模自治体が増えれば増えるほど、循環型社会に近づくことができるであろう。

しかし、小規模自治体が、分別した資源ごみを引き受けてくれる個々の専門業者を探すことや、その専門業者への運送費用などは将来における負担要因である。また、本書で取り上げてきた通り国はごみ処理広域化計画を進めているが、このような小規模自治体同士の一部事務組合の設立による広域処理も厳しい状況に直面している。構成自治体が多くなれば施設の立地選定から建設・維持管理、建替えに至るまで合意形成も容易ではない。また、立地選定の難しさもさることながら、施設の稼働後においてもごみ収集・運搬のための道路の整備のほか車両の移動距離が長くなるため、行政の効率性には悪材料となるなど、一筋縄ではいかない問題となっている[204]。

焼却中心のごみ処理は、市町村の廃棄物行政における自治の幅をさらに狭めることにはならないのか、国によって算定された廃棄物処理の効率性を優先するあまり地方自治の醍醐味である多様性が犠牲になっているのではないか。焼却以外のごみ処理方法を探るには市町村における人員が必要であるが、小規模自治体の職員は複数の事務を一人が受け持っていることが多く、廃棄物行政だけに専念することも難しい状況である。またその上に財政状況を考えると、既存の交付金に依存する焼却主義に基づく広域処理の道を探らざる得なくなる。この負の循環を断ち切るためにも、自区内における焼却以外の処理方法を探る小規模自治体のためのより自由度が高い交付金制度が求められる。

今後の廃棄物行政は、行政サービスの需要側、供給側双方で縮減社会の影響を受けることになる。労働力人口の減少が顕著な中、ハードな職場として

(204)　茨城県内における石岡市、小美玉市、かすみがうら市、茨城町の４市町でごみ処理を担う霞台厚生施設組合（小美玉市）の旧施設解体費に関し、かすみがうら市が支出を拒否している問題で、同市が組合の支出督促を不服として、県の自治紛争処理委員に調停を申し立てた（2023年10月10日）。縮減社会において一部事務組合によるごみ処理は、厳しい財政状況におかれている自治体間においては費用についての合意形成がますます難しくなるであろう。

知られる清掃現場における清掃労働者の確保は益々難しくなるが、どのように持続可能なものにしていくことができるだろうか。市町村は50年、100年先を見据えて廃棄物問題を捉えることが求められている。

（2）問われる都道府県と大都市の役割

本書を通じて廃棄物処理の主役は市町村であることを強調してきたが、今後の縮減社会の到来を踏まえる時、都道府県の役割も問い直す必要がある。地方自治法が定める都道府県の役割としては、「広域にわたるもの、市町村に関する連絡調整に関するもの、その規模又は性質において一般の市町村が処理することが適当ではないと認められる事務」があるとされている。この規定を踏まえると、今後の縮減社会における清掃事業においては、区域内の小規模自治体の資源ごみをまとめて、資源化を行っている専門業者を探して契約を結ぶ、などの清掃事業関連の業務について、広域自治体にその役割を期待することも可能であろう。また、徹底的なごみ分別後に残る可燃ごみについて、市区町村における自治をベースとしながらも、もう一つの自治体である都道府県の役割が縮減社会におけるごみ問題の中では問われている。さらに都道府県は、災害の際など非常時において市町村を補完し得るだけの人材や財政等のリソースを平時から担保できるだろうか。国でも議論は進むが、その結論をただ待つ必要はない。都道府県自ら考え、自ら動くような自治体のあるべき姿に立ち返る必要がある。

大都市の清掃事業もまた、縮減する社会の中で変わらなければならない。東京23区における一部事務組合による清掃事業は、「自区内処理の原則」からも逸脱しており、また建替えにおいても住民のごみ減量努力が焼却施設の規模の縮小にはつながっていないなど、自治事務としての清掃事業のあり方としては不十分な点が多い。第３章で取りあげた多摩地域でもまた、長年に渡って「自区内処理の原則」を踏まえごみ減量に取り組んではいるものの、一部事務組合と中心とする広域処理には政策形成過程においても課題が多い。なにより、この間自治体の意思決定を常に左右してきたのは財源をバックとする国の方針があることも忘れてはいけない。

清掃事業は市町村の自治事務でありながらも、国によって設定されている補助金・交付金は、国の方針に対して「自ずから治まる」廃棄物行政を市町村に強いてきたといえることは本書で見てきた歴史が証明している。そして国の方針は、ごみ減量に基づく資源重視の循環型形成のための環境政策としての廃棄物政策の側面よりも、むしろ焼却施設をめぐる利権関係者、そしてモノの生産者である企業の利益を守るための経済対策としての廃棄物政策を進めようとする側面が現在も強く残っている。

税金を用いたごみ処理から、モノの生産者に廃棄後の処理過程を考えさせるためにはどのような政策が必要になるのか、もう一度、縮減する社会におけるごみ問題の負担のあり方を考えなければならない。2000年地方分権改革で問われた国と自治体における対等な関係の構築は、四半世紀が経過した現在のごみ問題においても核となる課題である。2024年地方自治法改正では国の自治体に対する「補充的な指示」の規定が盛り込まれた。今後起こり得る想定外の事態に対応する狙いがあるとされるが、本書で述べてきたように国による非常時の対応は万能ではなく、時には被災地や支援する側に混沌をもたらしてきたことを忘れてはいけない。「補充的指示権」の基準を定めない限り、再集権化への道につながる恐れがある。

（3）国の政策への現場からのフィードバック

我々の生活において身近な課題である廃棄物行政は、身近であるがゆえに処理の容易さや滞りなく処理されることが最重視されてきた。市区町村等が会員となって設立された全国都市清掃会議は、毎年のように自民党、環境省、経産省へ出向き、循環型社会形成推進交付金等の財政措置の拡大の要望を行っている。2023年の要望を見ると、上記の循環型社会形成推進交付金の他に、プラ新法の自治体費用負担への支援、リチウムイオン電池等の対策など自治体の抱える課題について対策を要望している。社会環境変化にともなって廃棄物が量・質ともに変わっていくなか、その適正な処理や住民の生活環境保全を目的とする清掃事業を背負う現場の声を反映する動きである。

しかし、上記のような廃棄物をめぐる社会的変化について我々はどのような用意ができているのであろうか。日本における様々な制度は経済成長を目指す人口増加を前提にして作られているが、縮減する社会において生産物と廃棄物を架橋する制度に転換させていくことも検討すべきではなかろうか。その役割を果たすにあたって決定的に重要な役割を果たすのは市町村である。市町村には多様かつ複雑化する廃棄物を見てきたからこそ提言できることが多くあり、国は市町村からの多様な声をモノの生産過程や循環型社会形成に生かしていくことが肝要である。

ふり返ってみれば、廃棄物行政は、なぜ分別種を増やさないといけなくなったのか、何を目指して分別をしているのか、分別の先には何があるのかといった目指す社会像について、行政と住民との意識共有という根本的な課題を残したままである。行政側は、ごみ分別というインプットがごみ処理費用や再商品化製品などのアウトプットにどのように表れているのかについての説明責任を負う。また住民はこのような行政側の説明を受けて、社会・環境面におけるあるべき社会像に関する議論に責任をもって参画できる。そしてこの過程を通じて合意形成されたものは国の廃棄物政策にフィードバックできなければならない。特に、近年急速に関心を集めるようになっているプラスチック廃棄物問題については、容器包装リサイクル法など日本の廃棄物行政史上重要な取り組みの歴史からくる桎梏となっている点も大きく、今後は縮減社会の特性に応じて企業側の観点だけに偏らず、処理主体である市町村や市民活動団体とも政治行政的側面から論じていく必要があろう。

4．立ち返るべき原則と定めるべき針路

（1）自治により乗り越えるごみ問題

本書で論じてきたことがらから、我々が取るべき針路を考えてみよう。

本書が扱ってきたのはごみの問題だが、それがどういう場所で発生していたか、思い起こしてもらいたい。日本における廃棄物処理施設の多くは市境、

県境に立地している。また、海岸には発生源が分からない漂着ごみが散乱していることもある。さらにリサイクルの名目で先進国から海外に持ち出された廃棄物は、経済的に貧しい国にたどり着き、国境近くの貧しい町で有価物だけが取り除かれ、そのまま不法投棄されている。日本の深山幽谷の地にも安価な処理をねらった産業廃棄物が不法投棄され、福島第一原発事故による放射性物質で汚染された可能性のある災害廃棄物は東京臨海部の人の住まない埋立地をはじめ全国各地の焼却施設に持ち込まれ処理された。

これらのごみ問題の共通点は、自治のないところ、住民の目の届きづらいところに溜まろうとするということである。これは、ごみ問題の本質であると同時に、臭いものに蓋をし、見たくないものを見なかったことにしようとする、人の本質である。ごみとは、かつての持ち主の生き方や彼・彼女らを囲む社会経済システムなどをありのまま映す。ごみを見れば社会が見えるともいえる。

そのためなのか、研究者のなかにはかつてから清掃の現場を研究の対象とするものがいた。柴田徳衛氏は1950年代中ごろから清掃の現場に関心を持ち、戦後復興を成し遂げた後の目まぐるしい経済成長と都市の拡大が続く一方で、都市ごみの急激な増加と清掃の現場で働く人々が劣悪な労働環境におかれていることや、彼らで結成された組合が住民との信頼関係構築のため行ってきた自治研活動について研究成果をまとめた。寄本勝美氏もまた清掃の現場に向き合ってきた研究者である。彼らの研究は、単にごみの問題のみならず、その時代時代における社会の様々な問題まで映し出してきた。日が当たらない行政活動の一つである清掃の現場に光を当てることで、地域における協働を向上させ、我々の自治はゆたかになっていくことを彼らの研究は教えてくれたのである。

本書は、先人の研究を礎として、自治体の廃棄物行政の構造を分析することを目的とし、その主な軸として「自区内処理の原則」を詳細に分析してきた。その起源、展開、自治制度への影響、そして地域政治の現場における働きまで見るなかで、ごみ処理に関連する議論過程には必ず「自区内処理の原則」が存在していることを確認してきた。廃棄物処理をめぐる議論において、このように「自区内処理の原則」は基軸で、たとえ廃棄物関連施設は行政区域の境界に集中している現実があるとしても、それは住民と行政・議会との合意形成による自治の産物として、施設近隣住民と自治体全体が合意の結果を認め施設を受け入れてきたからである。

縮減社会においては、廃棄物行政上、次の二点が大きな課題となるだろう。

第一は、科学技術の発展と合わせ縮減社会は廃棄物の質的変化を生じるため、その対応体制をどう構築するかという課題がつきまとう。縮減は高齢化を伴うため、大人用紙おむつなどの廃棄物のほか、火葬場や墓地などの人間自体の終末部分に関する議論も必要となる。

第二は、縮小によって生じる廃棄物の発生である。現在高度経済成長期につくられたインフラや公共施設の維持・補修は各地域が抱える課題となっていて、これを人口過小地域から縮減する動きがみられるところである。また中山間地を中心に限界集落問題が指摘されているが、大都市においては戸建てのほかニュータウンをはじめ、空き家・老朽化問題も生じている。さらには今後の縮減の進展を踏まえるならば、都心部・臨海部にそびえるタワーマンション等、現代的な街並みそのものが廃墟あるいは建築廃棄物と化すことになる。

縮減に対応するために共通するのは合意形成である。廃棄物処理を拡大型システムから縮小型システムへ構造変換するとともに、廃棄物としてどのように扱うのかに関しては、工夫と心がけで最適化する自治的営み（紙おむつや分別・リサイクル）、縮小と負担を受け入れる廃止・除去の合意形成（マンションや公共施設）、合意や処理が不可能なごみを生じさせない上流部分の取組み（放射性廃棄物や消費社会のあり方）等が求められることになる。地域レベルから国際レベルにかけての合意形成と自治の営み・蓄積はこれらの課題においていっそう重要性を増している。

（2）自治の問題にさせないごみ問題

さらに現在我々は市町村という行政の「区域」を超えてくる廃棄物問題にも直面している。第二部で取り上げている漂着ごみや放射性物質に汚染された廃棄物はその典型的な例の一つといえよう。

臭いものに蓋をし、見たくないものを見なかったことにしようとして隠してきたごみが、漂着ごみやプラスチック廃棄物の事例から見るように市町村・都道府県・国・国際レベルにまでまたがる問題として再び我々の前に立ち向かっている。もはや見えないふりをして通るわけにはいかない問題となっている。

また、指定廃棄物の最終処分場の立地をめぐっては、設置予定の５つの県すべてにおいて議論は膠着状況に陥っている。民主党から政権を奪取した自民党は、国の一方的な決め方を改めて、市町村長会議を開催、有識者会議を開催、そして詳細調査を実施するという指定廃棄物の立地選定プロセスを策定した。市町村長会議で指定廃棄物に関する理解を得て、有識者会議では専門家による評価・施設の安全性のお墨付きをもらい、さらに安全性の担保のための詳細調査を実施するということがそこでの狙いであった。しかし、候補地を名指しした宮城県、栃木県及び千葉県については、すべてが名指しされた地元の反対にあい、詳細調査は難航または実施不可能だった。茨城県および群馬県についても各々「現地保管継続・段階的処理」の方針が決定した。そして方針の一環として提示されたのが2016年４月に提示された「指定廃棄物の指定解除の仕組みについて」である。

2011年から10年以上が経過したいまも、結局のところ指定廃棄物はそれらが発生した県内のどこかの市町村に保管され、放射性セシウム濃度が8,000Bq／kg以下となったものについては既存の廃棄物処理場の廃棄物として必要な処分や保管を行うとされている。すなわち、市町村に責任を転嫁する構造が出来上がってきたのである。国は住民の反対の声を逆手にとって、反対が収まる・諦めるまで待ち、濃度が下がるまで時間稼ぎをしたことにはならないのか。また、反対があるから進めない、議論も続けない、危険かもしれないけど現状維持のままで良い、という無策故の不作為という選択肢を国が選んでいるようにも映る。特に指定廃棄物の保管が逼迫している県に対し、国が処理施設を確保して安心・安全な処理を行うと約束していたこととは本質的に異なるものになってしまった感が否めない。施設の立地自治体や地域住民との合意形成のためのプロセスをあまりにもおざなりにしていて、廃棄物自治を蔑ろにしていると言えないか。

（3）ごみ問題と自治のテリトリーをめぐる難題

本書の考察からすると、日本におけるごみをめぐる政策形成の失敗要因は、国による政策形成過程における課題設定にあると指摘できる。ごみをめぐる大半の政策は、ごみが排出されてからそれをどのように処理するかに焦点を置いた結果、量を減らすための焼却処理に関する施設などに関する政策的下流部分をもっぱら市町村に責任を負わせることを軸として議論を行ってきた。そして、その流れは焼却処理の安全性が問われる中、放射性物質を含む廃棄物の処理にも適用されてしまった。

しかし、下流部分だけを課題に設定した議論では、廃棄物問題の根本的な解決にはならない。処理主体である市町村に負担がしわ寄せされているのも下流政策のみに焦点を当てる国の政策的失敗によるものが多い。廃棄物を経済社会システムの下流に置くことを取りやめ、上下流を一体で見られる位置まで俯瞰して眺めるにはどうするべきか。廃棄物を発生させない・抑制する政策形成、製品の設計・製造・流通・販売を行う動脈産業システムからの転換がいま廃棄物をめぐる政治の課題となっている。

経済社会システム上流における生産体制の転換は、本研究で取り上げているように様々なごみ問題を抱えている地域住民とその自治体の声を第一に考えて、それを政策の転換に反映することが不可欠である。廃棄物行政の中心に自治を据えた本研究の結論はここにある。

我々の生活において身近な課題である廃棄物行政は、身近であるがゆえに処理の困難性や滞りなく処理されることだけが重視されてきたが、それで良いのか。そもそも清掃事業は市町村の固有の事務であり自治事務だが、自治事務に関する議論は国と自治体との関係に関する全般的な議論に留まりがちで、住民と行政の関係からみた清掃事業という住民自治のあり方に関する議論は十分とは言えない。本書は廃棄物行政という領域においていかに自治が根を張っているかを繰り返し論じてきた。

人々の生活と廃棄物の関係性に終わりはない。まして東日本大震災に伴って生じた原子力発電所由来の廃棄物をはじめ従来の原子力発電に伴う高濃度放射性廃棄物については今後も長期間にわたってその処理およびそれについての自治のあり方を繰り返し問い続ける必要がある。区域を超える廃棄物を公共の課題として、廃棄物自治の観点からどのように合意形成を行っていくかは依然として重要な研究テーマである。環境汚染を未然防止するため「予防の原則」に立ち、現在の地域社会を持続可能なものとして将来世代にバトンタッチしていくことこそ我々が目指すべき廃棄物自治のあり方である。

ごみはごみである。だがごみには人の本質が現れる。本研究は、人の進歩や革新に、自治の土壌が必要だという証明のよすがになることを願う。

※本章は愛知大学中部地方産業研究所「2022年度 地域・産業・大学」研究助成を受けたものである。

引用・参考文献一覧

阿部斉・寄本勝美編著（1988）『地方自治の現代用語』学陽書房

あみなか肇（2016）「県議会報告　指定廃棄物の最終処分場をめぐる動向について」『自治研ちば』6月号 22-28頁

新井智一（2011）「東京都小金井市における新ごみ処理場建設場所をめぐる問題」『地学雑誌』第120巻第4号 676-691頁

荒木昭次郎（1980）「分権化をめぐる諸問題」『行動科学研究』Vol.14 №.1　1-21頁

荒木昭次郎（1982）「ごみ行政における中央と地方の関係」『現代のごみ問題』中央法規

荒木昭次郎（1990）『参加と協働』ぎょうせい

淡路剛久（2012）「福島第一原子力発電所事故の法的責任について：天災地変と人為」『NBL』№968 30-36頁

淡路剛久（2016）「原発被害を権利の面からどう捉え、法的責任論をどう構築するか」『法と民主主義』№508 32-37頁

淡路剛久監修、吉村良一・下村憲治・大坂恵里・除本理史編（2018）『原発事故被害回復の法と政策』日本評論社

五十嵐鉱三郎ほか著（1930）『市制町村制逐条示解』自治館

石田雄（1998）『自治』三省堂

市川喜崇（2012）『日本の中央―地方関係』法律文化社

井上洋一（2006）「都区制度と都区財政調整制度―その歴史的変遷と展望」『るびゅ・さあんとる』（3）13-22頁

井手邦典（2008）「長崎県における漂流・漂着ごみの現状と対策について」『Indust』第23巻3号

井出嘉憲（1972）『地方自治の政治学』東京大学出版会

井出嘉憲（1982）『日本官僚制と行政文化』東京大学出版会

磯野弥生（2003）「基礎的自治体と廃棄物処理法の課題―自区内処理原則を再点検する」『現代法学』5 47-64頁

磯野弥生（2017）「法制度に見る環境民主主義の展開と課題」『現代法学』33

磯野弥生（2017）「中間貯蔵・最終処分をめぐって」『環境と公害』46（4）3-8頁

今井照（2014）『自治体再建―原発避難と「移動する村」』ちくま新書

今井照（2017）『地方自治講義』ちくま新書
今井照（2018）「『計画』による国―自治体間関係の変化」『自治総研』第477号 53-75頁
今村都南雄（2003）「『新しい公共』をめぐって」『自治総研』第298号
今村都南雄（2006）『官庁セクショナリズム』東京大学出版会
今村都南雄・坪井ゆづる（2024）「分権改革の現在地と自治」『月刊自治研』66（777） 16-25頁
入江俊郎・古井喜実（1937）『逐条市町村制提義』良書普及会
岩崎正洋（2012）『政策過程の理論分析』三和書籍
岩田幸基編（1971）『公害対策基本法の解説』新日本法規
宇沢弘文（2000）『社会的共通資本』岩波新書
江藤俊昭「『住民自治の根幹としての議会』の改革の新展開」『自治総研』第517号 1-40頁
遠藤真弘（2011）「東日本大震災後の災害廃棄物処理―これまでの取組みと今後の課題―」『調査と情報』第719号 1-10頁
大島堅一（2011）『原発のコスト―エネルギー転換への視点』岩波新書
大島堅一・除本理史（2014）「福島原発事故のコストを誰が負担するのか」『環境と公害』Vol.44 №.1 4-10頁
大島堅一（2021）「東京電力福島第一原子力発電所　事故後にとられた放射能汚染対策の構造と課題」『環境経済・政策研究』Vol.14, №.2 71-75頁
大住広人（1972）『ゴミ戦争』学陽書房
大塚直（2006）「容器包装リサイクル法の改正の評価と課題」『廃棄物学会誌』Vol.17 №.4 166-173頁
大塚直（2013）「放射性物質を含んだ廃棄物・土壌問題」『震災・原発事故と環境法』民事法研究会
大塚直（2020）『環境法』（第４版）有斐閣
大塚直（2021）「プラスチックに係る資源循環の促進等に関する法律についての考察」『Law & Technology』№92 29-39頁
大森彌・佐藤誠三郎編（1986）『日本の地方政府』東京大学出版会
大森彌（2006）『官のシステム』東京大学出版会
金丸三郎（1949）『地方自治法精義（下巻）』春日出版社
金井利之（2007）『自治制度』東京大学出版会

金井利之（2012）『原発と自治体―「核害」とどう向き合うか』岩波書店
金井利之編著（2018）『縮減社会の合意形成―人口減少時代の空間制御と自治』第一法規
金子和裕（2011）「東日本大震災における災害廃棄物の概況と課題―未曾有の災害廃棄物への取組―」『立法と調査』No.316 65-76頁
神原勝・辻道雅宣編　地方自治総合研究所監修（2016）『戦後自治の政策・制度事典』公人社
金今善（2007）「廃棄物処理施設の建設をめぐる紛争と行政対応のあり方（一）」『法学会雑誌』第47巻第2号 195-228頁
北村喜宣（2012）「災害廃棄物処理法制の課題」『都市問題』第103巻第5号 44-58頁
北村喜宣（2013）「東日本大震災と廃棄物対策」『原発事故の環境法への影響』商事法務
北村喜宣（2019）『廃棄物法制の軌跡と課題』信山社
北村喜宣（2023）『環境法』（第6版）弘文堂
久世公堯（1971）『地方自治法　動態的地方自治制度』学陽書房
熊本一規（1999）『ごみ行政はどこが間違っているのか』合同出版
熊本一規（2009）『日本の循環型社会づくりはどこが間違っているのか？』合同出版
熊本一規・辻芳徳（2012）『がれき処理・除染はこれでよいのか』緑風出版
熊本一規（2016）「除染土の公共事業利用は放射能拡散・東電免責につながる」『月刊廃棄物』42（9）42-45頁
倉坂秀史（2014）『環境政策論』信山社
栗島英明（2004）「東京都、埼玉県における一般廃棄物の処理圏とその再編動向」『季刊地理学』Vol.56 1-18頁
小島あずさ・真淳平（2007）『海ゴミ―拡大する地球環境汚染』中公新書
小島紀徳・島田荘平・田村昌三・似田貝香門・寄本勝美編（2003）『ごみの百科事典』丸善
小寺正一（2012）「放射性物質の除染と汚染廃棄物処理の課題―福島第一原発事故とその影響・対策―」『調査と情報』第743号 1-13頁
小原隆治・長野県地方自治研究センター編（2007）『平成大合併と広域連合―長野県広域行政の実証分析』公人社
小原隆治・稲継裕昭編著（2015）『震災後の自治体ガバナンス』東京経済新報社
小松由季（2012）「首長と地方議会の関係の見直しと住民自治の充実に向けて―地方

自治法の一部を改正する法律案―」『立法と調査』328 3-14頁
斉藤誠（2009）「広域連携・事務の共同処理に関する若干の考察―法的視点から」『基礎自治体の将来像を考える―多様な選択の時代に―』日本都市センター
佐藤草平（2011）「都区制度における一体性と財政調整制度―経路依存性からみる都市空間としての一体性と三部経済制および都区財政調整制度―」『自治総研』第388 67-94頁
塩崎賢明（2014）『復興〈災害〉―阪神・淡路大震災と東日本大震災』岩波新書
市町村自治研究会編（1977）『一部事務組合のしくみとその運用』ぎょうせい
篠原一（2004）『市民の政治学』岩波新書
柴田晃芳（2001）「政治的紛争過程におけるマス・メディアの機能（1）・（2）―『東京ゴミ戦争』を事例に―」『北大法学論集』第51号6号・第52巻第2号
柴田徳衛（1961）『日本の清掃問題―ゴミと便所の経済学』東京大学出版会
柴田徳衛（1973）「都市と廃棄物―ゴミ処理」『現代都市政策Ⅷ』岩波書店
柴田徳衛（1976）「ごみ問題の展開―過去、現在、今後の方向」『都市問題研究』28（12）20-32頁
柴田徳衛（1978）『日本の都市政策』有斐閣選書
柴田徳衛（1979）「都市の死命を制する廃棄物問題」『公害研究』8（3）2-11頁
柴田徳衛（1980）「ある学者の都政体験記1―ゴミ戦争にまみれて」『エコノミスト』58（38）46-52頁
柴田徳衛（1986）「都市のごみ問題」『家政学雑誌』37巻9号 813-816頁
渋谷秀樹（2014）「憲法上の『地方公共団体』とは何か」『自治総研』第432号 1-25頁
島岡隆行・山本耕平編（2009）『災害廃棄物』中央法規出版
清水修二（1999）『NIMBYシンドローム考』東京新聞出版局
城山英明編（2015）『福島原発事故と複合リスク・ガバナンス』東京経済新報社
庄司元（2005）「施行後一〇年を迎える容器包装リサイクル法と市区町村」『月刊自治研』47（555）44-52頁
鄭智允（2005）「拡大生産者責任をどう受け止めるか―韓国の状況等を踏まえて」『月刊自治研』47（555）60-67頁
鄭智允（2006）「廃棄物問題における産業界の自主的取り組み」『早稲田政治公法研究』第83号 53-85頁
鄭智允（2008a）「廃棄物問題から考える合併・参加・住民組織の論点」『環境自治体

白書2008年版』生活社
鄭智允（2008b）「廃棄物問題をめぐる日韓市民社会組織の取組み」（上）『早稲田政治公法研究』（87）159-175頁
鄭智允（2008c）「廃棄物問題をめぐる日韓市民社会組織の取組み」（下）『早稲田政治公法研究』（89）75-94頁
鄭智允（2010）「生き生きとした町の原動力を探しに―上勝町の挑戦と課題」『月刊自治研』52（614）56-64頁
鄭智允（2012）「災害廃棄物の処理をめぐって」『月刊自治研』54（637）56-65頁
鄭智允（2014a）「『自区内処理の原則』と広域処理（上）」『自治総研』第427号 29-46頁
鄭智允（2014b）「『自区内処理の原則』と広域処理（中）」『自治総研』第428号 45-65頁
鄭智允（2014c）「『自区内処理の原則』と広域処理（下）」『自治総研』第429号 35-53頁
鄭智允（2016）「東京『ゴミ戦争』が提起したもの」『戦後自治の政策・制度事典』公人社
鄭智允（2019）「指定廃棄物処理における自治のテリトリー」『自治総研』第489号 45-82頁
新藤宗幸（2017）『原子力規制委員会―独立・中立という幻想』岩波新書
菅原敏夫（2012）「都区制度の現状と課題―都区財政調整制度を中心に」『市政研究』（175）6-17頁
菅原慎悦・寿楽浩太（2010）「高レベル放射性廃棄物最終処分場の立地プロセスをめぐる科学技術社会学的考察：原発立地問題からの『教訓』と制度設計の『失敗』」『年報　科学・技術・社会』Vol.19 25-51頁
菅翠（2019）「上勝町ごみゼロ（ゼロ・ウェイスト）宣言―2020年までに焼却・埋立処分をなくす取り組み―」『地方議会人』25-28頁
須田春海（2005）『市民自治体―社会発展の可能性』生活社
杉本裕明（2003）「協働＆広域　エコ・ガバナンスの時代へ（１）「自区内処理」と「広域処理」のはざまで揺れる―東京23区のごみ処理」『ガバナンス』（25）90-92頁
杉本裕明（2012）『環境省の大罪』PHP研究所
鈴木晃志郎（2011）「NIMBY研究の動向と課題」『日本観光研究会学第26回全国大会論文集』17-20頁

全国市長会（1998）『都市と廃棄物管理に関する調査研究報告』
高野恵亮（2013）「海岸漂着物処理推進法の成立―そのプロセスと意義―」『嘉悦大学研究論集』55（2）15-28頁
高橋滋（2013）「原子力規制法制の現状と課題」『震災・原発事故と環境法』民事法研究会
高橋秀行（2001）「ごみ処理広域化を検証する」『広域行政の諸相』中央法規出版
田崎智宏（2007）「ごみ減量・再資源化に係る廃棄物処理費用の現状と課題」『都市清掃』60（280）549-554頁
田中知邦編（1891）『市町村制実務要書（上巻）』田中知邦
田中良弘（2014）「放射性物質汚染対処特措法の立法経緯と環境法上の問題点」『一橋法学』13（1）263-298頁
津川敬（2014-2015）「我孫子の放射性廃棄物汚染焼却灰問題（1～7）」『Indust』29巻5～7号、29巻12号～30巻2号、4号、6号
津川敬（2015）「最終処分場の候補地はどこに：千葉（上・中・下）『Indust』第30巻第7～9号
津川敬（2016）「指定廃棄物：行き場はどこ（1～5）」『Indust』第31巻第3～7号
辻山幸宣（1994）『地方分権と自治体連合』敬文堂
辻山幸宣（2018）『自治年々刻々―同時代記一九九六～二〇一七』公人社
坪郷實（2010）「『新しい公共』と市民社会の強化戦略」『生活経済政策』№166 36-37頁
中西準子（2004）『環境リスク学』日本平論社
中村祐司・倪永茂（2016）「指定廃棄物の最終処分場問題は解決可能か―栃木県における一時保管場所のあり方―」『宇都宮大学国際学部研究論集』第41号 73～82頁
長野士郎（1993）『逐条地方自治法　第11次改訂新版』学陽書房
長嶋博宣（2000）「都区制度改革に伴う清掃事業の区移管」『都市問題』第91巻第3号 73-85頁
西尾勝（1977）「過疎と過密の政治行政」日本政治学会編『年報政治学1977　55年体制の形成と崩壊』
西尾勝（1999）『未完の分権改革』岩波書店
西尾勝（2000）『行政の活動』有斐閣
西尾勝（2001）『行政学　新版』有斐閣
西尾勝（2007）『地方分権改革』東京大学出版会

新田一郎（2012）「第30次地方制度調査会」『地方自治法改正案に関する意見』について」『地方自治』772号 50-91頁
日本行政学会編（1957）『行政研究叢書１　地方自治の区域』勁草書房
橋本征二（2019）「循環型社会の関連データから見る今後の取組みの方向性」『地方議会人』Vol49 №12 12-15頁
服部美佐子（2015）「新たな広域化を進める東京都日野市、小金井市、国分寺市（上）」『環境技術会誌』第161号 427-429頁
長谷部恭典（2022）『憲法第８版』新世社
華山謙（1978）『環境政策を考える』岩波新書
原田晃樹・藤井敦史・松井真理子著（2010）『NPO再構築への道―パートナーシップを支える仕組み』頸草書房
日野行介（2018）『除染と国家』集英社新書
廣瀬克哉編著（2018）『自治体議会改革の固有性と普遍性』法政大学出版局
藤井康平（2006）「清掃事業の都から区への移管―「自区内処理の原則」の変遷を通じて―」『相関社会科学』第16号 127-133頁
船橋晴俊（2014）「『生活環境の破壊』としての原発震災と地域再生のための『第三の道』」『環境と公害』43（３）62-67頁
藤田宙靖（1999）「省庁再編と国家機能論―行政改革会議の立場」『北大法学論集』50（４）901-969頁
別所富貴（1888）『市町村制註釈』吉岡平助
星野高徳（2007）「明治期東京における塵芥処理の市直営化」『三田商学研究』Vol.50 №１ 193-215頁
堀内匠（2015）「Not In My Backyardという政治―小金井市『ごみ非常事態』をめぐる自治と政府間関係」『東京の制度地層―人々の営みがつくりだしてきたもの』公人社
堀内匠（2024）「第33次地方制度調査会『ポストコロナの経済社会に対応する地方制度のあり方に関する答申（令和５年12月21日）』を読む」『自治総研』第547号 23-84頁
本間慎・畑明朗編（2012）『福島原発事故の放射能汚染』世界思想社
松尾隆佑（2022）『３・11の政治理論』明石書店
松下和夫（2002）『環境ガバナンス』岩波書店
松下圭一（1991）『政策型思考と政治』東京大学出版会

松下圭一（1996）『日本の自治・分権』岩波新書
松下圭一・西尾勝・新藤宗幸（2002）『自治体の構想３　政策』岩波書店
松本英昭（2017）『逐条地方自治法』学陽書房
松本三和夫（2012）『構造災』岩波新書
御厨貴（2016）「大震災復興過程の政策比較分析―関東、阪神・淡路、東日本三大震災の検証」『検証・防災と復興』ミネルヴァ書房
溝入茂（2007）『明治日本のごみ対策』リサイクル文化社
宮本憲一（2005）『日本の地方自治　その歴史と未来』自治体研究社
宮本憲一（2006）『維持可能な社会に向かって』岩波書店
宮本憲一・辻山幸宣（2009）「自治研が地域の未来を変える」『月刊自治研』51（600）17-28頁
宮本憲一（2014）『戦後日本公害史論』岩波書店
宮本憲一（2016）「戦後日本公害史の教訓：環境保全の地域再生へ」『世界』No.886 117-130頁
宮脇淳（2007）「ナショナル・ミニマム論」『PHP政策研究レポート』Vol.10 No.115
武藤博己編著（2014）『公共サービス改革の本質』敬文堂
武藤博己・南島和久・堀内匠編著（2024）『自治体政策学』法律文化社
宗像優編・日本臨床政治学会監修（2016）『環境政治の展開』志學社
村上順著・地方自治総合研究所監修（2000）『逐条研究　地方自治法Ｖ』敬文堂
村上博・自治体問題研究所編（1999）『広域連合と一部事務組合』自治体研究社
村松枝夫（1981）『戦後日本の官僚制』東洋経済新報社
村松枝夫（1994）『日本の行政』中公新書
山中永之佑監修（1991）『近代日本自治立法資料集成１』弘文堂
山中永之佑監修（1996）『近代日本自治立法資料集成４』弘文堂
山本耕平（2000）「容器包装リサイクル法の意義と問題点」『環境社会学研究』6（０）
山本節子（2001）『ごみ処理広域化計画』築地書館
容器包装リサイクル法の改正を求める全国ネットワーク（2006）『拡大生産者責任の徹底を求めて』
除本理史・渡辺淑彦（2015）『原発災害はなぜ不均等な復興をもたらすのか』ミネルヴァ書房
除本理史（2021）「原発事故賠償の10年間を振り返る：『賠償政策』の検証」『都市問題』112（３）98-104頁

寄本勝美（1974）『ゴミ戦争』日経新書

寄本勝美（1989）『自治の現場と参加』学陽書房

寄本勝美（1990）『ごみとリサイクル』岩波新書

寄本勝美（1998）『政策の形成と市民』有斐閣

寄本勝美編著（2001）『公共を支える民―市民主権の地方自治』コモンズ

寄本勝美（2003）『リサイクル社会への道』岩波新書

寄本勝美（2006）「ふり返っての自治研活動」『月刊自治研』48（566）27-32頁

寄本勝美・小原隆治編著（2011）『新しい公共と自治の現場』コモンズ

渡部喜智（2013）「原発事故の行政対応の問題点と系統機関の支援」『農林金融』65（3）

Alexander L. George, Andrew Bennett.（2005）. *Case Studies and Theory Development in the Social Science*, Cambridge, Mass.: MIT Press（アレキサンダー・ジョンージ、アンドリュー・ベネット、泉川泰博（訳）（2013）『社会科学のケース・スタディー―理論形成のための定性的手法―』勁草書房）

David N. Pellow.（2004）. *Garbage Wars: The Struggle for Environmental Justice in Chicago*, The MIT Press

Genevieve Fuji Johnson.（2008）*Deliberative Democracy for the Future: The Case of Nuclear Waste Management in Canada*, University of Toronto Press（ジュヌヴィエーヴ・フジ・ジョンソン、船橋晴俊・西谷内博美監訳（2011）『核廃棄物と熟議民主主義―論理的政策分析の可能性』新泉社）

Roland Geyer, Jenna R. Jambeck, and Kara Lavender Law.（2017）"Production, use, and fate of all plastics ever made", *Science Advances*, 3（7）

Herbert Kaufman.（1977）. *Red Tape, Its Origins, Uses, and Abuses*, Brookings Institution Press（ハーバート・カウフマン、今村都南雄訳（2015）『官僚はなぜ 規制したがるのか』勁草書房）

Jenna R. Jambeck, Roland Geyer, Chris Wilcox, Theodore R. Siegler, Miriam Perryman, Anthony Andrady, Ramani Narayan, and Kara Lavender Law.（2015）. "Plastic waste inputs from land into the ocean" *Science* Vol 347, Issue 6223, 768-771

Jon Pierre, B. Guy Peters.（2000）. *Governance, Politics and the State*, Palgrave Macmillan

Lester M. Salamon. (2002). *The Tools of Government: A Guide to the New Governance*, Oxford University Press

Charles E. Lindblom, Edward J. Woodhouse. (1992). *The Policy-Making Process*, third edition, Prentice Hall（C. E. リンドブロム・E. J. ウッドハウス、藪野祐三・案 浦明子訳（2004）『政策形成の過程』東京大学出版会）

Margaret A. Mckean. (1981). *Environmental Protest and Citizen Politics in Japan*, University of California Press

Michael W. Foley, Bob Edwards. (1996). "The Paradox of Civil Society", *Journal of Democracy*, vol.7 no.3, 38-52

Neil Carter. (2001). *The Politics of the Environment: Ideas, Activism, Policy*, Cambridge University Press

OECD. (2001). *Extended Producer Responsibility: A Guidance Manual for Governments*, OECD Publishing, Paris

OECD. (2020). "Waste: Municipal waste", OECD Environment Statistics (database)

OECD. (2022). *Global Plastics Outlook: Economic Drivers, Environmental Impacts and Policy Options*, OECD Publishing, Paris

Paul A. Sabatier. (1999). *The Theories of Policy Process*, Westview Press

R.A.W. Rhodes. (1997). *Understanding Governance: Policy Networks, Governance, Reflexivity and Accountability*, Open University Press

環境省「日本の廃棄物処理」各年度
（https://www.env.go.jp/recycle/waste_tech/ippan/stats.html）

環境省『環境白書』各年度（https://www.env.go.jp/policy/hakusyo/）

環境省　放射性物質汚染廃棄物処理情報サイト（http://shiteihaiki.env.go.jp/）

環境省中央環境審議会廃棄物・リサイクル部会（2005）資料4「平成16年度　効果検証に関する評価事業調査中間報告」

環境省（2016）「中間貯蔵除去土壌等の減容・再生利用技術開発戦略」

小金井市（2007）「ごみ処理施設建設等調査特別委員会」（8月6日）

小金井市（2007）「新焼却施設建設計画に係る小金井市・国分寺市の現時点での考え方」

小金井市環境部ごみ対策課（2007）「新焼却施設の建設候補地について」

小金井市新焼却施設建設場所選定等市民検討委員会（2008）「報告書―答申の理由及

び審議の経過―」
小金井市環境部（2011）『二枚橋衛生組合史』
日野市監査委員（2015）「事務監査請求監査結果報告書」
日野市（2015）「クリーンセンターだより」第21号
日野市 北川原公園予定地ごみ搬入路関連サイト（http://www.city.hino.lg.jp/kurashi/gomi/1022/99/index.html）
総務省（2003）「容器包装のリサイクルの促進に関する政策評価書」（https://www.soumu.go.jp/menu_news/s-news/daijinkanbou/030117_3_01.pdf、2023年12月20日閲覧）
特別区協議会調査研究会（2003）「特別区制度―戦後沿革資料」
特別区職員研究所編（2011）「清掃事業移管後の経緯」
東京市町村自治調査会（各年度）『多摩地域ごみ実態調査』
東京市政調査会編（1940）『自治五十年史　１制度編』良書普及会
東京清掃労働組合（1999）『東京清掃労働組合50年史』
東京たま広域資源循環組合（2010）「多摩川衛生組合における有害ごみ（廃乾電池・廃蛍光管）焼却実験に関する報告書」
東京都（2000）『東京都清掃事業百年史』
衆議院調査局環境調査室（2009）「漂流・漂着ゴミ関係資料」（https://www.shugiin.go.jp/internet/itdb_rchome.nsf/html/rchome/shiryo/kankyo_200907_gomi.pdf/$File/kankyo_200907_gomi.pdf）
千葉県　福島第一原子力発電所事故関係（http://www.pref.chiba.lg.jp/cate/baa/housha/f1/index.html）
我孫子市　ごみ焼却灰一時保管施設問題（https://www.city.abiko.chiba.jp/anshin/houshasenkanren/kuni_ken_toden/gomishokyaku/index.html）
広域近隣住民連合会　手賀沼流域下水道終末処理場指定廃棄物一時保管問題の是正に向けて（https://hokan-zesei.jimdo.com/）
漂流・漂着ゴミ対策に関する関係省庁会議（2007）「漂流・漂着ゴミ対策に関する関係省庁会議とりまとめ」
容器包装の３Ｒを進める全国ネットワークホームページ（http://www.citizens-i.org/gomi0/index.html）

あとがき

本書は博士論文を元にしたものだが、博士論文の発表は2020年なので、そこからあしかけ４年もかかってようやく出版にこぎつけた。自分の論文を改めて読み返す中で、私はごみについて常に自治という観点からみるという問題意識を持ち続けていることに拘ってきたことが再確認できた。ごみ問題の中には、自治のあり方、自治体のあるべき論が問われていると私は確信している。

私が来日した頃の日本は、ちょうど大量生産・大量消費・大量廃棄から循環型社会形成へ舵を切ろうとしていた時期であった。戦後の日本社会は、ながらく経済成長、拡張・拡大路線の上で整備されてきた。増えるばかりのごみ処理に追いつかなくなって最終処分場の逼迫問題が顕在化したため、容器包装リサイクル法をはじめとするリサイクル法や循環型社会形成推進基本法などが制定され、21世紀のはじまりに向けて循環型社会という新たなテーゼが登場してきた時期であった。

大学院生だった頃は、指導教員であった寄本勝美先生が当時容器包装リサイクル法改正関連審議会の委員であったこともあり、その改正をめぐる審議過程を傍聴する機会を得ることができた。同法改正過程のヒアリング調査にも陪席させていただいた際には、国家公務員・地方公務員はもちろん、ごみ問題における草の根活動をしてきた須田春海氏のような市民活動家たちにも出会う機会を得た。文献だけでは得られない生の話に接することができたのは、私の研究のルーツにもなっている。

私の研究のルーツについて忘れ得ない経験としてのもう一つは、スモーキーマウンテンにおける滞在調査だった。1990年代当時、フィリピンのマニラ市にあった東洋最大規模とも言われていたスモーキーマウンテンが、政府によって強制撤去されたというので、実態を見るため韓国のNPOの仲介を得つつ単身フィリピンへ向かった。私が訪れた場所はケソン市にあるスモーキーマウンテンであったが、そこにはマニラにあったスモーキーマウンテンが強制撤去された影響でごみと共に移り住んできた大勢の人々の姿があった。政府が強制撤去をしても、スモーキーマウンテンの有価物拾いで生活を営んでいた人々にほかの行き場を探すのは難しく、再び同じ環境を目指し漂流していた。強制撤去は、そこに巣食う社会の歪みを隠し、見ないようにしているだけで、何ら問題解決にはつながってはいなかった。

水は下流に流れるし、ごみは社会の下流に流れる。そこにはごみだけではなく貧困、犯罪、そして暮らしがあるが、その「底辺」の姿は、間違いなく「上層」からのしわ寄せによるものであり、またそのひずみは上層へと降り注いで国や社会全体を歪ませる根源ともなっている。循環型社会のもう一つの真理を垣間見た思いがする。

その後、韓国で開催された日韓地方自治学会での辻山幸宣先生との出会いから、地方自治総合研究所に特別研究員という肩書を与えられ、自由に研究できる環境に恵まれることになった。同研究所には地方自治に関する研究をしている研究者たちが多く出入りしていることもあり、今村都南雄先生、佐藤英善先生、武藤博已先生、そして気鋭の若手の研究者たちの報告を接する機会も多くあり、大変刺激になった。また、月一回の自治動向研究会では研究員による日々の地方自治をめぐる政治・財政・法律などの各分野の報告があり、大変勉強になった。

当時の菅原敏夫研究員の声かけで対馬調査に出かけるきっかけを得たことは、本書の漂着ごみの研究につながっている。地方自治研究の大家である辻山幸宣先生の「ごみ処理は見えないところで合理的・自動的に処理されるのが最も良い状態といえる事務ではないのか、自治など介在させるから問題が複雑化するのではないか」との挑戦的問いかけは、私に本書を執筆する原動力を与えてくれた。

本書では、住民関係、政府間関係に関する事例をトレースしながら、「自区内処理の原則」を中軸として、廃棄物行政における自治の所在を確認する作業を行った。取り上げることができた課題はそれぞれに一過性のものではなく、今後も引き続き地域や国が向き合っていかざるを得ない問題になっている。

いま、日本の廃棄物行政は再び時代の転換点にあるように思う。縮小し減退する経済や人口規模は、地方自治のあり方にも変革をもたらしており、廃棄物行政についても種々の合意形成の課題をつきつけている。

2020年からタワーマンション規制を行っている神戸市の市長が、タワーマンションについて「将来の廃棄物作りに等しい」と発言したことが話題となった。タワーマンションを経済の発展または都市の繁栄、地域のシンボルであるという意見もあるが、人口減少が長らく続き縮減する社会においては、郊外における空洞化を進めるだけでなく、タワーマンションの持つ建て替え困難性からやがて老朽化した後に維持管理が困難になり廃墟化していく未来が待っているのだろう。さらに言えば、タワーマンションだけではなく、世の中の人の手によって作られたものはいずれ廃棄物になるのである。個々の建物、そして街そのものが廃棄物となる現実に我々はどう向き合うべきだろうか。

人口減少社会においてごみ量が減少してもごみ関連施設の立地をめぐる合意形成は難しい上に、国・地方問わず財政状況の見通しも明るいものとはいえない。今後の廃棄物行政は、行政サービスの需要側、供給側双方で縮減社会の影響を受けることになる。労働力人口の減少が顕著な中、ハードな職場として知られる清掃現場における清掃労働者の確保はますます難しくなることも予想されるが、DXの活用はどの程度有効な対処策にたりえるだろう。その時我々は何に頼るべきだろうか。2024年の地方自治体法改正では国の自治体に対する「補充的指示権」が新設されたが、国の対応は万能などではなく、時に被災地や支援する側にも混沌をもたしてきたことを忘れてはいけない。いま四半世紀前の地方分権改革を虚しくする再集権化の扉が開きつつあるようだが、縮減社会においても廃棄物行政は住民自身の責任において身近な政府をコントロールしながら対処していく課題として位置づけられていかねばならない。

日が当たらない行政活動の一つである清掃の現場に光を当てることで、地域における共同を向上させ、我々の自治をゆたかになっていくことを教えてくれた先人の研究があったからこそ、本書の「自区内処理の原則」を軸とする自治体の廃棄物行政の構造を分析することにつながっていると思う。ごみ問題は、自治のないところ、住民の目の届きにくいところに流れ着こうとする共通点がある。これは、ごみ問題の本質であると同時に、臭いものにふたをして、見たくないものを観なかったことにしようとする、人の本質でもあろう。

しかし実際にはごみ問題に下流はない。プラスチックごみは海を漂い人体の奥深くを犯す。山奥の廃棄物は水を汚染し人々の生活を破壊するし、災害時には怒涛と化して麓の人里を襲う。そこに巣食う貧困や不平等は経済社会の健全さを奪う。人々の生活と廃棄物の関係性に終わりはない。今後も廃棄物の処理およびそれについての自治体のあり方を繰り返し問い続ける必要がある。

本書が世に出るまでなんどもくじけそうになったことがある。その中で、住友生命財団と日本生命財団からいただいた研究奨励・助成金は女性として、あるいは外国人である私が日本で子育てをしながら研究を続ける困難さに立ち向かう勇気を与えてくれ、研究生活を支える糧になった。紆余曲折の末いただいた学会報告の機会では、会場で宮本憲一先生から思わぬ激励の言葉をいただき、めげそうになっていた私を研究の世界に引き止めてくれた。また本書の元になる博士論文の審査を引き受けてくださった武藤博己先生、渕元初姫先生、そして坪郷實先生にお礼申し上げたい。本書の出版を引き受けてくださった地方自治総合研究所の北村喜宣所長と小原隆治研究理事、永田一郎事務局長、そして敬文堂の社長の竹内基雄さんにも打ち合わせと校正作業で大変お世話になった。さらに、私のヒアリング調査に応じていただいた多くの方々にもこの場を借りて感謝申し上げたい。本当にありがとうございました。

最後に、私が諦めかけていた出版を後押ししてくれた夫と息子にあらためて感謝の気持ちを送りたい。そしてこの本の出版を、コロナ禍の渦中で亡くなった父にも喜んでいただけたらと願う。

鄭　智允

著者略歴

鄭　智允（じょん　じゆん）

1973年韓国生まれ。

早稲田大学政治学研究科博士課程単位取得退学（法政大学公共政策研究科公共政策学博士）。

愛知大学地域政策学部教授。公益財団法人地方自治総合研究所特別研究員を経て、2015年より現職。

専門は地方自治、行政学、公共政策学、環境行政論。

自治総研叢書 38

廃棄物行政と自治の領域

2024年12月20日　初版発行　　定価はカバーに表示してあります

著　者　鄭　　智　允
発行者　竹　内　基　雄
発行所　株式会社　敬　文　堂
東京都新宿区早稲田鶴巻町538
東京(03)3203-6161㈹　FAX(03)3204-0161
振替　00130-0-23737
http://www.keibundo.com

ISBN978-4-7670-0262-0 C3331

印刷／信毎書籍印刷株式会社　製本／有限会社高地製本所
カバー装丁／株式会社リリーフ・システムズ

既刊・自治総研叢書シリーズ（1～37）

1	澤井　勝　著	変動期の地方財政	3,883円
2	辻山　幸宣　著	地方分権と自治体連合	3,107円
3	古川　卓萬　著	地方交付税制度の研究	4,000円
4	今村都南雄編著 地方自治総合研究所監修	公共サービスと民間委託	3,300円
5	横田　清　著	アメリカにおける 自治・分権・参加の発展	3,300円
6	古川　卓萬　編著	世界の財政再建	3,300円
7	島袋　純　著	リージョナリズムの国際比較	3,500円
8	高木　健二　著	分権改革の到達点	3,500円
9	中邨　章　編著	自治責任と地方行政改革	3,300円
10	今村都南雄　編著	自治・分権システムの可能性	3,300円
11	澤井　勝　著	分権改革と地方財政	4,000円
12	佐藤　英善　編著	新地方自治の思想	4,000円
13	高木　健二　著	交付税改革	3,000円
14	馬場　健　著	戦後英国のニュータウン政策	3,000円
15	高木　健二　著	2004年度年金改革	2,800円

16	人見　剛 著	分権改革と自治体法理	3,500円
17	古川　卓萬 著	地方交付税制度の研究Ⅱ	3,300円
18	久保　孝雄 著	〔戦後地方自治の証言Ⅰ〕 知事と補佐官	2,500円
19	打越綾子 内海麻利 編著	川崎市政の研究	3,800円
20	今村都南雄 編著	現代日本の地方自治	4,300円
21	佐藤　竺 著	〔戦後地方自治の証言Ⅱ－1〕 日本の自治と行政（上）	3,000円
22	佐藤　竺 著	〔戦後地方自治の証言Ⅱ－2〕 日本の自治と行政（下）	3,000円
23	光本　伸江 著	自治と依存	4,000円
24	田村　達久 著	地方分権改革の法学分析	4,500円
25	加藤芳太郎 著	〔戦後地方自治の証言Ⅲ〕 予算論研究の歩み	3,000円
26	田中　信孝 著	政府債務と公的金融の研究	4,500円
27	プルネンドラ・ジェイン著 今村都南雄監訳	日本の自治体外交	4,000円
28	大津　浩 編著	地方自治の憲法理論の新展開	4,000円
29	光本　伸江 編著	自治の重さ	4,000円
30	人見　剛 横田　覚 編著 海老名富夫	公害防止条例の研究	4,500円
31	馬場　健 著	英国の大都市行政と 都市政策 1945 － 2000	3,000円